Dokumente zur Geschichte der Mathematik
Band 5

Dokumente zur Geschichte der Mathematik

Im Auftrag der
Deutschen Mathematiker-Vereinigung
herausgegeben von Winfried Scharlau

Band 1
Richard Dedekind
Vorlesung über Differential- und Integralrechnung

Band 2
Rudolf Lipschitz
Briefwechsel mit
Cantor, Dedekind, Helmholtz, Kronecker, Weierstraß

Band 3
Erich Hecke
Analysis und Zahlentheorie

Band 4
Karl Weierstraß
Einleitung in die Theorie
der analytischen Funktionen

Band 5
Mathematische Institute in Deutschland
1800 – 1945

Band 6
Ein Jahrhundert Mathematik
1890 – 1990
Festschrift zum Jubiläum der DMV
(in Vorbereitung)

Dokumente zur Geschichte der Mathematik
Band 5

Mathematische Institute in Deutschland 1800–1945

unter Mitarbeit
zahlreicher Fachgelehrter

bearbeitet von
Winfried Scharlau

Springer Fachmedien Wiesbaden GmbH

CIP-Titelaufnahme der Deutschen Bibliothek

Mathematische Institute in Deutschland:
1800–1945 / Dt. Mathematiker-Vereinigung.
Unter Mitarb. zahlr. Fachgelehrter. Bearb. von
Winfried Scharlau. – Braunschweig; Wiesbaden:
Vieweg, 1989
   (Dokumente zur Geschichte der Mathematik;
   Bd. 5)

NE: Scharlau, Winfried [Hrsg.]; Deutsche
Mathematiker-Vereinigung; GT

Prof. Dr. *Winfried Scharlau*
Mathematisches Institut der Universität Münster

ISBN 978-3-528-08992-4   ISBN 978-3-663-14036-8 (eBook)
DOI 10.1007/978-3-663-14036-8

Alle Rechte vorbehalten
© Springer Fachmedien Wiesbaden 1990
Ursprünglich erschienen bei Friedr. Vieweg & Sohn Verlagsgesellschaft mbH, Braunschweig 1990.

Inhaltsverzeichnis

Einführung

In diesem Band soll eine zusammenfassende Darstellung der äußeren Entwicklung der Mathematik an den deutschen Universitäten gegeben werden. Dazu gehört insbesondere eine möglichst vollständige und verläßliche Aufstellung des Personalbestandes der mathematischen Lehrstühle und Institute. Eine solche Zusammenfassung hat bisher nicht existiert, was die mathematik–historische Forschung in mancher Hinsicht erschwert hat. Der Schwerpunkt der Darstellung liegt auf der institutionellen Seite; der Band enthält zwar viele biographische Daten, aber keine eigentlichen Biographien.

Vor und bei der Erstellung dieses Buches waren eine Reihe grundsätzlicher Fragen und zahlreiche Detailprobleme zu klären. Als erstes mußte der behandelte Zeitraum festgelegt werden. Hier schien die Periode von 1800 bis 1945 eine naheliegende Wahl zu sein. Vor den Universitätsreformen zu Beginn des 19. Jahrhunderts war die Mathematik an den Universitäten ganz unbedeutend; praktisch alle Professoren aus jener Zeit sind heute vergessen. Tatsächlich gilt dies auch noch für die ersten Jahrzehnte des 19. Jahrhunderts, und ohne wesentlichen Verlust hätte man auch etwa 1830 beginnen können. Der gewählte Zeitraum hat jedoch den Vorteil, daß der große Aufschwung der Universitäten allgemein und der Mathematik speziell in der ersten Hälfte des letzten Jahrhunderts deutlicher wird. Das Jahr 1945 stellt andererseits eine so einschneidende Zäsur dar, daß es nahezu zwingend war, die Darstellung hier abzuschließen. Der enorme Ausbau des Universitätssystems ab den späten fünfziger Jahren müßte einer weiteren Publikation vorbehalten bleiben.

Problematischer als die zeitliche Abgrenzung war die geographische, wobei sich diese Schwierigkeiten natürlich aus der wechselvollen deutschen Geschichte ergaben. Im Prinzip werden die Hochschulen innerhalb der jeweiligen Grenzen des Deutschen Bundes bzw. des Deutschen Reiches erfaßt. Die Hochschulen der österreichischen Monarchie bleiben also unberücksichtigt, ebenso die kurzlebigen ”Reichsuniversitäten” während des zweiten Weltkrieges (etwa Straßburg oder Posen). Dieses Prinzip hat z.B. zur Folge, daß die älteste deutsche Universität – die in Prag – ausgeschlossen wurde. Ganz konsequent wurde es aber nicht durchgehalten: Zum einen werden die kleineren und meist unbedeutenden (wenn auch z.T. alten) Universitäten, die kurz vor oder während der napoleonischen Zeit geschlossen wurden, nicht berücksichtigt. Es sind dies die folgenden: Erfurt, Trier, Mainz, Dillingen, Helmstedt, Paderborn, Rinteln, Altdorf, Bamberg, Duisburg. Mit Ausnahme von Helmstedt, wo Pfaff wirkte und Gauss promovierte, hatten sie in ihren letzten Jahren für die Mathematik keine Bedeutung. Andererseits wird die TH Danzig bis 1945 behandelt, obwohl Danzig 1919 aus dem Deutschen Reich herausgelöst wurde. Wenn auch die Beschränkung auf das Gebiet des Deutschen Reiches geboten war, so ist doch festzustellen, daß der deutsche bzw. österreichische Einfluß an vielen Universitäten Osteuropas lange Zeit sehr stark war. Neben der schon genannten Deutschen Universität in Prag sind z.B. auch die Deutschen Technischen Hochschulen in Prag und Brünn oder die Universitäten in Dorpat, Klausenburg und Czernowitz zu erwähnen.

Als problematisch stellte sich schließlich der Hochschulbegriff selbst heraus, obwohl er an sich durch Institutionen wie Rektor, Senat, Promotions- und Habilitationsrecht eindeutig festgelegt ist. Keine Schwierigkeiten gab es bei den Universitäten selbst. Nur die Universität Münster ist während der Berichtszeit aus einer "Akademie" als Vorläuferinstitution entstanden. Da an dieser die Mathematik vertreten war, wurde auch die Akademie miterfaßt. Wesentlich komplizierter ist die Situation schon bei den Technischen Hochschulen. Man könnte sagen, daß genetisch hier ein Fall von "Konvergenz" vorliegt: Während heute Universitäten und Technische Universitäten ganz gleichartige Institutionen sind, gehen sie auf völlig verschiedene Ursprünge zurück. Die Technischen Hochschulen sind überwiegend aus polytechnischen Schulen hervorgegangen, die selbst wieder oft auf Handwerkerschulen zurückgingen, in ihrer Anfangsphase kaum das Niveau der Gymnasien erreichten und erst um die Jahrhundertwende volle Gleichstellung mit den Universitäten erlangten. Da jedoch schon an den polytechnischen Schulen viele Mathematiker wirkten, war die Berücksichtigung auch dieser Lehranstalten geboten.

Außer den Universitäten und Technischen Hochschulen existierte noch eine beachtliche Fülle von weniger bekannten hochschulartigen Einrichtungen, die teilweise den Universitäten gleichgestellt waren. Von diesen wurden nur die Bergakademien Clausthal und Freiberg einbezogen, die allmählich den Charakter technischer Hochschulen annahmen und die selbständige mathematische Lehrstühle hatten. Mehrfach wurden solche fachlich spezialisierten Hochschulen oder Akademien später in Universitäten eingegliedert z.B. die Landwirtschaftlichen Hochschulen in Berlin und Bonn. Sie werden dann bei diesen miterfaßt. Einen Sonderfall bilden die Militär–Akademien, von denen es einige gab. Auch sie hatten Hochschulrang, dienten aber speziell der Ausbildung der Offiziere. Von besonderer Bedeutung war die Berliner Kriegsakademie; an ihr wirkten bedeutende Mathematiker wie Dirichlet und Kummer, wenn auch nicht im Hauptamt. Sie wird deshalb nicht erwähnt. Die Pädagogischen Seminare und Akademien zur Ausbildung der Volksschullehrer waren im Berichtszeitraum durchweg keine Hochschulen im Sinne dieser Untersuchung. Auch scheinen praktisch keine Mathematiker mit Universitätsausbildung an ihnen gewirkt zu haben, so daß sie unberücksichtigt bleiben können. Ein Grenzfall ist die Katholische Akademie Braunsberg, die offiziell wohl Hochschulrang hatte, aber eine ganz kleine Institution war. Weil hier Killing viele Jahre wirkte, wird sie kurz mitbehandelt. Insgesamt werden auf diese Weise (ohne Braunsberg) 37 Hochschulen behandelt; es ist jedoch denkbar, daß der eine oder andere Lehrstuhl an einer Akademie oder ähnlichen Einrichtung übersehen wurde.

Die Beiträge für die einzelnen Universitäten sind jeweils in vier Abschnitte gegliedert. Im ersten wird stichwortartig die Geschichte der betreffenden Hochschule skizziert. Dabei wird keinerlei Vollständigkeit angestrebt; dem Leser soll nur ein ungefähres Bild von Alter, Entwicklung, Bedeutung und gegebenenfalls lokalen Besonderheiten vermittelt werden. Anschließend wird auf die Geschichte der Mathematik an der betreffenden Hochschule eingegangen. Diese Abschnitte sind je nach Quellenlage recht unterschiedlich ausgefallen. Im Vordergrund sollten eigentlich institutionelle Entwicklungen stehen, etwa Ausbauphasen, Seminar– und Institutsgründungen, Entwicklung des Lehrprogrammes usw. Tatsächlich waren jedoch vielfach die Persönlichkeiten der wirkenden Mathematiker so dominierend, daß ein wirklichkeitsgetreueres Bild eher durch ein Eingehen auf die Tätigkeit dieser Mathematiker skizziert werden konnte.

Die dritten Abschnitte sind dann der eigentliche Kern dieser Dokumentation: Idealerweise sollten sie eine vollständige Liste aller fest angestellten planmäßigen Professoren und der Zeit ihres Wirkens an der betreffenden Institution enthalten. Hierbei gab es jedoch erhebliche Abgrenzungsschwierigkeiten. Die Personalstruktur der deutschen Hochschulen scheint schon immer kompliziert gewesen zu sein! Hinreichend klar sind eigentlich nur die Begriffe des ordentlichen Professors und des Privatdozenten. Daneben gab es jedoch eine verwirrende Vielfalt anderer akademischer Lehrer (Professoren, Honorarprofessoren, Titularprofessoren mit Adjektiven wie beamtet, nichtbeamtet, außerordentlich, außerplanmäßig, persönlich und dergleichen mehr versehen; daneben noch Dozenten, Privatdozenten, Lehrbeauftragte und ähnliche). Vor allem hinter dem Begriff des außerordentlichen Professors konnten sich ganz verschiedene Stellungen verbergen. Überdies bedeuteten diese Titel zu verschiedenen Zeiten und in den verschiedenen deutschen Staaten z.T. etwas durchaus unterschiedliches, so daß im Endeffekt kaum generelle Regeln über den zu erfassenden Personenkreis aufgestellt werden konnten, sondern mehr oder weniger ad hoc vorgegangen werden mußte. Es ist jedoch anzunehmen, daß die ordentlichen und planmäßigen außerordentlichen Professoren in diesen Abschnitten nahezu vollständig erfaßt wurden.

Die vierten Abschnitte mit der Überschrift "Habilitationen, Privatdozenten, Lehraufträge" sind als Ergänzung zu den dritten gedacht. Das Ziel ist wie dort eine möglichst weitgehende Erfassung der lehrenden Wissenschaftler, wobei es sich in diesen Abschnitten um die nicht planmäßig angestellten handelt. Es ist sicher, daß hier erhebliche Lücken geblieben sind. An vielen Hochschulen erwies es sich als praktisch unmöglich, eine vollständige Liste aller Habilitationen aufzustellen: Akten sind verloren gegangen, viele Habilitierte wirkten nicht oder nur kurz an der Universität und verschwanden spurlos, oft bleibt unsicher, ob es sich wirklich um eine Habilitation im Fach Mathematik handelte. Prinzipiell gleiches gilt für die Tätigkeit der nicht beamteten Privatdozenten, Dozenten und Professoren. Trotz dieser wohl unvermeidlichen Lücken ist zu hoffen, daß auch diese Teile wichtige Informationen über die mathematischen Institute vermitteln können.

Bei der Sammlung des Datenmaterials konnte bei weitem nicht immer auf die Originalakten zurückgegriffen werden, obwohl viele örtliche Bearbeiter sich diese große Mühe gemacht haben. In der Regel wurde die Literatur und andere Sekundärquellen herangezogen, wobei sich herausstellte, daß diese von höchst unterschiedlicher Qualität, Vollständigkeit und Zuverlässigkeit waren. Generell mußte mit einiger Überraschung festgestellt werden, daß längst nicht für alle Universitäten zusammenfassende Darstellungen ihrer Geschichte und Entwicklung existieren, die auf präzisen Daten und Zahlen basieren und konkrete Angaben enthalten. (Eine gewisse Art von Literatur, die man als wissenschaftlichen Kitsch bezeichnen könnte und in der wortreich, aber verschwommen von Aufgabe, geistiger Entwicklung, Wesen, Bedeutung, Bestimmung und Idee der Universität die Rede ist, ohne daß greifbare Tatsachen aufgeführt werden, blüht dagegen umso reichlicher.) Bei der Sichtung dieser Quellen stellten sich im Detail zahlreiche Unstimmigkeiten und Widersprüche heraus, die nicht alle aufgeklärt werden konnten. Es ist sicher, daß auch dieser Band — z.B. bei den Jahreszahlen — Fehler enthält. Der Versuch einer restlosen Aufklärung aller Unklarheiten und die Schließung aller verbleibenen Lücken hätte aber eine unzumutbare Mühe bedeutet und keinen wesentlichen zusätzlichen Gewinn gebracht.

Bei der Erstellung der Abschnitte für die einzelnen Hochschulen wurde unterschiedlich vorgegangen. Für die meisten fanden sich Bearbeiter am Ort, die in aller Regel mit großem Eifer und viel Arbeit Entwürfe erstellten, die von mir nur noch mehr oder weniger redaktionell überarbeitet werden mußten, um eine gewissen Angleichung an ein einheitliches Schema zu erreichen. Einige mußten leider dabei stark gekürzt werden, und es ist sehr zu wünschen, daß diese auch in ihrer ursprünglichen Fassung veröffentlicht werden. Für eine kleinere Gruppe von Hochschulen erstellte ich auf der Grundlage der mir zugänglichen Literatur vorläufige Entwürfe, die dann von Kollegen an den betreffenden Orten überprüft, korrigiert und ergänzt wurden. Mit einigen örtlichen Bearbeitern entspann sich eine umfangreiche Korrespondenz, und ich bin allen diesen Kollegen für die geduldige Klärung vieler Einzelfragen sehr dankbar. Für die restlichen Universitäten (u.a. Danzig, Königsberg, Straßburg) mußte ich die Beiträge selbst erstellen.

Die benutzte Literatur ist in der Regel bei den Einzelbeiträgen zitiert. Eine Reihe von Publikationen erwies sich jedoch generell und bei zahlreichen Hochschulen als sehr nützlich. Diese sind in dem Literaturverzeichnis am Ende des Bandes zusammengestellt.

Bei der Erstellung dieses Bandes hat eine ungewöhnlich große Zahl von Personen mitgewirkt. Sie sind in dem "Verzeichnis der Mitarbeiter" aufgeführt. Ich möchte ihnen allen ausdrücklich und sehr herzlich für ihre z.T. sehr zeitraubende und mühsame Arbeit danken.

Münster, April 1989   Winfried Scharlau

Verzeichnis der Mitarbeiter

Aachen:	Prof. Dr. P. L. Butzer, Annelore Albat, Lore Hoddick
Berlin TH:	Prof. Dr. E. Knobloch
Berlin U:	Prof. Dr. H. Begehr
Bonn:	Prof. Dr. R. Leis
Braunschweig:	Prof. Dr. H. Harborth
Breslau:	Dr. T. Weber
Clausthal:	Prof. Dr. W. Lex
Darmstadt:	Prof. Dr. E. Heil
Dresden:	Prof. Dr. R. Sonnemann, Doz. Dr. Schubert
Erlangen:	Prof. Dr. K. Jacobs, P. Martus
Frankfurt:	Prof. Dr. W. Schwarz, Prof. Dr. J. Wolfart
Freiberg:	Prof. Dr. D. König
Freiburg:	Prof. Dr. O. H. Kegel
Gießen:	Helga Bertram
Göttingen:	Dr. N. Schappacher
Greifswald:	Doz. Dr. P. Schreiber
Halle:	Prof. Dr. W. Jentsch
Hamburg:	Prof. Dr. O. Riemenschneider
Hannover:	J. Dehnhardt
Heidelberg:	Prof. Dr. D. Puppe, Dr. H.-W. Henn
Jena:	Dr. W. Eccarius
Karlsruhe:	Prof. Dr. M. v. Renteln
Kiel:	Prof. Dr. K. Johnsen
Köln:	Prof. Dr. P. Dombrowski
Leipzig:	Dr. W. Purkert, Dr. K.-H. Schlote
Marburg:	Prof. Dr. K.-B. Gundlach
München TH:	Dr. Th. Ströhlein
München U:	Dr. M. Toepell
Rostock:	Prof. Dr. W. Engel
Stuttgart:	Prof. Dr. P. Lesky
Tübingen:	Dr. G. Betsch
Würzburg:	Prof. Dr. H. J. Vollrath

Vorläufige Entwürfe: Ute Wefers; Korrekturen, Beiträge verschiedener Art: Dr. N. Schappacher, Dr. G. Schubring; Schreibarbeiten und technische Gestaltung: Erika Becker, Wiebke Hansen, Andreas Kreibich, Ute Wefers; Fehler und Unzulänglichkeiten: W. Scharlau.

Aachen, Technische Hochschule

1 Hochschulgeschichte

1601
Gründung des Gymnasium Marianum der Jesuiten. Jährliche Zuschüsse durch das Aachener Domkapitel und den Magistrat der Freien Reichsstadt Aachen. Es war im 17. und 18. Jahrhundert die einzige öffentliche Lateinschule Aachens.

1686/1715
Erweiterung des fünfklassigen Kollegs zunächst mit einem zwei–jährigen philosophischen Studium der Logik, Metaphysik, Physik und der Ethik für Mediziner, Juristen und Theologen; anschliessend mehrjähriges theologisches Studium der Moral, Dogmatik, Exegese und des Kirchenrechts. Nach deren Abschluß wurden die entsprechenden akademischen Titel nicht von Aachen sondern von der Jesuiten–Universität Trier verliehen ”eben als wan sie ... zu Trier studirt hetten”. Es war also ein Obergymnasium oder ”Gymnasium illustre”. Die Zahl der Schüler erreichte gelegentlich annähernd 1000.

1773
Auflösung des ”Gymnasium illustre” infolge der Aufhebung des Jesuiten–Ordens durch Papst Clemens XIV.

1773–1814
Unruhige Zeiten im Aachener Bildungswesen. Im Rahmen der Französischen Besetzung wurde 1803 eine französische Sekundarschule bzw. College eröffnet mit sehr geringer Schülerzahl.

1814/16
Gründung des preußischen Gymnasiums. Die Mathematik wurde von Direktor Dr. J. J. Schoen (1827–1871) sowie von dem tüchtigen Mathematiker Korten vertreten. Seitdem das Rheinland preußisch geworden war, wurde der Plan erwogen, in diesem, dem am weitesten industrialisierten Teil des Deutschen Reiches, eine polytechnische Schule zu gründen. Neben Aachen bemühten sich auch Düsseldorf und Köln, diese Institution zu erhalten. Erst nach langer Diskussion erhielt Aachen den Zuschlag.

1865   Grundsteinlegung der "Königlichen Rheinisch–Westfälischen
            Polytechnischen Schule zu Aachen". Der Erlaß zur Errich-
            tung war bereits 1863 vom preußischen König Wilhelm I un-
            terzeichnet worden.

1870   Eröffnung der Schule und Einweihung des Hauptgebäudes.
            Erster Direktor A. von Kaven (1870–1880). (Der Mathema-
            tiker E. B. Christoffel hatte einen Ruf als Leiter abgelehnt.)
            Die Hochschule bestand zunächst aus einer allgemeinen Schu-
            le, wozu die Mathematik gehörte, sowie drei Fachschulen,
            nämlich eine für Ingenieurwesen und Hochbau, eine für Ma-
            schinenbau und Mechanische Technik und eine für Chemische
            Technik und Hüttenkunde. Der Lehrbetrieb begann 1870 mit
            insgesamt 32 Dozenten, davon 17 ordentliche Professoren und
            223 Studenten.

1880   Einführung einer Rektorats– und Kollegial–Verfassung. Die
            Bezeichnung "Technische Hochschule", bereits im Verfas-
            sungsstatut von 1870, wurde nun offiziell. Aachen war die
            erste preußische polytechnische Schule, die sich Hochschule
            nannte. In der Folgezeit wurde die Hochschule in fünf Abtei-
            lungen gegliedert, die fünfte für Allgemeine Wissenschaften,
            insbesondere Mathematik und Naturwissenschaften.

1883/87   Einführung einer neuen Diplomprüfungs– (die erste gab es
            1873) und Habilitationsordnung.

1894/1914   Zahlreiche neue Lehrstühle und Institute, viele Neu– und Er-
            weiterungsbauten.

1899/1902   Recht auf Verleihung des Grades eines Diplom–Ingenieurs,
            bzw. eines Doktor–Ingenieurs. Im Gegensatz zu den allge-
            meinen Abteilungen anderer preußischer (technischer) Hoch-
            schulen besaß auch die Aachener Allgemeine V. Abteilung
            dieses Promotionsrecht. Bis 1920 gab es 18 Promotionen in
            dieser Abteilung, davon sechs in den mathematisch–mecha-
            nischen Fächern und drei in der assoziierten Aerodynamik.
            Erst 1921 wurden den einzelnen Fakultäten der preußischen
            technischen Hochschulen das eigene Promotionsrecht über-
            tragen.

1915	Hugo Junkers, 1897–1912 Ordinarius für Wärmetechnik, erbaute das erste Metallflugzeug.
1918	Johannes Stark, 1909–1917 Ordinarius für Physik in Aachen, erhielt den Nobelpreis für Physik (Stark–Effekt). W. Wien, 1897–99 in Aachen, hatte diesen Preis bereits 1911, und P. Lenard, 1896–97 in Aachen, schon 1905 erhalten.
1919/1923	Mehrfache Beeinträchtigung des Lehrbetriebes infolge der französisch–belgischen Besetzung des Rheinlandes. Schliessung der Hochschule durch die Militärbesatzung am 24.10. 1923 bis zum 19.11.23 . Die ganze Studentenschaft mußte Aachen binnen 24 Stunden verlassen.
1920	Jubiläum zum fünfzigjährigen Bestehen der Aachener Hochschule. Seit der Gründung hatten sich 15 Wissenschaftler in der V. Abteilung habilitiert, davon acht in der Mathematik und Mechanik, vier in der Physik. Der gesamte Lehrkörper bestand 1920 aus etwa 160 Personen.
1922	Neugestaltung der Hochschule mit Gliederung in vier Fakultäten. Die V. Abteilung hieß nun I. Fakultät für Allgemeine Wissenschaften (insbesondere Mathematik, Naturwissenschaften und Wirtschaftswissenschaften). Das Studium des höheren Lehramtes in der Mathematik, Physik und Chemie wurde denjenigen an Universitäten gleichgestellt. Es gab 1922 1280 Studierende und Hörer in Aachen; 1926 waren es bereits 1900.
1933	Vertreibung von mehr als zehn Professoren und Dozenten durch die Nationalsozialisten, unter ihnen die Mathematiker Otto Blumenthal und Ludwig Hopf sowie Theodor von Kármán. Blumenthal starb im KZ Theresienstadt. Rigorose Sparmaßnahmen ab Herbst 1934.
1946	Am 3. Januar Wiedereröffnung der Hochschule. Nahezu 70% des gesamten TH–Geländes war bei Kriegsende zerstört.

2 Die Mathematik und Mechanik in Aachen

Die Professur für Mathematik am Jesuiten–Kolleg, 1686 errichtet, wurde erstmals für einen längeren Zeitraum von einem einzigen Mathematiker besetzt, und zwar von 1731 bis 1745 durch P. Johannes Strauch SJ (1701–1754). Von 1758 an bis 1773 wirkte als Mathematicus der bekannte P. Heinrich Arbosch SJ (1726–1785). Sie gehörten zudem zu jenen drei Professoren, die das gesamte philosophische Studium vertraten.

Anläßlich der Gründung der Hochschule 1870 wurden als etatmäßige Professoren in die Allgemeine Abteilung berufen: ein Mathematiker, ein Darstellender Geometer, ein Mechaniker sowie ein Physiker und ein Nationalökonom. Nach dem Tode Karl Hattendorffs 1882 wurde der Lehrstuhl geteilt; der zweite Mathematiker wurde 1883 zuerst als Dozent, 1885 als etatmäßiger Professor berufen. Auf der ersten mathematischen Professur, die, im Gegensatz zur zweiten Professur, viele Jahre hinweg überwiegend von einer einzigen Person besetzt war, wirkten stets bedeutende Mathematiker: so Hattendorff, ein angesehener Schüler Riemanns, Hans von Mangoldt, der nicht nur durch "den Mangoldt-Knopp" bekannt ist, sondern auch durch seine Untersuchungen zum Primzahlsatz, und der Funktionentheoretiker Otto Blumenthal, der langjährige Herausgeber der Mathematischen Annalen. Auf dem zweiten Lehrstuhl wirkten, nur relativ kurzfristig, Philipp Furtwängler, Martin Kutta, Georg Hamel, Erich Trefftz und für einen größeren Zeitraum L.Hopf. In der Darstellenden Geometrie und Angewandten Mathematik sind vor allem Theodor Reye und Robert Sauer zu nennen.

In Aachen war die Mechanik stets mit der Mathematik verbunden; man sprach von der Gruppe: Mathematik, Mechanik, Darstellende Geometrie. Sie wurde geprägt vom August Ritter, jenem großen Lehrer, dem die deutschen technischen Hochschulen ihre Eigenart verdanken. Ausgebaut wurde sie von Arnold Sommerfeld, Hans Reißner und Theodor von Kármán. Den Mechanikern verdankt man die Entstehung des berühmten "(Flugtechnischen) Aerodynamischen Instituts", erbaut 1913/14. Dieses Institut war Bestandteil der Abteilung V bzw. der Mathematisch–Naturwissenschaftlichen Fakultät bis 1935.

3 Professoren

(Erster) Lehrstuhl für Mathematik

1870–1882   **Hattendorff**, Karl F. W. (1823–1882)
vorher PDoz. Göttingen, Realschullehrer Hannover

1882–1885   **Stahl**, Hermann (1843–1908)
vorher Gymnasial–Oberlehrer Berlin, nachher Tübingen

1886–1904   **v. Mangoldt**, Hans (1854–1925)
vorher Hannover, nachher Danzig

1904–1905   **Heffter**, Lothar (1862–1962)
vorher Bonn, nachher Kiel

1905–1933   **Blumenthal**, Otto (1876–1944)
vorher PDoz. Göttingen, 1933 entlassen

1934–1954   **Krauß**, Franz (1889–1982)
vorher PDoz. und ao.Prof., 1954 em.

Lehrstuhl für Darstellende Geometrie (bzw. Geometrie der Lage, graphische Statistik)

1870–1872   **Reye**, Theodor (1838–1919)
vorher ETH Zürich, nachher Straßburg

1872–1892   **Stahl**, Wilhelm (1846–1894)
nachher TH Berlin

1892–1897   **Schur**, Friedrich Heinrich (1856–1932)
vorher Leipzig, Dorpat, nachher Karlsruhe

1897–1922   **Kötter**, Ernst (1859–1922)
vorher PDoz. Berlin

1921–1930   **Brandt**, Heinrich (1886–1954)
vorher PDoz. Karlsruhe, nachher Halle

1931–1932   **Graf**, Heinrich (1897–1985)
vorher PDoz., nachher Darmstadt

1933–1944   **Sauer**, Robert (1898–1970)
vorher PDoz. TH München, nachher Karlsruhe

(Zweiter) Lehrstuhl für Mathematik

1888–1907   **Jürgens**, Enno (1849–1907)
vorher PDoz. Halle

1907–1910   **Furtwängler**, Philipp (1869-1940)
vorher Bonn, nachher Bonn

1910–1912   **Kutta**, Martin Wilhelm (1867–1944)
vorher Jena, nachher Stuttgart

1912-1919   **Hamel**, Georg (1877–1954)
vorher PDoz. Karlsruhe, o.Prof. Brünn, nachher TH Berlin

1919–1922   **Trefftz**, Erich (1888–1937)
vorher PDoz., nachher TH Dresden (dort Ordinarius für Technische Mechanik)

1923–1934   **Hopf**, Ludwig (1884–1939)
vorher PDoz. und ao.Prof., 1934 entlassen, Emigration nach England und Irland

Lehrstuhl für Mechanik

1870–1899   **Ritter**, August (1826–1909)

1900–1906   **Sommerfeld**, Arnold (1868–1951)

1906–1912   **Reißner**, Hans J. (1874–1967)

1913–1934   **Kármán**, Theodor v. (1881–1963)

1934–1939   **Müller**, Wilhelm Carl Gottlieb (1880–1968)

1941–1975   **Schultz–Grunow**, Fritz (1906–1987)

Neben diesen Lehrstühlen gab es gelegentlich weitere Professuren in der Mathematik und ihren Anwendungen. So war F. Robert Helmert (1843 – 1917) Inhaber des Lehrstuhls für Praktische Geometrie und Geodäsie in der Abteilung für Bauingenieurwesen von 1870–1885. Als Th.v.Kármán, Inhaber des Lehrstuhls für Mechanik und Aerodynamik, sich 1930–34 nach Pasadena beurlauben ließ, wurde sein Lehrstuhl gewissermaßen geteilt. Carl Wieselsberger (1887–1941) übernahm die Leitung des Aerodynamischen Institutes und wurde gleichzeitig Ordinarius für Angewandte Mathematik und Strömungslehre (1930–1941); die "Mechanik" wurde ab 1934 mit Wilhelm C.G. Müller besetzt. Das Aerodynamische Institut wurde dann 1935 in die Fakultät für Maschinenwesen eingegliedert. Der Nachfolger von Wieselsberger, Friedrich Seewald (1875–1974), war allerdings für "Angewandte Mathematik" nur noch von 1942–1948 zuständig. Rudolf Iglisch war nicht beamteter Extraordinarius für Mathematik von 1937 bis 1938.

4 Habilitationen, Privatdozenten, Lehraufträge

Winkelmann, Adolf August (1848–1910); 1873/74 Dozent für Mathematik und Physik, ab 1877 Professor für Physik in Hohenheim

Krohn; 1878/79 "außerordentlicher Lehrer" am Lehrstuhl für Darstellende Geometrie; 1880–1885 Dozent für Darstellende Geometrie und Brückenbau, später Danzig

Jürgens, E.; 1833–1888 Dozent, zuständig für Elementarmathematik, seminaristische Übungen; vorher PDoz. Halle, nachher o. Prof.

Jolles, Stanislaus; 1886 Habil., dann Assistent, später Dozent und o. Prof. TH Berlin

Schilling, G. Friedrich; 1896 Habil., später ao. Prof. Karlsruhe

Wieghardt, Karl (1874–1924); 1904/05 Habil. in Mechanik, 1906 ao. Prof. Braunschweig

Skutsch, Rudolf (1870–1929); 1904/05 Habil. in Mechanik, dann PDoz., später TH Berlin, Braunschweig

Timpe, Anton Aloys (1882–1959); 1909/10 Habil. in Mechanik, dann PDoz., später Münster, TH Berlin

Hopf, Ludwig; 1914 Habil. in Mechanik und Theor. Physik, bis 1921 PDoz., dann ao. Prof.

Trefftz, Erich; 1917 Habil.

Föppl, Otto (1885–1963); 1920 Habil. in Mechanik, dann ao. Prof. für Technische Mechanik Braunschweig

Krauß, Franz; 1924 Habil., bis 1930 PDoz., bis 1934 ao. Prof., dann o. Prof.

Friedrichs, Kurt O.; 1928 Habil., dann PDoz. Göttingen, 1930 o. Prof. Braunschweig

Scheubel, Franz Nicolaus (1899– ?); 1930 Habil. in Mechanik insbesondere Aerodynamik, später ao. und o. Prof. Darmstadt

Mathar, Josef (1900–1933); 1930 Habil. in Festigkeitslehre und Aerodynamik

Graf, Heinrich; 1931 Habil., dann ao. Prof.

Iglisch, Rudolf L.M.; 1931 Habil., bis 1937 PDoz., 1938 o. Prof. Braunschweig

Hermann, Rudolf (1904– ?); 1935 Habil. in Hydro– und Aerodynamik, dann PDoz., 1937 TH Berlin

Lohmann, Walter L.F.C. (1895–1972); 1935 Habil. in Angewandter Mathematik und Mechanik

Lennertz, Joseph (1900–1941); 1936 Habil. in Mechanik und Angewandter Mathematik

Athen, Hermann (1911–1981); 1943 Dr.Ing.habil., Oberstudiendirektor in Elmshorn

Literatur

350 Jahre Humanistisches Gymnasium in Aachen 1601–1951. Festschrift des Kaiser–Karl–Gymnasium. M. Brimberg, Aachen, o.J. (1951).

P. Gast (Hrsg.): Die Technische Hochschule zu Aachen 1870–1920. Eine Gedenkschrift. La Ruelle, Aachen o.J. (1921).

A. Kurze (Hrsg.): Aachen, die Rheinisch–Westfälische Technische Hochschule. M. Kurz, Stuttgart 1961.

H.M. Klinkenberg (Hrsg.): Rheinisch–Westfälische Technische Hochschule Aachen 1870/1970. 2 Bde. (Separatband Tafeln und Übersichten) Oscar Bek, Stuttgart 1970.

Berlin, Technische Hochschule

1 Hochschulgeschichte

1770	Friedrich der Große gründete nach den Plänen des Bergrats Gerhard eine Unterrichtsanstalt, die zur Ausbildung künftiger Beamter des Berg–, Landbaues, des Land–, Forstwirtschafts–, Kameral– und Finanzdienstes dienen sollte. Sie hieß ab 1774 "Bergakademie".
1799	Friedrich Wilhelm III. gründete nach Plänen der Bauräte Eytelwein, D.Gilly und Riedel die erste Fachschule für Bauwesen in Deutschland, die Bauakademie, die außer Baubeamten Feldmesser und Bauhandwerker für die Praxis ausbilden sollte.
1821	Friedrich Wilhelm III. gründete nach Plänen von Beuth das Technische Institut, das ab 1827 Gewerbeinstitut, ab 1866 Gewerbeakademie hieß. Es sollte der Ausbildung des gewerblichen Nachwuchses dienen und zu diesem Zweck allgemeine Bildung und die für den praktischen Gewerbebetrieb nötigen technischen Kenntnisse vermitteln.
1879	Gründung der Königlichen Technischen Hochschule Charlottenburg (Berlin) durch Zusammenlegung von Bau– und Gewerbeakademie mit zusammen 1180 Studenten. Gegenüber allen deutschen Vorgängern war es die erste Hochschule dieser Art, die als Technische Hochschule konzipiert wurde und nicht auf einer Polytechnischen Schule aufbaute. Die 5 Abteilungen waren: Architektur, Bauingenieurwesen, Maschineningenieurwesen, Chemie und Hüttenkunde, Allgemeine Wissenschaften (darunter Mathematik).
1884	Einweihung des neuen Hauptgebäudes, auch räumliche Zusammenführung der beiden ehemaligen Akademien. Zu den herausragenden Professoren gehörten Riedler (Maschinenbau,

ab 1888), Slaby (Elektrotechnik, ab 1886). Institutionalisierung eines regelrechten Habilitierungsverfahrens durch eine Habilitationsordnung.

1899 2337 Studenten. Kaiser Wilhelm II. verlieh der TH das Recht, den Grad Dr.-Ing. zu verleihen.

1916 Während des 1. Weltkrieges Anschluß der Bergakademie an die TH als neue Abteilung für Bergbau.

1917 Umwandlung der ”etatsmäßigen” in ”ordentliche” Professoren nach dem Vorbild der Universität.

1921 Einrichtung von Studiengängen für Studienräte an Gymnasien, zunächst für Mathematik, Physik, Chemie.

1922 Umwandlung der Abteilungen in 4 Fakultäten (Allgemeine Wissenschaften, Bauwesen, Maschinenwirtschaft, Stoffwirtschaft) nach dem Vorbild der Universitäten.

1924 Die TH erhielt das Recht, den Doktorgrad in den Allgemeinen Wissenschaften (Mathematik, Physik, Chemie) zu verleihen.

1930 6100 Studenten, 85 ordentliche Professoren, 1200 Vorlesungen und Übungen.

1935 Einrichtung der Wehrtechnischen Fakultät (1945 aufgelöst).

bis 1945 Im zweiten Weltkrieg wurden die Gebäude der TH zum größten Teil zerstört, insbesondere das gewaltige Hauptgebäude.

1945 Vorübergehende Schließung der TH, Entlassung aller Dozenten, die Angehörige der NSdAP waren.

1946 Neueröffnung unter dem Namen Technische Universität im britischen Sektor der geteilten Stadt Berlin.

2 Die Mathematik an der Technischen Hochschule Berlin

Die Mathematik gehörte von Anbeginn an zu den Hilfswissenschaften der ursprünglich selbständigen drei Akademien. Sie wurde von nebenamtlich bezahlten Dozenten gelehrt. Von mathematischer Forschung war an der Bergakademie über 100 Jahre lang, an den beiden anderen Akademien jahrzehntelang keine Rede.

Seit der Gründung der Berliner Universität im Jahre 1810 wurde es üblich, daß deren Privatdozenten oder Professoren der Mathematik an den drei Akademien unterrichteten. Dies galt 1814 bis 1852 für Lehmus und 1881/82 für Wangerin an der Bergakademie; 1799 bis 1831 für Minding und 1824 bis 1831 für M. Ohm an der Bauakademie; 1856 bis 1864 (ab 1861 beurlaubt) für Weierstraß an der Gewerbeakademie; 1894 bis 1914 für Hettner an der Technischen Hochschule. Hettner blieb nach seiner Berufung als etatsmäßiger Professor an der TH ao. Professor an der Universität. Häufig unterrichteten dieselben Dozenten an mehreren der drei Akademien wie Hertzer, Ringleb, Pohlke, Aronhold und Kossak.

Herausragende etatmäßige Professoren an der Bergakademie waren Kötter von 1895 bis 1900 und sein Nachfolger Kneser von 1900 bis 1905. Die Entwicklung der Bau– und Gewerbeakademie zeichnete sich durch steigende Anforderungen auch und gerade im Bereich der Mathematikausbildung aus. An der Bauakademie ist der Begründer der flächentheoretischen Schule an der Technischen Hochschule, J. Weingarten, zu nennen (von 1874–1903 etatm. Professor für Mechanik), an der Gewerbeakademie K. Weierstraß und sein Nachfolger E. B. Christoffel (von 1869 bis 1872).

Als die Technische Hochschule 1879 konstituiert wurde, steuerte die Bauakademie eine etatmäßige Professur, die Gewerbeakademie drei etatmäßige Professuren für Geometrie bzw. Mathematik bei. Tatsächlich gab es drei charakteristische Merkmale der Mathematik an der TH: 1. eine bis nach dem 2. Weltkrieg beibehaltene Trennung der Geometrie von der Mathematik, 2. eine enge Beziehung zwischen der Mathematik und ihren vielfältigen Anwendungen in der Mechanik, Ballistik, Aerodynamik, Elastizitätstheorie, Elektrotechnik, Statistik, Flugsicherung, 3. eine bis heute wichtige Rolle für die Existenz und Leitung der Berliner Mathematischen Gesellschaft (BMG). An die geometrische Tradition sind die Namen Scheffers, Hessenberg, Salkowski geknüpft, an die analytische Tradition die Namen H. Weber, P. du Bois Reymond, Hamel (einer der bedeutendsten TH-Mathematiker überhaupt), Hettner, Rothe, Schmeidler. Zu den Privatdozenten gehörten so bekannte Mathematiker wie Steinitz und Lichtenstein.

Als 1901 auf Betreiben der beiden TH–Mathematiker A. Kneser und Jahnke die BMG gegründet wurde, waren oder wurden 14 der 38 Gründungsmitglieder Mathematikdozenten oder –professoren der TH. Bis 1945 wurde die BMG überwiegend von TH–Mathematikern geleitet. Sie entwickelte sich zu einem anerkannten Zentrum der Berliner Mathematik. 1950 wurde die Gesellschaft von Mitgliedern der drei Berliner Universitäten, der Pädagogischen Hochschule und Gymnasiallehrern wiedergegründet.

Nach der Machtübernahme der Nationalsozialisten wurden folgende Mathematiker entlassen: der o. Honorarprof. A. Korn (der Bildtelegraphie lehrte), der PDoz. A. Barneck, die nb. ao. Prof. E. Jacobsthal und R. Fuchs und der o. Prof. für Mechanik H. J. Reissner. E. Rembs wurde aus politischen Gründen die Habilitation verweigert, und er wurde als Studienrat aus dem Schuldienst entlassen.

3 Professoren

an der Gewerbeakademie, seit 1879 an der TH

Erster Lehrstuhl

1856–1864 **Weierstraß**, Karl (1815–1897)
vorher Schuldienst, zugleich und nachher Universität Berlin

1864–1883 **Aronhold**, Siegfried (1819–1884)
vorher Lehrtätigkeit an der Bauakademie und Gewerbeakademie

Zweiter Lehrstuhl

1869–1872 **Christoffel**, Elwin Bruno (1829–1900)
vorher ETH Zürich, nachher Straßburg

1873–1892 **Kossak**, Ernst (1839–1892)
vorher PDoz.

Lehrstuhl für Geometrie

1874–1907 **Hertzer**, Hugo Ottomar (1831–1908)
vorher Hilfslehrer und etatmäßiger Lehrer

Lehrstuhl für Geometrie an der Bauakademie, seit 1879 an der TH

1877–1905   **Hauck**, Guido (1845–1905)
vorher Professor an der Realanstalt Tübingen, Lehrauftrag an der Universität Tübingen

an der Bergakademie, seit 1916 an der TH

1895–1900   **Kötter**, Fritz (1857–1912)
vorher PDoz., nachher etatmäßiger Professor für technische Mechanik

1900–1905   **Kneser**, Adolf (1862–1930)
vorher Dorpat, nachher U. Breslau

1905–1921   **Jahnke**, Eugen (1863–1921)
vorher PDoz.

an der TH

Erster Lehrstuhl

1883–1884   **Weber**, Heinrich (1842–1913)
vorher Königsberg, nachher Marburg

1884–1889   **du Bois Reymond**, Paul (1831–1889)
vorher Tübingen

1889–1918   **Lampe**, Emil (1840–1918)

1919–1949   **Hamel**, Georg (1877–1954)
vorher Aachen

Zweiter Lehrstuhl

1892–1894   **Stahl**, Wilhelm (1846–1894)
vorher Aachen

1894–1914   **Hettner**, Georg (1854–1914)
vorher und nebenamtlich gleichzeitig ao. Prof. U. Berlin

1914–1939   **Rothe**, Rudolf (1873–1942)
vorher Clausthal

1939–1945   **Schmeidler**, Werner (1890–1969)
vorher TH Breslau

Lehrstuhl für Geometrie (Nachfolger von Hertzer, s.o.)

1907–1925   **Jolles**, Stanislaus (1857–1942)
vorher Aachen, 1925 em.

1925   **Hessenberg**, Gerhard (1874–1925)
vorher Tübingen

1925-1943   **Salkowski**, Erich (1881–1943)
vorher Hannover

Lehrstuhl für Geometrie (Nachfolger von Hauck, s.o.)

1907–1935   **Scheffers**, Georg (1866–1945)
vorher Darmstadt, 1935 em.

Weiterer Lehrstuhl

1927–1950   **Timpe**, Aloys (1882–1959)
vorher landwirtschaftl. Hochschule Berlin, 1950 em.

4 Habilitationen, Privatdozenten, Dozenten

Weingarten, Julius (1836–1910); seit 1864 PDoz. an der Bauakad., 1874–
1903 etatm. Prof.

Kossak, Ernst; seit 1869 PDoz. an der Gewerbeakad., 1872–1892 etatm.
Prof.

Reichel, Otto (1836–?); 1873–1883 PDoz. an der Gewerbeakad. bzw. TH

Löwenherz, Leopold (1847–1892); 1874–75 PDoz. an der Gewerbeakad.

Scholz, Julius (1839–?); 1876–1889 PDoz. an der Bauakad. bzw. TH für Projektionslehre (Geometrie)

Hamburger, Mayer (1838–1903); seit 1879 PDoz. an der Bauakad., 1885–1903 Dozent an der TH

Buka, Felix (1852-1896); seit 1879 PDoz., seit 1889 Dozent für kinematische Theorie

Dziobek, Otto (1856–1919); 1882 Habil. für Reine Math. und analytische Mechanik, dann PDoz., ab 1892 Dozent

Grosse, Heinrich; 1884 Habil. für Mathem. Theorie der Bevölkerungsstatistik und des Lebensversicherungswesens, dann PDoz.

Wendt, Amandus (1855–1939); 1885 Habil. für Mathem. Analysis, dann PDoz., seit 1896 Gymnasialoberlehrer in Havelberg

Kötter, Fritz; 1887 Habil. für Angew. Mathem., dann PDoz., später etatm. Prof.

Müller, Richard (1862–?); 1892 Habil. für Reine Mathem., bis 1905 PDoz.

Horn, Jacob (1867–1946); 1892 Umhabil. von Freiburg, dann PDoz., 1900 Clausthal

Haentzschel, Emil (1858–1948); 1893 Habil., dann PDoz., ab 1900 Dozent, ab 1924 ao. Prof.

Steinitz, Ernst; 1898 Habil. für Mathematik, ab 1901 auch für Darstellende Geometrie, dann PDoz., ab 1903 Dozent, 1910 TH Breslau

Jahnke, Eugen; 1901 Habil., dann PDoz., 1905 etatm. Prof.

Hessenberg, Gerhard; 1901 Habil. für Darstellende Geometrie, später auch für Reine Mathematik, dann PDoz., 1907 Bonn

Gleichen, Alexander (1862–1923); 1902 Habil. für Geometrische Optik, bis 1911 PDoz., ab 1904 am Reichspatentamt

Cranz, Carl (1858–1945); 1903 Umhabil. von der TH Stuttgart, dann PDoz., ab 1920 o. Prof. für Technische Physik

Rothe, Rudolf; 1905 Habil., dann PDoz., 1908 nach Clausthal

Fuchs, Richard (1873–1945); 1906 Habil., dann PDoz., ab 1922 Dozent, 1923/24 ao. Prof., 1938 entlassen

Wallenberg, Georg (1864–1924); 1906 Habil., dann PDoz., ab 1910 Dozent, ab 1918 ao. Honorarprof.

Meyer, Eugen (1871–1909); 1907 Habil. für Darstellende Geometrie, dann PDoz.

Salkowski, Erich; 1907 Habil. für Darstellende Geometrie, dann PDoz., 1915 Hannover

Lichtenstein, Leon; 1910 Habil., dann PDoz. und Siemens–Schuckert–Werke, ab 1920 Münster

Jacobsthal, Ernst Erich (1882–1965); 1913 Habil., dann PDoz., ab 1922 ao. Prof., 1934 entlassen, dann TU Trondheim

Barneck (Baruch), Alfred (1885–1964); 1919 Habil. für Darstellende Geometrie, PDoz. bis 1934, dann entlassen

Lemke, Hans (1874–?); 1920 Habil., PDoz. bis 1923

Schafheitlin, Paul (1861–1924); 1920 Habil., bis 1924 PDoz. für Geometrie

Willers, Friedrich–Adolf; 1923 Habil., dann PDoz., ab 1925 Dozent, ab 1928 Freiberg

Stübler, Eugen (1873–1930); 1924 Umhabil. von der TH Stuttgart, ao. Prof.

Grüß, Gerhard Christian (1902–1950); 1929 Habil., dann PDoz., 1935 Freiberg

Haenzel, Gerhard (1898–1944); 1929 Habil., dann PDoz., ab 1933 TH Karlsruhe

Sadowsky, Michael (1902–1967); 1930 Habil., dann PDoz., ab 1931 Univ. of Minnesota

Lorenz, Paul (1887–1973); 1930 Habil. für Mathem. Methoden der Wirtschaftswissenschaften und Statistik, dann PDoz., ab 1934 ao. Prof.

Keller, Ott–Heinrich (geb. 1906); 1933 Habil., dann PDoz., ab 1941 apl. Prof.

Graf, Ulrich (1908–1954); 1934 Habil. für Mathematik und Darstellende Geometrie, dann PDoz., ab 1938 TH Danzig

Cauer, Wilhelm (1900–1945); 1935 Umhabil. von Göttingen, dann PDoz., ab 1939 apl. Prof.

Haack, Wolfgang (1902– ?); Umhabil. von der TH Danzig, Dozent

Maruhn, Karl (1904–1976); 1937 Habil., ab 1938 PDoz., ab 1944 U. Prag

Schulz, Günther (1903–1962); 1938 Umhabil. von der Univ. Berlin, dann PDoz., ab 1943 apl. Prof.

Magnus, Wilhelm (geb. 1907); 1940 Umhabil. von Frankfurt, dann PDoz., ab 1942 apl. Prof., 1944 Königsberg

Literatur

P. Lundgreen: Technische Bildung in Preussen vom 18. Jahrhundert bis zur Zeit der Reichsgründung. Aus: Die Technische Fachhochschule Berlin im Spektrum Berliner Bildungsgeschichte, hrsg. v. G. Sodan, Berlin 1988, 1–44

E. Knobloch: Die Berliner Gewerbeakademie und ihre Mathematiker. Aus: E.B. Christoffel, The influence of his work on mathematics and the physical sciences ed. by P. Butzer and F. Feher, Basel 1981, 42–51

E. Knobloch: Mathematik an der TH/TU Berlin. Aus: Mathematik in Berlin, Hrsg. H. Begehr, Berlin 1989

Berlin, Universität

1 Universitätsgeschichte

1806   Nach dem Sieg Napoleons im Jahre 1806 verlor Preußen seine Universitäten westlich der Elbe, Duisburg, Paderborn, Erlangen, Erfurt, Münster und Halle. Es verblieben Königsberg und Frankfurt/O. und die unbedeutende Ex–Jesuitenuniversität in Breslau. Dem allgemeinen Bedürfnis nach einer neuen Universität kam König Friedrich Wilhelm III. auf Grundlage der Vorschläge von Wilhelm von Humboldt durch Ausstellung der Stifterurkunde für die Berliner Universität am 16.8.1809 nach. Ihr gehörten die vier klassischen Fakultäten an, die Theologische, die Juristische, die Medizinische und die Philosophische. Als Chef der Sektion des Kultus und des öffentlichen Unterrichts im Ministerium des Inneren begann W. v. Humboldt mit den ersten Berufungen; zu ihnen gehörten der Theologe Schleiermacher und der Rechtswissenschaftler Savigny, der auch der Kommission zur Errichtung der Universität angehörte.

1810   Im Oktober 1810 begann der Vorlesungsbetrieb. Im WS 1810/11 waren 256 Studenten immatrikuliert. Schon Ende diesen Jahres erfolgten die ersten Promotionen in der juristischen und der medizinischen Fakultät. Zum ersten Rektor wurde für 1810/11 der Jurist Th. Schmalz vom König ernannt. Ihm und den vier Dekanen wurden die Ernennungsurkunden am 2. Oktober zugestellt, am 10. Oktober fand die erste Senatssitzung statt.

1811   Im August 1811 wurde mit J. G. Fichte erstmals ein Rektor für die Universität gewählt.

1817   Die Übergabe der Statuten der Universität geschah erst am 26.4.1817. Der 1817 zum Unterrichtsminister ernannte Freiherr vom Stein zum Altenstein (1770–1840), der die Geschicke der Universitäten Preußens für 22 Jahre bestimmte, wollte die Berliner Universität zur Zentraluniversität des Landes machen. Tatsächlich wurde sie sowohl nach der Größe und der Bedeutung ihres Lehrkörpers als auch nach der Studentenzahl unter seiner Amtsführung zur ersten Universität Deutschlands.

1818   Die Studentenzahl überstieg 1000. Georg Wilhelm Friedrich Hegel wurde Nachfolger Fichtes. Hingegen mißlang eine Berufung von August Wilhelm von Schlegel, der nach Bonn ging.

1827   Im Mai 1827 siedelte Alexander von Humboldt endgültig von Paris nach Berlin über. Im WS 1827/28 hielt er seine populären Kosmos-Vorlesungen "Physische Erdbeschreibung, mit Prolegomenen über Lage, Gestalt und Naturbeschaffenheit der Gestirne", die das naturwissenschaftliche Zeitalter einläuteten.

1828   Der Berliner Universität wurde der Name Friedrich-Wilhelms-Universität verliehen. Am 18.9.1828 trat unter dem Vorsitz A. von Humboldts und mit Beteiligung von Gauß die Naturforscherversammlung in Berlin mit 600 Teilnehmern zusammen.

1830   Die Zahl der Studierenden unter Einschluß von Gast- und Nebenhörern überstieg 2000. Diese Größe erreichte die Anzahl der Immatrikulationen im WS 1833/34.

1838   Erst am 29.1.1838 wurden den Fakultäten ihre Statuten verliehen.

1840   Ende 1840 wurden die Gebrüder Grimm, zwei der Göttinger Sieben, vom neuen König Friedrich Wilhelm IV. an die Akademie berufen.

1848   Nach der Märzrevolution, in deren Geschehnisse u.a. der Mathematiker G. Eisenstein auf tragische Weise verwickelt wurde, versuchten unter anderem F. Minding und Virchow durch

Flugblätter zu wirken. Im April sorgte C. G. J. Jacobi als liberal gesinnter Kanditat für die preußische Nationalversammlung im politischen Klub für den Höhepunkt des Wahlkampfes. Gustav Robert Kirchhoff habilitierte sich 1848. Als o. Professor für Physik kehrte er 1875 zurück.

1849   Die Zahl der Immatrikulationen war im SS 1849 auf 1152 gesunken.

1861   Die Gründung des Mathematischen Seminars durch Kummer und Weierstraß leitete eine Periode von Institutsgründungen ein. In allen Fakultäten wurden nun bis zum ersten Weltkrieg Institute und Seminare gegründet, insbesondere in den Naturwissenschaften.

1868   E. Kummer bekleidete das Amt des Rektors 1868/69.

1869   Das Chemische Institut erhielt ein neues Gebäude. Faktisch existierte es schon seit Übernahme des Laboratoriums der Akademie durch die neugegründete Universität. Im SS 1869 trat erstmals ein Ausschuß der Berliner Studentenschaft, mit Statuten versehen, ins Leben.

1871   Die Immatrikulationen überstiegen 2600.

1873   K. Weierstraß wurde für 1873/74 Rektor.

1874   In Verbindung mit der Herausgabe des Astronomischen Jahrbuches wurde das Astronomische Recheninstitut gegründet, mit dem fünf Jahre später das Seminar zur Ausbildung von Studierenden im wissenschaftlichen Rechnen verbunden wurde.

1880   Mehr als 4000 Studenten waren im WS 1880/81 eingeschrieben. Die Gesamtzahl der Zuhörer betrug 5590.

1889   Auf Vorschlag von H. v. Helmholtz wurde 1889 das Institut für theoretische Physik gegründet, dessen Leitung Max Planck übernahm.

1899   I. L. Fuchs wurde für 1899/1900 zum Rektor gewählt.

1901   J. H. van't Hoff wurde als erster Berliner Wissenschaftler
        mit einem der in diesem Jahr erstmals vergebenen Nobel-
        preise ausgezeichnet. 15 weitere Nobelpreise wurden in der
        Folgezeit nach Berlin vergeben. Insgesamt sind 28 Nobel-
        preisträger mit der Berliner Universität verbunden.

1908   Ab WS 1908/09 wurden an den preußischen Universitäten
        Frauen als Studierende zur Immatrikulation zugelassen. Ihr
        Anteil betrug 4,9% .

1909   Im WS 1909/10 betrug die Studentenzahl über 14 000, davon
        8783 Immatrikulierte. Im folgenden SS 1910 war sie um 2000
        gefallen.

1911   Gründung der "Kaiser-Wilhelm-Gesellschaft zur Förderung
        der Wissenschaften" vornehmlich für die Pflege naturwissen-
        schaftlicher Forschung durch Gründung von Universität und
        Akademie unabhängiger Forschungsinstitute. Viele der In-
        stitutsdirektoren waren Professoren an der Universität und
        Akademiemitglieder.

1913   Inzwischen gab es 21 Seminare in den geisteswissenschaftli-
        chen und mathematischen Fächern, 23 Institute in den natur-
        wissenschaftlichen, 3 medizinische Institute, 3 Kliniken und 7
        Polikliniken, die Charité mit je 12 Kliniken und Polikliniken,
        das Museum für Naturkunde, das Museum für Meereskunde,
        den Botanischen Garten, das Botanische Museum, die Stern-
        warte und die Universitätsbibliothek. Während des 1. Welt-
        krieges war der Lehrbetrieb sehr beeinträchtigt. Die Zahl der
        Immatrikulierten ging im SS 1915 bis auf 7793 zurück; es
        belegten aber nur 2883 davon auch wirklich Vorlesungen.

1914   Am 12.12.1914 wurde ein "Ausschuß der Studentenschaft der
        Universität Berlin" gegründet, der alle Studenten gegenüber
        der Universität und in der Öffentlichkeit vertrat. Seine Kom-
        petenzen waren auf soziale Belange beschränkt. Zur Hälfte
        setzte er sich aus Vertretern der Korporationen zusammen.

1918   Vom 30.11. bis 2.12. fanden allgemeine Wahlen zu einer Stu-
        dentenvertretung statt. Der Studentenrat bestand aus 9

Studenten. Im Mai 1919 wurde ein Studentenparlament mit 122 Sitzen gewählt, das einen siebenköpfigen Ausschuß (ASTA) wählte.

1919   Vom 3. Februar bis zum 16. bzw. 30. April 1919 wurde von der Philosophischen und der Medizinischen Fakultät ein Zwischensemester eingerichtet, gefolgt von einem zweiten Zwischensemester vom 22. September bis 20. Dezember desselben Jahres an der Theologischen, der Medizinischen und der Philosophischen Fakultät für Kriegsteilnehmer und Hilfsdienstpflichtige, an denen 13 452 Studierende teilnahmen.

1920   Auf Antrag von R. v. Mises wurde das Institut für angewandte Mathematik gegründet.

1923   Bis 1923 stiegen die Studentenzahlen. Im SS 1923 wurden 21 445 Studienberechtigte gezählt (Das waren neben den Immatrikulierten auch Gasthörer und Hörer der anderen Berliner Hochschulen.). Bis 1925 sanken die Studentenzahlen. Im SS 1925 gab es mit 8 475 immatrikulierten und 13 995 berechtigten Studenten ein Minimum.

1927   Als Professor für Chirurgie und Direktor der Chirurgischen Klinik und der Poliklinik der Charité wurde E. F. Sauerbruch berufen.

1928   Die Mapha, die Mathematisch-Physikalische Arbeitsgemeinschaft, am 27.11.1919 gegründet, wurde am 12.4.1928 als studentische Fachvertretung von der Universität zugelassen.

1929   E. Schmidt, der drei Jahre zuvor 1926 Dekan der Philosophischen Fakultät war, vereitelte als Rektor die Umbenennung der Universität und bekam erste Schwierigkeiten mit nationalsozialistischen Studenten. Im WS 1929/30 schlossen sich die inzwischen auch in anderen Fächern nach dem Vorbild der Mapha gegründeten Arbeitsgemeinschaften zu einem Ausschuß zusammen.

1931   Im WS 1931/32 zählte die Universität 24 verschiedene Fächer; den Studentenzahlen nach die stärksten waren Rechts- und

Staatswissenschaften, Allgemeine Medizin, Evangelische Theologie, Volkswirtschaft und Mathematik. Anfang 1931 wurde der Höhepunkt der Immatrikulationen erreicht. Am 31.1.1931 betrug die Gesamtzahl 16 670. Danach sanken die Studentenzahlen rapide und nahmen erst ab dem Studienjahr 1936/37 wieder zu.

1933

Das Gesetz zur Wiederherstellung des Berufsbeamtentums vom 7. April 1933 und weitere Gesetze brachten einschneidende Veränderungen auch an der Berliner Universität. Viele und viele der Besten aus Lehrkörper und Studenschaft verließen freiwillig oder gezwungenermaßen das Land. Im Rektoratsjahr 1933/34 wurde erstmals ein Vertreter des Rektors bestimmt, der ab der folgenden Amtsperiode den Titel Prorektor führte. Ludwig Bieberbach wurde 1933 zum Vertreter bestimmt.

1934

Am 1.10.1934 wurden der Universität die Landwirtschaftliche und die Tierärztliche Hochschule als neue Fakultät eingegliedert. 1806 als Königliche Akademische Lehranstalt des Ackerbaus zu Möglin errichtet und 1862 als Landwirtschaftliches Lehrinstitut nach Berlin verlegt, wurde der erstgenannten 1881 der Titel Landwirtschaftliche Hochschule verliehen. Die bereits 1790 gegründete Tierarzneischule wurde 1887 zur Hochschule erhoben. Am 1.10.1937 wurde die neue Fakultät in eine Landwirtschaftlich-Gärtnerische und eine Veterinärmedizinische Fakultät aufgespalten.

Seit Inkrafttreten der Reichshabilitationsordnung am 13.12. 1934, die eine Trennung der Verleihung der venia legendi von der Habilitation mit sich brachte, wurden keine Privatdozenten mehr ernannt. Die Schaffung von Diätendozenturen bewirkte eine wirtschaftliche Absicherung des wissenschaftlichen Nachwuchses.

1936

Auf Erlaß des Reichs- und Preußischen Ministers für Wissenschaft, Erziehung und Volksbildung vom 21.2.1936 wurde die Philosophische Fakultät am 1.4.1936 geteilt. Die Staats- und Wirtschaftswissenschaften wurden mit der juristischen

Fakultät zur Rechts- und Staatswissenschaftlichen Fakultät vereinigt. Eine Mathematisch–Naturwissenschaftliche und eine Philosophische Fakultät für Geisteswissenschaften wurden gegründet. L. Bieberbach, 1935/36 letzter Dekan der alten Philosophischen Fakultät, wurde Dekan der neuen Mathematisch-Naturwissenschaftlichen Fakultät und bekleidete dieses Amt bis 1945.

1944 Das letzte Semester an der Friedrich-Wilhelms-Universität lief vom 1.11.1944 bis zum 28.2.1945. An der Universität waren 940 Wissenschaftler beschäftigt, 547 Professoren, 205 Dozenten und 188 Lehrbeauftragte.

2 Die Mathematik an der Universität Berlin

Nach dem fehlgeschlagenen Versuch, Gauß unter Freistellung von Lehraufgaben an die neugegründete Universität zu berufen, unterschied sich die Situation der Mathematik nicht von der der meisten anderen deutschen Universitäten dieser Zeit. Ihr Niveau war sehr gering. Die ersten Professoren wurden aus der Preußischen Akademie rekrutiert; es waren die Ordinarien Tralles und später Ideler. Tralles war angewandter Mathematiker und Geodät, Ideler, ein vielseitiger Gelehrter, war Professor für Astronomie, mathematische Geographie und Chronologie. Ab 1810 unterrichtete er die Söhne des Königs, Prinz Wilhelm und Prinz Friedrich, in Mathematik. Der erste Habilitationsversuch in Mathematik, der des Gymnasiallehrers Christian Gottlieb Zimmermann (1766–1841), mißlang im Jahre 1814.

Die umstrittene Regelung der Nachfolge Tralles, bei der erneut die Frage nach der Möglichkeit, Gauß nach Berlin zu berufen, aufgeworfen wurde, führte zur Ernennung des Gauß-Schülers Dirksen zum ordentlichen und von Martin Ohm, Autodidakt und Bruder des bekannten Physikers Georg Simon Ohm (1789–1854), zum außerordentlichen Professor. Auch sie und der gleichzeitig berufene angewandte Mathematiker Oltmanns, ein Schützling A. v. Humboldts, konnten ihrem Fach keinen Impuls geben. 1839 wurde auch Ohm Ordinarius für Mathematik, bis 1920 der einzige, den die Akademie nicht aufnahm. Kaum waren 1824 alle Mathematikstellen besetzt, als sich 1825 Jacobi gleichzeitig mit der Promotion habilitierte.

Seine im WS 1825/26 gegebene Vorlesung zur Differentialgeometrie, die die Anwendung der höheren Analysis auf Flächen und Kurven doppelter Krümmung behandelte, wird als bahnbrechend für die Forschungsorientierung mathematischer Lehre betrachtet. Kummer nannte diese Vorlesung später den Anfang der Neugestaltung des mathematischen Universitätsunterrichts. In Königsberg, vom Kultusministerium für die besondere Pflege der Mathematik auserkoren, errichtete Jacobi zusammen mit dem Astronomen F. W. Bessel (1784–1846) und dem Physiker F. Neumann (1798–1895) eine große Schule. Ab 1827 studierte Hermann Graßmann (1809–1877) an der Berliner Universität, nicht Mathematik, sondern Theologie und Philologie. Für kurze Zeit wurde er später an der Gewerbeschule Nachfolger von Jacob Steiner.

Die Blüte der Mathematik begann mit der durch A.v.Humboldt gegen den Willen der Fakultät durchgesetzten Berufung von Dirichlet, der 1828 zunächst an die Kriegsschule kam. Es dauerte 22 Jahre bis Dirichlet an der Universität alle Rechte eines Ordinarius erhielt. Ursache waren seine mangelhaften Lateinkenntnisse, die zur Verschiebung seiner Habilitation bis 1851 führte. Es kam so zu der grotesken Situation, daß er – obwohl fachlich seinen Kollegen weit überlegen – keinen Einfluß auf Habilitationen hatte, keine Doktorprüfungen abnehmen und nur in Ausnahmefällen Dissertationen begutachten durfte. Dirichlet schuf die noch heute übliche Art mathematischer Vorlesungen.

Ebenfalls 1828 bekam August Leopold Crelle (1780–1855) seine einflußreiche Stellung als Fachberater für mathematische Fragen im preußischen Kultusministerium. Im Zusammenwirken mit A. v. Humboldt förderte er viele junge mathematische Talente. Niels Henrik Abel (1802–1829) war einer der ersten. Seit 1826 erscheint das von ihm gegründete Journal für die reine und angewandte Mathematik. Auch der synthetische Geometer Steiner, ein Schützling von Crelle und A. v. Humboldt, der nur Extraordinarius, aber Akademiemitglied wurde, trug zur Hebung des wissenschaftlichen Niveaus wesentlich bei. Zu den bedeutenden, von Dirichlet beeinflußten Schülern dieser Periode gehörten F. Minding, L. Kronecker, G. Eisenstein, R. Lipschitz, R. Dedekind und B. Riemann. Riemann kam 1847 für zwei Jahre nach Berlin und studierte bei Dirichlet, Eisenstein und Jacobi. 1855 kam es zu einschneidenden Veränderungen in der Mathematik in Berlin. Dirichlet ging als Nachfolger von Gauß nach Göttingen. Kummer trat Dirichlets Nachfolge an und setzte die Berufung von Weierstraß durch, Borchardt kam an die Akademie, gefolgt von Kronecker, und übernahm die Herausgabe des Crelleschen Journals. Das Dreigestirn Kummer, Weierstraß und Kronecker verwandelten Berlin in das mathematische Zentrum Europas: die mathematische Jugend kam zur Vollendung ihrer Studien an die Berliner Universität. Überall saßen bald in den Universitäten Deutschlands in Berlin ausgebildete Professoren. Erstmals wurde an einer Universität das Lehrangebot koordiniert. In einem zweijährigen Turnus wurden die wichtigsten Vorlesungen in angemessener Reihenfolge angeboten. Außerdem wurden Vorlesungen gehalten, die an anderen Universitäten gar nicht angeboten waren. Auch die mathematische Physik war recht vollständig abgedeckt. Weierstraß las über Themen, die in keinem Lehrbuch behandelt waren. Mitschriften hierzu kursierten in ganz Europa; sie wurden erst viel später gedruckt. Auch Kronecker trug oft in den Vorlesungen seine Forschungsergebnisse vor, während Kummer in sehr klaren Vorlesungen nur abgeschlossene Gebiete behandelte und seine eigenen Ergebnisse im Seminar besprach.

1861 wurde das "Mathematische Seminar" von Kummer und Weierstraß gegründet, das erste Seminar für reine Mathematik an einer Universität. Wegen dessen begrenzter Aufnahmefähigkeit wurde noch im gleichen Jahr von Studenten, unter ihnen H. A. Schwarz und E. Lampe (1840–1918), der Mathematische Verein als Selbsthilfeeinrichtung gegründet, dessen Vorsitzender 1864/65 G. Cantor war. Noch in den zwanziger Jahren des folgenden Jahrhunderts bestand der Verein; Ende der dreißiger Jahre wurde das Seminar in Institut umbenannt.

Von Bedeutung für die Ausbildung von Mathematiklehrern war für ein Vierteljahrhundert auch das von dem Dirichlet-Schüler Karl Schellbach (1805–1892) 1856 gegründete mathematisch-pädagogische Seminar, an dem u.a. A. Clebsch, L. Koenigsberger, L. Fuchs, H. A. Schwarz und G. Cantor teilnahmen.

Die von Felix Klein initiierte neue preußische Prüfungsordnung von 1898 führte zur Intensivierung der Ausbildung in angewandter Mathematik. Sie legte als angewandte Mathematik Geodäsie, Technische Mechanik, Mathematische Statistik, Versicherungswesen, Darstellende Geometrie und Ausgleichsrechnung fest.

Die Nachfolger und Schüler des Dreigestirns, Fuchs, Frobenius, Schwarz und Schottky, konnten die Höhe der Mathematik in Berlin nicht halten. Die Führungsrolle fiel zurück an Göttingen, wo Klein und Hilbert und später

Courant und E. Noether wirkten. Dennoch prägten auch sie eine Vielzahl bedeutender Mathematiker der folgenden Generationen. Immer noch bildeten Analysis, insbesondere Funktionentheorie, und Algebra/Zahlentheorie die beiden Säulen, während die Bedeutung der Geometrie – später wieder durch Bieberbach gepflegt – zurückging. Schwarz beeinflußte C. Carathéodory und Erhard Schmidt, die aber zur Promotion nach Göttingen gingen; einige seiner Doktoranden waren E. Zermelo, P. Koebe und L. Lichtenstein. Frobenius fand in I. Schur einen meisterhaften Schüler, auch E. Landau promovierte bei ihm. Fuchs gründete eine eigene Schule, zu der L. Schlesinger und L. Heffter gehörten; einer von Schottkys Schülern, K. Knopp, wurde in Berlin Extraordinarius. Der letzte umfassende Wechsel in der Mathematik an der Friedrich-Wilhelms-Universität trat in Berlin um 1920 ein. Nach kurzem Zwischenspiel von C. Carathéodory bestimmten E. Schmidt, L. Bieberbach und I. Schur die letzte Periode. Ihnen zur Seite stand Richard von Mises als angewandter Mathematiker und Direktor des 1920 gegründeten Instituts für angewandte Mathematik. Noch einmal gab es einen Aufschwung, gekennzeichnet durch die Gründung zweier Zeitschriften, der Mathematischen Zeitschrift 1918 und der ZAMM 1921, und steigende Studentenzahlen. Während Dirichlet mit 40 Hörern weit vor seinen Berliner Fachkollegen lag, Weierstraß und Kummer schon 200 Vorlesungsteilnehmer verzeichneten, Frobenius es gelegentlich auf bis zu 250 Zuhörer brachte, konnte der große Hörsaal mit 400 Plätzen Ende der zwanziger Jahre die Interessenten an Schurs Algebra nicht fassen, und der Assistent Alfred Brauer (1894–1985) mußte Parallelkurse abhalten. Im WS 1929/30 zählte Schurs Algebra 476, Feigls Differential- und Integralrechnung I 307 Teilnehmer.

Am Mathematischen Seminar waren

    im SS 1927 518 Studenten
    im SS 1929 731 Studenten
    im WS 1932/33 868 Studenten
    im WS 1934/35 491 Studenten

eingeschrieben. Im WS 1934/35 beliefen sich die Gesamtbelegungen in Mathematik nur noch auf 250. Die am stärksten besuchte Vorlesung, Funktionentheorie von E. Schmidt, fand vor 46 Hörern statt.

Alfred Brauer war der Gründer der legendären mathematisch-physikalischen Arbeitsgemeinschaft, der Mapha, einer Selbsthilfeeinrichtung der Studenten nach dem ersten Weltkrieg, soziale Hilfseinrichtung, Arbeitsbeschaffungsstelle, wissenschaftlicher Diskutier- und Arbeitsklub sowie gesellschaftliche Begegnungsstätte und Organisationsstelle für Ferienprogramme. Am 12.4.1928 wurde die Mapha als offizielle studentische Fachvertretung zugelassen. Nach ihrem Vorbild schlossen sich auch andere Fachschaften zusammen. Zwei Jahre nach der Machtergreifung der Nationalsozialisten mußte die Mapha deren Studentenorganisationen weichen.

Eine andere Brauersche Hilfseinrichtung entstand, als die während der Inflation gewährte Ausnahmeregelung der Kurzveröffentlichung von Dissertationen 1927 aufgehoben wurde. Um eine schnellere Drucklegung zu erreichen, regte Brauer die Gründung der "Schriften des mathematischen Instituts und des Instituts für angewandte Mathematik der Universität Berlin" an, die von 1932 bis 1941 erschienen und 1948 einen Ersatz in den Mathematischen Nachrichten erhielten.

Der großen Studentenzahl standen – bis 1936 – ganz ungünstige Berufsaussichten für junge Akademiker gegenüber. Zur Überbrückung bot die Notgemeinschaft ein Beschäftigungsprogramm an. Mit diesem Programm arbeiteten 1927/28 am Institut für angewandte Mathematik einzelne frischpromovierte Mathematiker an einem Verzeichnis für Funktionentafeln, 1934 berechneten 12 erwerbslose Mathematiker ein Tafelwerk höherer Funktionen. Einige fanden für geringes Entgeld eine redaktionelle Beschäftigung beim "Jahrbuch über die Fortschritte der Mathematik", dem 1868 in Berlin gegründeten ersten mathematischen Referateorgan der Welt. Diese konzeptionell starr ausgerichtete Referatezeitschrift wurde der wachsenden Publikationsflut nicht mehr Herr, weswegen ab 1931 das von Göttinger Mathematikern geschaffene Zentralblatt herausgegeben wurde. Aus naheliegenden Gründen und wegen der sich abzeichnenden Gründung der "Mathematical Reviews" entschloß man sich, 1940 beide Redaktionen zusammenzulegen, und zwar in Berlin in die Hände von Harald Geppert. Nach dem Krieg wurde nur noch das Zentralblatt von Gepperts Mitarbeiter H.L.Schmid weitergeführt.

Wie bei den Studenten brachte der politische Umschwung von 1933 auch große Veränderungen in der Dozentenschaft mit sich. Zu den Amtsenthobenen und denen, die der Entlassung durch freiwilliges Ausscheiden auswichen, gehörten Schur, von Mises, St. Bergmann, Hilda Pollaczek-Geiringer, R. Remak, A. Brauer und eine Vielzahl von Doktoranden und Studenten. Sie wurden durch nationalsozialistische Wissenschaftler, größtenteils aus Göttingen stammend, ersetzt, allen voran Theodor Vahlen, ehemals Schüler von Frobenius, der 1939 der widerstrebenden Akademie als Präsident aufgenötigt wurde. Er ersetzte 1934 von Mises als Leiter des Instituts für angewandte Mathematik, gab dieses Amt aber schon im Herbst des gleichen Jahres an Alfred Klose ab, da er Ministerialdirektor in der Hochschulabteilung des Preußischen Kulturministerums wurde. Mit ihm und Bieberbach wirkten die Hauptexponenten nationalsozialistischer Mathematiker an der Berliner Universität. Ihr Sprachrohr war die 1936 bis 1943 von Vahlen herausgegebene, aber von Bieberbach schriftgeleitete neue Zeitschrift "Deutsche Mathematik". Neben Geppert, Werner Weber und Erhard Tornier gehörte vor allem auch der Hasse–Schüler Teichmüller zu dieser Gruppe.

Eine mathematische Einrichtung überlebte auch den zweiten Weltkrieg, die Berliner Mathematische Gesellschaft, im Jahre 1901 ohne Beteiligung der Ordinarien von jungen Wissenschaftlern, neben A.Kneser hauptsächlich TU-Angehörigen, gegründet. Ihre monatlich abgehaltenen Sitzungen spiegeln sich in den "Sitzungsberichten der BGM" wieder, die auch viele biographische und historische Schriften enthält.

3 Professoren

Die Personalstruktur war in Berlin flexibler als an anderen Universitäten, da es mehr außerordentliche Professoren als andernorts gab und im 19. Jahrhundert auch die Akademie-Mitglieder ohne Universitäts-Stelle Vorlesungen hielten.

Lehrstühle bis etwa 1850

Erster Lehrstuhl

1810–1822   **Tralles**, Johann Georg (1763–1822)
             1804 Akad. Mitglied

1824–1850   **Dirksen**, Enno Heeren (1792–1850)
             vorher ao. Prof., 1825 Akad. Mitglied

Der Lehrstuhl wurde nicht wiederbesetzt; ein gewisser Ersatz war die Lehrtätigkeit von Borchardt.

Zweiter Lehrstuhl (für angewandte Mathematik)

1824–1833   **Oltmanns**, Jabbo (1783–1833)
1825 Akad. Mitglied

Der Lehrstuhl wurde nicht wieder mit einem Mathematiker besetzt. An seiner Stelle wurde ein Ordinariat für Dirichlet geschaffen.

1839–1855   **Lejeune–Dirichlet**, Peter Gustav (1805–1859)
vorher ao. Prof., 1832 Akad. Mitglied, nachher Göttingen

Dritter Lehrstuhl

1839–1868   **Ohm**, Martin (1792–1872)
vorher ao. Prof., 1868 em.

Der Lehrstuhl wurde nicht wieder besetzt.

Lehrstühle ab 1850

Erster Lehrstuhl (Nachfolger von Dirichlet)

1855–1883   **Kummer**, Ernst Eduard (1810–1893)
vorher Breslau, 1855 Akad. Mitglied, 1883 em.

1884–1902   **Fuchs**, Immanuel Lazarus (1833–1902)
vorher Greifswald, 1884 Akad. Mitglied

1902–1921   **Schottky**, Friedrich (1851–1935)
vorher Marburg, 1903 Akad. Mitglied, 1921 em.

1921–1935   **Schur**, Issai (1875–1941)
vorher ao. Prof., 1919 pers. o. Prof., 1921 Akad. Mitglied, 1935 vorzeitige Emeritierung, 1939 Emigration nach Palästina

Der Lehrstuhl wurde nicht wiederbesetzt. Ein Ersatz war der aus Göttingen verlagerte Lehrstuhl von Landau.

1936–1939   **Tornier**, Erhard (1897–1982)
vorher Göttingen, 1939 em.

1940–1945   **Geppert**, Harald (1902–1945)
vorher Gießen

Zweiter Lehrstuhl (Kronecker und Nachfolger)

1883–1891   **Kronecker**, Leopold (1823–1891)
vorher lesendes Akad. Mitglied

1892–1916   **Frobenius**, Georg (1849–1917)
vorher ao. Prof. Berlin und Professor in Zürich, 1893 Akad. Mitglied, 1916 em.

1918–1919   **Carathéodory**, Constantin (1873–1950)
vorher Göttingen, nachher Smyrna, Athen, München, 1919 Akad. Mitglied

1921–1945   **Bieberbach**, Ludwig (1886–1982)
vorher Frankfurt, 1924 Akad. Mitglied, 1945 entlassen

Dritter Lehrstuhl

1864–1892   **Weierstraß**, Karl Th. W. (1815–1897)
vorher ao. Prof., 1856 Akad. Mitglied

1892–1917   **Schwarz**, Hermann Amandus (1843–1921)
vorher Göttingen, 1892 Akad. Mitglied, 1917 em.

1917–1950   **Schmidt**, Erhard (1876–1959)
vorher Breslau, 1918 Akad. Mitglied, 1950 em.

Lehrstuhl für angewandte Mathematik

1920–1933   **Mises**, Richard von (1883–1953)
pers. o. Prof., vorher Dresden, 1934 nach Istambul emigriert

1934–1937   **Vahlen**, Theodor (1869–1945)
vorher Greifswald und Wien, gleichzeitig im Kultusministerium, 1937 Akad. Mitglied, 1937 em.

1937–1945   **Klose**, Alfred (1895–1953)
vorher nb.ao. Prof.

Außerordentliche Professoren

Wegen der flexiblen Personalpolitik schwankte die Zahl der außerordentlichen Professoren auch kurzfristig sehr stark. Die folgende Aufstellung ist deshalb nur chronologisch und nicht nach Stellen geordnet. Folgende längere Reihen auf Planstellen können jedoch genannt werden:
Arndt – Fuchs – Thomé – Bruns – Hettner,
Frobenius – Wangerin – Netto – Knoblauch – Schur – Hamburger.

1810–1831　**Fischer**, Ernst Gottfried (1754–1831)
las keine mathematischen Vorlesungen

1810–1816　**Eytelwein**, Johann Albert (1764–1848)

1816–1821　**Ideler**, L.
dann o. Prof.

1816–1857　**Gruson**, Johann Philipp (1768–1857)
1798 Akad. Mitglied, hielt anfangs viele Elementarvorlesungen

1820–1824　**Dirksen**, E.H.
nachher o. Prof.

1824–1839　**Ohm**, M.
nachher o. Prof.

1831–1839　**Lejeune-Dirichlet**, G.P.
vorher Breslau, nachher o. Prof.

1832–1833　**Plücker**, Julius (1801–1868)
vorher Bonn, nachher Halle

1834–1863　**Steiner**, Jacob (1796–1863)
1834 Akad. Mitglied

1856–1864　**Weierstraß**, C.
vorher Schuldienst, nachher o. Prof.

1862–1866　**Arndt**, Friedrich (1817–1866)
vorher PDoz.

1866–1869　**Fuchs**, I.L.
vorher PDoz., nachher Greifswald

1870–1874   **Thomé**, Wilhelm (1841–1910)
vorher PDoz., nachher Greifswald

1874–1875   **Frobenius**, G.
vorher Schuldienst, nachher Zürich, Berlin

1876–1882   **Bruns**, Heinrich (1848–1919)
vorher Dorpat, nachher Leipzig

1876–1882   **Wangerin**, Albert (1844–1933)
vorher Schuldienst, nachher Halle

1882–1894   **Hettner**, Georg (1854–1914)
vorher Göttingen, nachher o. Prof. TH Berlin

1882–1888   **Netto**, Eugen (1846–1919)
vorher Straßburg, nachher Gießen

1889–1915   **Knoblauch**, Johannes (1855–1915)
vorher PDoz.

1891–1914   **Lehmann-Filhés**, Rudolf (1854–1914)
vorher PDoz. für Astronomie, 1909 o. Hon. Prof. für Mathematik und Astronomie

1892–1902   **Hensel**, Kurt (1861–1941)
vorher PDoz., nachher Marburg

1915–1919   **Knopp**, Konrad (1882–1957)
vorher PDoz., nachher Königsberg

1916–1921   **Schur**, Issai
vorher Bonn, nachher o. Prof.

1922–1924   **Hamburger**, Hans (1889–1956)
vorher PDoz., nachher Köln

1925–1926   **Szegö**, Gabor (1895–1985)
nb.ao.Prof., vorher PDoz., nachher Königsberg

1927–1935   **Hammerstein**, Adolf (1888–1941)
nb.ao.Prof., vorher PDoz., nachher Kiel

1933–1935   **Feigl**, Georg (1890–1945)
             vorher PDoz., nachher Breslau

1934–1937   **Klose**, A.
             nb.ao. Prof. für Astronomie und Mathematik, 1925 o. Prof. für
             Astronomie in Riga, 1929 nb.ao. Prof. für Astronomie, nachher
             o. Prof.

1938–1945   **Weber**, Werner (1906–1975)
             nb.ao. Prof., vorher PDoz., 1940 apl. Prof., 1945 entlassen

1940–1950   **Neiß**, Friedrich (1883–1952)
             apl. ao. Prof., vorher PDoz., 1950 em.

Lesende Akademie-Mitglieder

1810–1816   **Burja**, Abel (1752–1816)
             1789 Akad. Mitglied, Professor an der Ritterakademie und am
             Französischen Gymnasium, las selten

1810–1816   **Gruson**, J.Ph.
             1798 Akad. Mitglied, später ao.Prof.

1813–1817   **Ideler**, L.
             1810 Akad. Mitglied, später ao. Prof. und o. Prof.

1844–1851   **Jacobi**, Carl Gustav Jacob (1804–1851)
             vorher Königsberg, 1844 Akad. Mitglied

1852   **Eisenstein**, Gotthold (1823–1852)
             seit 1847 PDoz., 1852 Akad. Mitglied

1855–1880   **Borchardt**, Carl Wilhelm (1817–1880)
             seit 1848 PDoz., 1855 Akad. Mitglied

1861–1883   **Kronecker**, L.
             1861 Akad. Mitglied, später o. Prof.

4a Habilitationen, Privatdozenten, Lehraufträge

Lehmus, Daniel Christian Ludolf (1780–1863); 1813 Habil., WS 1814/15 PDoz., dann höherer Schuldienst Berlin, bis 1837 Prof. an der Artillerie– und Ingenieurschule

Krause, Karl Christian Ferdinand (1781–1832); 1814 Habil., PDoz. für Philosophie der Math., keine math. Vorlesungen, ab 1815 Privatgelehrter

Lubbe, Samuel Ferdinand (1786–1846); 1818 Habil., PDoz. 1819–1846

Dirksen, E. H.; 1820 Habil., dann ao. Prof.

Ohm, M.; 1821 Habil., dann PDoz., 1824 ao. Prof.

Jacobi, C.G.J.; 1825 Habil., dann PDoz., 1827 ao. Prof. Königsberg

Minding, F.; 1830 Habil., bis 1843 PDoz., dann o. Prof. Dorpat, später Göttingen

Sommer, Ferdinand von (1802–1849); 1833 Habil., bis 1838 und 1842/43 PDoz., dann Forschungsreisen

Joachimsthal, F.; 1845 Habil., bis 1853 PDoz., dann o. Prof. Halle

Eisenstein, G.; 1847 Habil., dann PDoz. und Akad. Mitgl.

Borchardt, C. W.; 1848 Habil., dann PDoz., später lesendes Akad. Mitglied

Arndt, P. F.; 1853 Habil., dann PDoz., nachher ao. Prof.

Hoppe, Reinhold Ernst Eduard (1816–1900); 1853 Habil., 1854–1900 PDoz., 1870 Professoren–Titel, 1871 venia legendi auch für Philosophie

Clebsch, A.; 1857 Habil., 1858 Prof. Karlsruhe

Christoffel, E.B.; 1859 Habil., bis 1862 PDoz., dann Prof. ETH Zürich, später Gewerbeakademie Berlin und Straßburg

Fuchs, I. L.; 1865 Habil., 1866 ao. Prof.

Thomé, W. L.; 1869 Habil., 1870 ao. Prof.

Pochhammer, L. A.; 1872 Habil., dann PDoz., 1874 ao. Prof. Kiel

Lehmann–Filhes, R.; 1881 Habil. in Astronomie, nachher ao. Prof., gelegentliche, seit 1891 regelmäßige math. Vorl.

Knoblauch, J.; 1883 Habil., dann PDoz., nachher ao. Prof.

Runge, C. D. T.; 1883 Habil., bis 1886 PDoz., dann Prof. Hannover

Hensel, K.; 1886 Habil., dann PDoz., nachher ao. Prof.

Kötter, E. R.; 1887 Habil., dann PDoz., 1894 Prof. Titel, 1897 Aachen

Schlesinger, L.; 1889 Habil., dann PDoz., 1894 Prof. Titel, nachher ao. Prof. Bonn

Günther, Paul (1867–1891); 1890 Habil.

Landau, E.; 1901 Habil., dann PDoz., 1905 Prof. Titel, 1909 o. Prof. Göttingen

Schur, I.; 1903 Habil., dann PDoz., 1909 Prof. Titel, 1913 Bonn

Knopp, K.; 1911 Habil., dann PDoz. und ao. Prof.

Rothe, Rudolf Ernst (1873–1942); 1915–1919 Lehrauftrag als o. Prof. TH Berlin

Jentsch, Robert (1890–1918); 1916 Habil., PDoz. SS 1917

Hamburger, H.; 1919 Habil., dann PDoz. und ao. Prof.

Rademacher, H.; 1919 Habil., dann PDoz., 1922 ao. Prof. Hamburg

Szegö, G.; 1921 Habil., dann PDoz. und ao. Prof.

Löwner, K.; 1923 Habil., PDoz. bis 1928, dann ao. Prof. Köln

Hammerstein, A.; 1924 Habil., dann PDoz. und ao. Prof.

Hopf, Heinz (1894–1971); 1926 Habil., bis 1931 PDoz., dann o. Prof. ETH Zürich

Feigl, G.; 1927 Habil., dann PDoz. und ao. Prof.

Pollaczek, Hilda geb. Geiringer (1893–1973); 1927 Habil., PDoz. für angew. Math. bis 1933, dann Lehrbefugnis entzogen und als Oberassistentin entlassen, Emigration nach Istambul, später in die USA

Neumann, Johann Ludwig (John) von (1903–1957); 1927 Habil., dann PDoz., 1930 Prof. Princeton, 1933 Verzicht auf Lehrbefugnis

Remak, Robert (1888– ca. 1943/45); 1929 Habil., bis 1933 PDoz., dann Lehrbefugnis entzogen, in Auschwitz umgekommen

Hopf, E.; 1929 Habil., PDoz. für Math. und Astronomie bis 1937; zwischenzeitlich am MIT, Cambridge, später o. Prof. Leipzig

Bergmann, Stephan (1895–1977); 1932 Habil., bis 1933 PDoz., dann Lehrbefugnis entzogen, Emigration in die UdSSR, später USA

Brauer, Alfred Theodor (1894–1985); 1932 Habil., dann PDoz., 1934 Dozent, 1936 Lehrbefugnis entzogen, 1938 Emigration in die USA

Rose, Eduard (1879-?); ab 1932 bis WS 1934/35 regelmäßige Lehraufträge für Versicherungsmathematik, Prokurist beim Gerling–Konzern

Foradori, Ernst (1906–1941); 1934 Habil., Lehrauftrag für Grundlagen der Mathematik, 1938 PDoz. für Philosophie und Philosophie der Mathematik, 1939 U. Innsbruck

Riebesell, P.; 1934 Habil., 1935 Hon. Prof. für Versicherungsmathematik, 1940 U. München

Weber, W.; 1935 von Göttingen versetzt, Dozent, später ao. Prof.

Neiß, F.; 1935 von Halle versetzt, Dozent, später ao. Prof.

Wendelin, H. (1895–1975); 1936 Dozent, 1940 Prof. Graz

Rinow, Willi (1907–1979); 1936 Habil., 1937–1950 Dozent

Graeser, Ernst (1906–1971); 1936 Habil., 1937 Dozent Göttingen

Schulz, Günther (1903–1962); 1937 Habil., dann Dozent, 1943 apl. Prof. TH Berlin

Teichmüller, Oswald (1913–1943); 1938 Habil., 1939 Dozent, in Rußland gefallen

Lorenz, P.; 1938–1944 Lehrauftrag für Versicherungsmathematik; apl. Prof. TH Berlin

Grunsky, H.; 1938 Habil., 1942 Dozent Gießen

Knothe, Herbert (1908–1978); 1938 Habil., 1939 Dozent, ab 1943 Peenemünde

Dinghas, Alexander (1908–1974); 1939 Habil., Lehrauftrag bis 1945, später o. Prof. FU Berlin

Hofmann, Josef Ehrenfried (1900–1973); 1939 Habil. für technische Wissenschaften, 1939–1946 Beamter Akad. Wiss. Berlin, 1940 Dozent für Geschichte der Math.

Heegner, Kurt (1893–1965); 1939 Habil., Privatgelehrter

Schröder, Kurt (1909–1978); 1939 Habil., 1940 Dozent, später Professor mit Lehrstuhl Humboldt-Universität Berlin

Horninger, Heinz (geb. 1908); 1939–1943 Dozent, dann ao. Prof. Graz

Schmid, Hermann Ludwig (1908–1956); 1942 Dozent, 1946 Prof., später Würzburg

Schmidt, Arnold (1902–1967); 1943–45 Lehrauftrag für Darstellende Geometrie, 1944 Dozent Marburg

Bachmann, Friedrich (1909–1982); 1943 Lehrauftrag für Grundlagen der Geometrie, 1949 Kiel

4b Gelegentliche Lehrtätigkeit in Mathematik

Glan, P.; 1886–1898 jedes SS Theorie der Quaternionen, WS 1893/94 analytische Mechanik

Tietjen, F.; 1887–1892 Interpolation und numerische Integration

Foerster, W.; 1889/90 Fehler– und Ausgleichsrechnung

Weinstein, M. B.; SS 1892, WS 1898/99 Wahrscheinlichkeitsrechnung, analytische Mechanik

Helmert, F. R.; 1892–1915 Methode der kleinsten Quadrate

Krigar–Menzel, O.; SS 1897 Hyperbelfunktionen

Bauschinger, J.; 1901/02 Interpolationsrechnung und mechanische Quadratur, Methode der kleinsten Quadrate

Battermann, H. F. H.; 1901–1905 in drei WS Ausgleichsrechnung

Bortkiewicz, L. v.; ab SS 1901 bis WS 1927/28 Math. Statistik, Versicherungsmathematik (zunächst unter Staats–, Cameral– und Gewerbewiss., später unter Math. angekündigt)

Aschkinas, E.; ab 1901 bis 1909 jedes WS Höhere Mathematik in den Naturwissenschaften

Meyer, E. E.; ab SS 1902 bis 1930 Technische Mechanik

Schmidt, A. F. K.; WS 1907/08 Methode der kleinsten Quadrate, spezielle Funktionen mit geophys. Anw., Kollektivmaßlehre, Ausgleichsrechnung

Henning, F.; WS 1908/09; SS 1918 Potentialtheorie, Vektoranalysis

Kohlschütter, E.; ab 1911 höhere Geodäsie

Cohn, F.; SS 1912 Interpolation und numerische Integration

Witt, C. G.; WS 1915/16, WS 1927/28, WS 1928/29 Nomographie, Numerische Berechnung von Reihen und Integralen

Byk, Alfred (1878–?); (1906 PDoz., 1921 nb. ao. Prof. für Physik; 1933 Lehrbefugnis entzogen, deportiert nach Majdanek/Lublin, verschollen) WS 1910/11, SS 1920, SS 1921 math. Behandlung d. Naturwiss., nichteuklidische Geometrie und Mechanik

Guthnick, P.: SS 1925, SS 1928, WS 1930/31, SS 1936 Methode der kleinsten Quadrate u.a.

Reichenbach, Hans (1891–1953); (1926 nb. ao. Prof. für Naturphilosophie, 1933 Lehrbefugnis entzogen; 1933 Univ. Istambul, 1938 Univ.
California, Los Angeles), 1926 philosophische Probleme der Wahrscheinlichkeitsrechnung

Literatur

E. Amburger: Die Mitglieder der Deutschen Akademie der Wissenschaften zu
Berlin 1700–1950. Akad.–Verlag, Berlin, 1950

Amtliches Verzeichnis des Personals und der Studierenden der Königlichen Friedrich–Wilhelms–Universität zu Berlin, 1830–1919

Amtliches Personalverzeichnis der Friedrich–Wilhelms–Universität zu Berlin, Berlin, 1920–1937

J. Asen: Gesamtverzeichnis des Lehrkörpers der Universität Berlin. Bd.1. 1810–
1945: Friedrich–Wilhelms–Universität, Tierärztliche Hochschule, Landwirtschaftliche Hochschule. Forstwirtschaftliche Hochschule. Leipzig, 1955

H. Begehr: Mathematik in Berlin. Colloquium Verlag, Berlin, erscheint dem-
nächst

K.–R. Biermann: Die Mathematik und ihre Dozenten an der Berliner Universität 1810–1933. Akad. Verlag, Berlin 1988

Chronik der Friedrich–Wilhelms–Universität zu Berlin 1927/28–1937/38

A. von Harnack: Geschichte der Königlich–Preußischen Akademie der Wissenschaften zu Berlin. Bde. 1.1, 1.2, 2, 3. Berlin, 1900

H. Klein (Hrsg.): Humboldt–Universität zu Berlin. Überblick 1810–1985, 184
S., Dokumente 1810–1985, 132 S., VEB Verlag der Wissenschaften, Berlin
1985

R. Köpke: Die Gründung der Königlichen Friedrich–Wilhelms–Universität zu
Berlin. Gustav Schade, Berlin, 1860

M. Lenz: Geschichte der Königlichen Friedrich–Wilhelms–Universität. Verlag
der Buchhandlung des Waisenhauses, Halle, Bd. 1(1910), Bd. 2.1(1910), Bd.
2.2(1918), Bd. 3(1910), Bd. 4(1910)

Bonn, Universität

1 Universitätsgeschichte

ca. 1730   Lehrstühle für Philosophie und Rechtswissenschaft am Bonner Gymnasium; 1774 kamen Theologen und Mediziner hinzu.

1777   Gründung einer Akademie durch den in Bonn residierenden Kölner Kurfürsten.

1786   Erhebung zur Universität, die in bewußtem Gegensatz zur konservativen Kölner Universität der Förderung der Aufklärung in den rheinischen Landen dienen sollte. Etwa 250 Studenten.

ca. 1795   Auflösung in den durch die französische Revolution ausgelösten Wirren.

1815   Nach den Befreiungskriegen fiel das Rheinland an Preußen. Köln und Bonn bemühten sich beide um die Wiedergründung ihrer Universität. Nach längeren Auseinandersetzungen fiel die Entscheidung zugunsten von Bonn.

1818   Stiftung der "Rheinischen Friedrich–Wilhelms–Universität" durch König Friedrich Wilhelm III. Es gab von Beginn an die juristische, medizinische, philosophische und zwei theologische Fakultäten. Zu den unmittelbar nach der Gründung berufenen Professoren gehörten die Historiker Ernst Moritz Arndt (1769–1860), Barthold Georg Niebuhr (1776–1831) und der Indologe August Wilhelm von Schlegel (1767–1845). Von Beginn an war das wissenschaftliche Niveau sehr hoch; die Universität gehörte zu den besten Deutschlands. In den naturwissenschaftlichen Fächern wirkten unter anderem der Astronom Friedrich Argelander (1799–1874), die Physiker

Julius Plücker (1801–1868), Hermann von Helmholtz (1821–1894), Rudolf Clausius (1822–1888), Heinrich Hertz (1857–1894) und der Chemiker August Kekulé v. Stradonitz (1829–1896).

1830/31 — Es lehrten 53 Professoren, 865 Studenten waren eingeschrieben.

1844/45 — Errichtung der Sternwarte.

1847 — Gründung der landwirtschaftlichen Lehranstalt, die 1861 in eine Akademie, 1920 in eine Hochschule umgewandelt und 1934 als landwirtschaftliche Fakultät der Universität angegliedert wurde.

ab ca. 1860 — Ausbau der medizinischen Kliniken und Institute und der naturwissenschaftlichen Institute – das chemische war in den sechziger Jahren das größte der Welt.

1900 — 87 Professoren, 2162 Studenten.

1917 — Gründung der ”Gesellschaft von Freunden und Förderern der Universität Bonn” auf Initiative von Carl Duisberg, des führenden Mannes der Farbenfabriken Bayer. Sie trug in der Folgezeit wesentlich zur Neugründung von weiteren Instituten bei.

1930 — 176 Professoren, 6167 Studenten.

1933 — Nach der Machtübernahme der Nationalsozialisten wurden zahlreiche Professoren und Dozenten aus rassischen oder politischen Gründen entlassen; viele emigrierten, mehrere wurden in Konzentrationslager verschleppt und kamen ums Leben.

1936 — Abtrennung der mathematisch–naturwissenschaftlichen Fakultät von der philosophischen.

Okt. 1944 — Schwere Zerstörungen des Hauptgebäudes und zahlreicher Institute und Kliniken.

Nov. 1945   Wiederaufnahme der ersten Vorlesungen in provisorisch her-
              gerichteten Räumen.

2 Die Mathematik in Bonn

Die Universität Bonn besaß von Anfang an zwei mathematische Lehrstühle,
von denen der eine allerdings die Astronomie bzw. Physik mitbetreuen
mußte. Nach der Trennung der Fächer im Jahre 1869 gab es dann je ein
Ordinariat und ein Extraordinariat für Mathematik. Julius Plücker war
der letzte Vertreter der beiden Fächer Mathematik und Physik; er hatte
zeitweise beide Lehrstühle inne. Aus der Anfangsphase sind zwei Ehren-
promotionen erwähnenswert, die von Lejeune–Dirichlet im Jahr 1827 und
die des Astronomen Wilhelm Olbers 1830.

Von 1864 bis 1903 wirkte Rudolf Lipschitz auf dem mathematischen
Ordinariat; er entfaltete in Bonn eine ungewöhnlich vielseitige Tätigkeit.
Er erwirkte schon bald die Gründung des Mathematischen Seminars mit
eigenem Etat. Er baute die Bibliothek auf, veranlaßte 1892 die Umwandlung
des Extraordinariats in ein persönliches Ordinariat und die Gründung eines
neuen planmäßigen Extraordinariats für Minkowski. 1868 promovierte Felix
Klein bei Lipschitz.

1917 wurde das persönliche Ordinariat in einen zweiten planmäßigen
Lehrstuhl umgewandelt, den nacheinander H. Hahn und F. Hausdorff inne-
hatten. Dennoch blieb die personelle Ausstattung des Institutes vergleichsweise schwach. Es wirkten allerdings eine Reihe von Privatdozenten und
außerplanmäßigen Professoren.

Zu einer entscheidenden Zäsur kam es 1935, als beide Lehrstuhlinhaber,
Hausdorff und Toeplitz, von den Nationalsozialisten amtsenthoben wurden.
Während für Toeplitz in Wolfgang Krull aus Erlangen ein Nachfolger gefunden werden konnte, ging das Hausdorffsche Ordinariat nach Göttingen
verloren. (Nachfolger Hausdorffs wurde dort Carl Ludwig Siegel.) Im Ge-
genzug erhielt die Bonner Universität von Göttingen ein Extraordinariat,
welches dort Felix Bernstein inngehabt hatte. Dieses Extraordinariat wurde
dann Ernst Peschl übertragen und konnte erst nach dem Krieg (1948) wieder in einen zweiten planmäßigen Lehrstuhl umgewandelt werden.

Zu ergänzen ist, daß seit 1892 auch an der landwirtschaftlichen Akademie eine etatmäßige Professur für Mathematik existierte, die hauptsächlich

Studenten der Geodäsie betreute. Sie war zeitweise durch den bekannten Zahlentheoretiker Ph. Furtwängler besetzt.

3 Professoren

Erster Lehrstuhl

1818–1835 **Diesterweg**, Adolf (1782–1835)
Habil. in Heidelberg; vorher Prof. am Lyceum in Mannheim

1835–1856 **Plücker**, Julius (1801–1868)
vorher o. Prof. Halle

1856–1863 **Beer**, August (1825–1863)
vorher Habil. und ao. Prof. Bonn

1864–1903 **Lipschitz**, Rudolf (1832–1903)
vorher ao. Prof. Breslau

1904–1927 **Study**, Eduard (1862–1930)
vorher o. Prof. Greifswald, 1927 em.

1928–1935 **Toeplitz**, Otto (1881–1940)
vorher o. Prof. Kiel, 1935 amtsenthoben, seit 1939 Jerusalem

1939–1967 **Krull**, Wolfgang (1899–1971)
vorher o. Prof. Erlangen, 1967 em.

Zweiter Lehrstuhl, zeitweise Extraordinariat

1818–1836 **v. Münchow**, Karl Dietrich (1778–1836)
vorher o. Prof. Jena

1836–1868 **Plücker**, Julius (vgl. 1. Lehrstuhl)

1869–1904 **Kortum**, Hermann (1836–1904)
vorher Mathematiklehrer am Kölner Gymnasium; zunächst ao. Prof., seit 1892 o. Prof.

1904–1916 **London**, Franz (1863–1917)
vorher Breslau; zunächst ao. Prof., seit 1911 o. Prof.

1916–1921 **Hahn**, Hans (1879–1934)
vorher ao. Prof. Czernowitz, nachher o. Prof. Wien

1921–1935 **Hausdorff**, Felix (1869–1942)
vorher o. Prof. Greifswald, 1935 zwangsweise em., 1942 Freitod
um der Einlieferung in das KZ Theresienstadt zu entgehen

1937–1974 **Peschl**, Ernst (1906–1986)
vorher Doz. Jena, zunächst bis 1948 ao. Prof.

Planmäßiges Extraordinariat

1892–1894 **Minkowski**, Hermann
vorher Privatdozent in Bonn, nachher ao. Prof. Königsberg

1894–1896 **Study**, Eduard
vorher John Hopkins U Baltimore/USA, nachher Greifswald

1897 **Schlesinger**
vorher Privatdoz. Berlin, nacher ao. Prof. Klausenburg

1897–1904 **Heffter**, Lothar
vorher ao. Prof. Gießen, nachher etatm. Prof. Aachen

1904–1910 **Kowalewski**, Gerhard
vorher ao. Prof. Greifswald, nachher o. Prof. Deutsche TH
Prag

1910–1913 **Hausdorff**, Felix
vorher nb. ao. Prof. Leipzig, nachher o. Prof. Greifswald

1913–1916 **Schur**, Issai
vorher Tit.Prof. Berlin, nachher ao. Prof. U Berlin

1917–1941 **Beck**, Hans (1876–1942)
vorher Oberlehrer Berlin, ab 1920 o. Prof., 1941 em.

Weitere Extraordinariate

1829–1868 **v. Riese**, Friedrich Christian (1790–1868)
1826 Habil. in Bonn

1847–1883   **Radicke**, F.W. Gustav (1810–1883)
            1840 Habil. in Bonn

1848–1856   **Heine**, Eduard
            1844 Habil. in Bonn, anschließend Privatdozent, nachher ao.
            Prof. Halle

Etatmäßige Professur an der landwirtschaftlichen Akademie bzw. Hochschule bzw. Fakultät

1892–1901   **Veltmann**, Wilhelm (1832–1902)
            vorher etatm. Lehrer an der landw. Akademie

1894–1899   **Reinhertz**, Karl (1859–1906)
            vorher etatm. Lehrer, nachher o. Prof. Hannover

1901–1904   **Sommer**, Julius (1871–1943)
            1899 Habil. Göttingen, nachher o. Prof. Danzig

1904–1907   **Furtwängler**, Philipp (1869–1940)
            anschließend Aachen

1907–1910   **Hessenberg**, Gerhard (1874–1925)
            vorher TH Berlin, nachher o. Prof. TH Breslau

1910–1912   **Furtwängler**, Philipp
            vorher Aachen, nachher o. Prof. Wien

1912–1948   **Ruhm**, Georg (1880–1956)
            vorher Doz. Militärtechnische Akad. Berlin-Charlottenburg,
            1948 em.

4 Habilitationen, Privatdozenten, Lehraufträge

Plücker, Julius; 1825 Habil., später ao. und o. Prof. in Bonn.

Baumann, Franz; 1825 Habil., dann PDoz., 1826 Münster

v. Riese, Friedrich Christian: 1826 Habil., ab 1829 ao. Prof.

Radicke, F.W.Gustav; 1840 Habil., später ao. Prof. Bonn

Heine, Eduard; 1844 Habil., anschließend PDoz. und ao. Prof.

Wöpcke, Franz (1826–1864); 1850 Habil., später Lehrer am Französischen Gymnasium in Berlin

Beer, August; 1850 Habil., später ao. und o. Prof. Bonn

Lipschitz, Rudolf; 1857 Habil., anschließend PDoz., später ao. Prof. Breslau

Kortum, Hermann; 1865 Habil., anschließend Mathematiklehrer in Köln, später ao. und o. Prof. Bonn

Giesen, Arnold (1839–?); 1869 Habil., bis 1872 PDoz.

Güssfeldt, Paul (1840–1920); 1869 Habil.

Gehring, Franz (1838–?); 1873 Habil.

Vogler, August (1841–1925); 1881 Umhabil. von Aachen, etatm. Lehrer Landw. Akad.

v. Lilienthal, Reinhold; 1883 Habil., später Prof. Santiago de Chile und Münster

Minkowski, Hermann; 1887 Habil., anschließend PDoz., ab 1892 ao. Prof.

Reinhertz, Karl; 1888 Habil., anschließend Landw. Akad.

Sommer, Julius; 1902 Umhabil. von Göttingen, etatm. Prof. Landw. Akad.

Schmidt, Erhard; 1906 Habil., 1908 o. Prof. Zürich, anschließend Erlangen

Carathéodory, Constantin; 1908 Umhab. von Göttingen, anschließend Tit. Prof. Bonn, o. Prof. Hannover

Hessenberg, Gerhard; 1908 Habil., etatm. Prof. Landw. Akad., PDoz. Bonn

Müller, Johannes (1877–1940); 1909 Habil., nb. ao. Prof. 1921–1937, Lehrbefugnis entzogen WS 1937/38

Blaschke, Wilhelm; 1910 Habil., 1911 Umhabil. nach Greifswald

Weiss, Ernst–August (1900–1942); 1926 Habil., anschließend PDoz., 1932 nb. ao. Prof., 1941 o. Prof. Posen

Schur, Axel (1891–1930); 1927 Habil.

Bessel–Hagen, Erich (1898–1946); 1928 Umhabil. von Halle und Göttingen; anschließend Lehrauftrag, 1931 nb. ao. Prof., 1939 apl. Prof.

Rehbock, Fritz; 1932 Habil., 1936–1939 Lehrauftrag, dann o. Prof. Braunschweig

Literatur

M. Braubach: Kleine Geschichte der Universität Bonn 1818–1968. Ludwig Röhrscheid Verlag, Bonn 1968

G. Schubring: Die Entwicklung des Mathematischen Seminars der Universität Bonn 1864–1929. J.ber. d. Dt. Math.–Ver. 87, 139–163 (1985)

Braunsberg, Katholische Akademie

Die katholische Akademie Braunsberg/Ostpreußen hat zunächst eine ganz ähnliche Entwicklung durchgemacht wie die Universität Münster. Vorgängerinstitution war eine von 1568 bis 1773 existierende mit einem Gymnasium verbundene Jesuitenhochschule, deren Hauptaufgabe die Ausbildung von Priestern war. Vertreten waren theologische, philosophische und humanistische Fächer; das wissenschaftliche Niveau war recht beachtlich. Bei der ersten polnischen Teilung 1772 kam das Ermland zu Preußen. Nach der Auflösung des Jesuitenordens 1773 verfiel das Jesuitenkolleg. 1817 wurde jedoch die Errichtung einer philosophisch–theologischen Hochschule beschlossen, die einige Jahre später ihre Tätigkeit aufnahm, aber niemals zu einer wirklichen Hochschule ausgebaut wurde. Sie bestand bis in die letzten Monate des 2. Weltkrieges. In Braunsberg wirkte W. Killing von 1882 bis 1892 als ordentlicher Professor; er ging nach Münster. Dagegen war C. Weierstrass in seiner Braunsberger Zeit (1848–1855) nicht, wie fälschlicherweise oft gesagt wird, an der Akademie tätig, sondern als Lehrer an dem Gymnasium.

Literatur

B. Stasiewski: Die geistesgeschichtliche Stellung der Katholischen Akademie Braunsberg 1568–1945. In: Deutsche Universitäten und Hochschulen im Osten. Wiss. Abh. der AG für Forschung des Landes NRW, Bd. 30. Westdeutscher Verlag, Köln/Opladen, 1964.

Braunschweig, Technische Hochschule

1 Hochschulgeschichte

1745
Gründung des Collegium Carolinum auf Initiative des Landesherrn Herzog Carl I. und seines Beraters, des Abtes J.W.F. Jerusalem als Vorbereitungsanstalt für ein Universitätsstudium. Zwischen 1766 und 1802 lehrte der Mathematikprofessor E.A.W. Zimmermann, der auf den jungen C.F. Gauß aufmerksam wurde und ihn entscheidend förderte.

1806
Napoleonische Besetzung des Herzogtums Braunschweig; ab 1808 Umgestaltung der Anstalt in eine Militärakademie.

1814
Mit der Befreiung des Landes wurde der Lehrbetrieb in alter Form wieder aufgenommen, wobei das Schwergewicht schon auf praktisch–technischen Fächern lag.

1835
Errichtung einer technischen Abteilung.

1862
Umwandlung der Institution in die Herzogliche Polytechnische Schule und damit Beschränkung auf technische Abteilungen. Es gab acht Fachabteilungen, an denen 27 Dozenten, davon 17 ordentliche Professoren, lehrten.

1874/77
Bau eines neuen Hauptgebäudes.

1877
Die Polytechnische Schule ging in die Technische Hochschule Carolo–Wilhelmina über; die Lehrkapazität von ehemals etwa 100 Ausbildungsplätzen wurde auf 500 erhöht. Zwischen 1862 und 1916 lehrte R.J.W. Dedekind höhere Mathematik.

1894
Rektoratsverfassung.

1900
Erlangung des Promotionsrechts; die technischen Fächer konnten nun mit den Titeln "Dipl.–Ing." oder "Dr. Ing." abgeschlossen werden. Es lehrten etwa 50 Professoren und Dozenten.

1905	Das Studium für das höhere Lehramt wurde in eingeschränkter Form in das Ausbildungsangebot aufgenommen.
1914	Es gab 23 Lehrstühle und 517 Studierende.
1941	48 planmäßige Lehrstühle, 3 Honorarprofessoren, 14 apl. Professoren und 42 Dozenten wirkten in 45 Instituten und Laboratorien.

2 Die Mathematik in Braunschweig

Das mathematische Lehrangebot wurde in den ersten Jahrzehnten von einem Ordinarius getragen, dem ein bis zwei Hilfskräfte zur Seite standen. Den Schülern sollten lediglich mathematische Grundlagen zur unbeschwerten Aufnahme eines Universitätsstudiums vermittelt werden. Wegen eines fehlenden wissenschaftlichen Niveaus in dieser Zeit konnten die Mathematiker mit anderen Aufgaben betraut werden: Optik, Mechanik, Naturlehre und –historie sowie theoretische Philosophie und Astronomie gehörten in ihren Aufgabenbereich. Die Errichtung der technischen Abteilung im Jahr 1835 bewirkte indes keine Beschränkung auf die Mathematik, wohl aber die Erweiterung des Lehrkörpers um eine Professur und eine Hilfskraft.

Die Gründung der Polytechnischen Schule gliederte die Institution in acht sogenannte Fachschulen. Die Mathematik fand unter dieser Bezeichnung keinen Platz. Als "vorbereitende Grundwissenschaft" stellte sie den hilfswissenschaftlichen Unterricht für die Fachschulen Maschinenbau, Bau– und Ingenieurwesen sowie Forstwissenschaft. Sie selbst untergliederte sich in die drei Lehrgebiete Elementarmathematik, praktische Geometrie und höhere Mathematik, die von R.J.W. Dedekind gelesen wurde. Die Vorlesungen zur technischen Mechanik und beschreibenden Geometrie, die von Lehrern der Maschinenbauschule gehalten wurden, zählten ebenfalls zur Mathematik.

Auch die Umwandlung zur Technischen Hochschule führte die Mathematik zunächst nicht aus ihrer hilfswissenschaftlichen Position heraus. Seit 1880 bestanden nur noch zwei Lehrstühle und zwar für Geometrie und höhere Mathematik. Den Ordinarien standen zeitweise ein Privatdozent und Assistent zur Seite. R.J.W. Dedekind hielt nach seiner Emeritierung 1894 weiterhin privat Vorlesungen an der Hochschule. 1905 erhielt die Mathematik erstmals ein eigenes Ausbildungsziel. Das Studium an der Technischen

Hochschule fand für Lehrer in eingeschränkter Form auch an den Universitäten Anerkennung. De facto wurde die vollständige Lehrerausbildung jedoch erst 1924 übernommen. Durch die Besetzung des Lehrstuhls für höhere Mathematik mit K.O. Friedrichs 1930 konnte die wissenschaftliche Qualität weiter gesteigert werden. Der Nationalsozialismus zwang ihn sieben Jahre später zur Emigration in die Vereinigten Staaten. Zum Sommersemester 1941 wurde die Promotion in Mathematik in den Studienplan aufgenommen, zwei Jahre später der Ausbildungsgang Diplom–Mathematik.

3 Der Lehrkörper

Der Lehrkörper am Collegium Carolinum bis 1861

Ordinarien

1766–1815   **v. Zimmermann**, Eberhard August Wilhelm (1743–1815)
o. Prof. für Mathematik, Physik und Naturgeschichte

1803–1831   **Hellwig**, Johann Christian Ludwig (1743–1831)
o. Prof. für Mathematik und Naturwissenschaften

1831–1864   **Schleiter**, Adolf Konrad (1793–1864)
Prof. der Mathematik und militärischen Wissenschaften

1835–1861   **Uhde**, August Wilhelm Julius (1807–1861)
o. Prof. für Mathematik und Astronomie

Dozenten und Hilfslehrer

1767–1808   **Moll**, Johann Carl (1748–1831)
Lehrer der Mathematik, des Feldmessens und der Kriegsbaukunst

1784–1830   **Schönhut**, Franz Carl Anton (1752–1830)
o. Prof. der Mathematik

1802–1835   **Gelpke**, August Heinrich Christian (1769–1842)
Prof. der Mathematik und Astronomie

1814–1861   **Eigner**, Gebhard Friedrich (1776–1866)
Lehrer der Mathematik

1825–1833   **Spehr**, Friedrich Wilhelm (1799–1833)
            ao. Prof. für Mathematik

1835–1836   **Schnuse**, Christian Heinrich (1807–1878?)
            Lehrer der Mathematik

1849–1851   **Scheffler**, August Christian Wilhelm Hermann (1820–1903)
            Lehrer der Elementarmathematik

Der Lehrkörper an der Polytechnischen Schule (1862–1877)

Ordinarien

1862–1894   **Dedekind**, Richard Julius Wilhelm (1831–1916)
            o. Prof. für Mathematik; Habil. 1854 in Göttingen, dann in
            Zürich

1859–1884   **Zincke(n) (gen. Sommer)**, Hans Friedrich (1837–1922)
            o. Prof. der Mathematik seit 1866

1862–1895   **Huisken**, Atho Gerdes (1823–1908)
            o. Prof. der praktischen Geometrie

Lehrer und Assistenten

1862–1902   **Querfurth**, Georg Heinrich Karl (1838–1902)
            o. Prof. für Maschinenbau

1874–1911   **Brunner**, Johann Heinrich Friedrich August (1841–1920)
            Assistent und Bibliothekar

Der Lehrkörper an der Technischen Hochschule (1877–1945)

Ordinarien

1894–1930   **Fricke**, Robert Karl Emanuel (1861–1930)
            o. Prof. für Mathematik; vorher PDoz. Kiel und Göttingen

1930–1937   **Friedrichs**, Kurt Otto (1901–1983)
            Habil. 1928 TH Aachen, dann PDoz. Göttingen, nachher Prof.
            in New York

1938–1971 **Iglisch**, Rudolf Ludwig Martin (1903–1987)
vorher PDoz. TH Aachen

1884–1907 **Müller**, Reinhold Heinrich Robert (1857–1939)
nachher o. Prof. an der TH Darmstadt

1907–1909 **Ludwig**, Walter Ernst Paul (1876–1946)
vorher PDoz. Karlsruhe, nachher o. Prof. Dresden

1909–1938 **Timerding**, Heinrich Carl Franz Emil (1873–1945)
vorher PDoz. Straßburg, 1938 em.

1939–1964 **Rehbock**, Fritz (1896–1989)
vorher PDoz. Bonn

Privatdozenten

1914–1919 **Falckenberg**, Hans Otto Richard (1885–1946)
Habil. 1914 TH Braunschweig, nachher PDoz. Königsberg und
o. Prof. Giessen

1930–1936 **Groeneveld**, Jan Theodor (geb. 1899)
Habil. 1929 TH Braunschweig

Literatur

H. Albrecht: Catalogus Professorum der Technischen Universität Carolo–Wilhelmina zu Braunschweig (Beiträge zur Geschichte der Carolo–Wilhelmina VIII). Braunschweig 1986

H. Albrecht: Technische Bildung zwischen Wissenschaft und Praxis. Die Technische Hochschule Braunschweig 1862–1914 (Veröffentlichungen der Technischen Universität Carolo–Wilhelmina zu Braunschweig 1). Braunschweig 1987

J. J. Eschenburg: Entwurf einer Geschichte des Collegii Carolini in Braunschweig 1745–1808 (Beiträge zur Geschichte der Carolo–Wilhelmina II/1). Braunschweig 1974

Th. Müller: Lehrkräfte am Collegium Carolinum zwischen 1814 und 1862 (Beiträge zur Geschichte der Carolo–Wilhelmina I). Braunschweig 1973

Breslau, Technische Hochschule

1 Hochschulgeschichte

ca 1900
Seit Beginn des Jahrhunderts wurde die Errichtung einer Technischen Hochschule in der preußischen Provinz Schlesien diskutiert.

1905
Beginn der Bauarbeiten.

1910
Am 1.10.1910 Eröffnung der Hochschule mit 32 Lehrkräften in drei Abteilungen (später Fakultäten), der für Allgemeine Wissenschaften, für Maschinenbau und Elektrotechnik und für Chemie und Hüttenkunde. In der Folgezeit erhebliche Ausweitung des ursprünglichen Fächerspektrums.

1928
Einweihung des Erweiterungsbaues des Hauptgebäudes. Errichtung einer Fakultät für Bauwesen.

ab 1932
Es wurde die Vereinigung von Universität und Technischer Hochschule diskutiert, die 1933 zwar beschlossen, jedoch praktisch nicht durchgeführt und 1937 auch formell rückgängig gemacht wurde. Nur das Mathematische Seminar der Universität wurde an die TH verlegt.

ab 1933
Vertreibung zahlreicher Professoren und Dozenten aus politischen oder rassischen Gründen.

1935
Im Jubiläumsjahr lehrten 90 Professoren in vier Fakultäten.

bis 1945
Bis Anfang 1945 verhältnismäßig ungestörter Lehrbetrieb; dann Auflösung der Hochschule. Im August Zusammenlegung mit der Universität und Neueröffnung als polnische Hochschule.

2 Die Mathematik an der Technischen Hochschule Breslau

Bei Gründung der Hochschule wurden zwei Lehrstühle für Höhere Mathematik und einer für Darstellende Geometrie errichtet. Hauptaufgabe war zunächst die mathematische Schulung Studierender aller Fachrichtungen, seit 1921 auch die Ausbildung von Diplommathematikern und Gymnasiallehrern. Während in der Anfangsphase mit Carathéodory, Dehn, Steinitz und Hessenberg hervorragende theoretische Mathematiker berufen wurden, wurde seit 1921/22 die Angewandte Mathematik besonders gepflegt. 1928 wurde dem Lehrstuhl von Schmeidler der Versuchsflugzeugbau angegliedert; es wurde mit verschiedenen Flugzeugkonstruktionen experimentiert.

1933 wurde vorübergehend die Vereinigung von Universität und TH Breslau beschlossen, aber nicht praktisch durchgeführt. Möglicherweise blieb es (wie lange?) bei der Zusammenlegung der beiden mathematischen Institute. Erster Institutsdirektor war F. Noether, der jedoch noch im gleichen Jahr entlassen wurde und in die UdSSR emigrierte. Anscheinend wurde sein Lehrstuhl nicht wieder besetzt. 1943 wurden erneut die mathematischen Institute vereinigt, eine Maßnahme, die praktisch keine Auswirkungen mehr hatte.

3 Professoren

Erster Lehrstuhl für Höhere Mathematik

1910–1913   **Carathéodory**, Constantin (1873–1950)
vorher Hannover, nachher Göttingen

1913–1921   **Dehn**, Max (1878–1952)
vorher Kiel, nachher Frankfurt

1921–1938   **Schmeidler**, Werner (1890–1969)
vorher PDoz. Kiel, nachher TH Berlin

1940–1945   **Cremer**, Hubert (1897-1983)
vorher ao. Prof. Köln

Zweiter Lehrstuhl für Höhere Mathematik

1910–1920   **Steinitz**, Ernst (1871–1928)
vorher TH Berlin, nachher Kiel

1920–1921   **Nielsen**, Jacob (1890–1959)
vorher PDoz. Hamburg, nachher Kopenhagen

1922–1933   **Noether**, Fritz (1884–ca. 1939)
vorher PDoz. und ao. Prof. Karlsruhe, 1933 entlassen, in die
UdSSR emigriert, 1934 Prof. in Tomsk

Lehrstuhl für Geometrie

1910–1919   **Hessenberg**, Gerhard (1874–1925)
vorher Bonn, nachher Tübingen

1920–1945   **Happel**, Hans (1876–1946)
vorher Tübingen

4 Habilitationen, Privatdozenten, Lehraufträge

Feyer, Edwin; 1921 Habil., dann PDoz., 1929 nb. ao. Prof., Lehraufträge
über Geodäsie und Zentralperspektive (für Architekten), 1929 o. Prof.
für Geodäsie

Rothe, Erich (geb. 1895); 1928 Habil., dann PDoz. und Assistent von
F. Noether, 1937 Flucht über die Schweiz in die USA

Mohr, Ernst; 1938 Habil., 1939 Doz. U Breslau

Literatur

25 Jahre Technische Hochschule Breslau 1910–1935. Breslau 1935

Breslau, Universität

1 Universitätsgeschichte

1505/06 König Wladislaw II. von Ungarn und Böhmen unterstützte den schlesischen Wunsch nach einer Universität in Breslau. Die Gründung scheiterte am Einspruch des Papstes Julius II., der stattdessen Frankfurt a. d. Oder ein Universitätsprivileg verlieh.

1659 Gründung eines Jesuitengymnasiums.

1702 Gegen die Einwände des evangelischen Rates wurde den Jesuiten durch den österreichischen Kaiser Leopold I. das Universitätsprivileg ausgestellt. Es bestanden eine theologische und eine philosophische Fakultät.

ab 1741 Die Universität blieb auch in der preußischen Zeit als Jesuiten–Universität erhalten, verlor aber ihren Güterbesitz.

1811 Als Konsequenz der preußischen Universitätsreformen und der Gründung der Universität Berlin wurde die evangelische Universität in Frankfurt/Oder nach Breslau verlegt und mit der früheren Jesuiten–Universität zur "Königlichen Universität in Breslau" vereinigt. Auf Grund dieser Gründungsgeschichte gab es von Anfang an zwei theologische Fakultäten, und auch an der juristischen und philosophischen Fakultät wurde auf konfessionelle Ausgewogenheit geachtet.

19. Jahrh. Die Universität erreichte in vielen Fächern ein beachtliches Niveau.

1911 Im Jubiläumsjahr gab es ca. 2100 Studenten, davon mehr als zwei Drittel aus Schlesien.

1933 Es wurde die Zusammenlegung mit der TH Breslau diskutiert und zunächst auch beschlossen, praktisch aber nicht durchgeführt.

Im 2. Weltkrieg blieb die Universität bis 1944 funktionsfähig. 1945 nahm die völlig umgestaltete polnische Universität Wroclaw ihren Lehrbetrieb auf.

2 Die Mathematik an der Universität Breslau

Bei Gründung der Universität wurde die Mathematik durch drei Professoren mitvertreten, die in erster Linie als Physiker und Astronomen wirkten. Nach ihrem fast gleichzeitigen Ausscheiden um 1830 verpaßte die Fakultät die Gelegenheit, den Extraordinarius Dirichlet längerfristig an Breslau zu binden, so daß dessen einjähriges Wirken in Breslau nur eine Durchgangsstation auf seinem Weg nach Berlin war. Um die Jahrhundertmitte lehrte dann mit Kummer ein Mathematiker ersten Ranges zwölf Jahre lang in Breslau, bevor auch er nach Berlin ging. In diese Zeit (1845) fällt die Ehrenpromotion Eisensteins, der damals Student im dritten Semester in Berlin war. So kam es, daß die Namen von drei der bedeutendsten Zahlentheoretiker in der Geschichte der Mathematik mit Breslau verbunden sind. Kummer sorgte durch Vorlesungen u. a. über höhere Algebra, elliptische Funktionen, Zahlentheorie für eine wesentliche Anhebung des mathematischen Niveaus.

Der weitere Ausbau der Mathematik verlief ähnlich wie an den anderen preußischen Universitäten auch. 1853 wurde Schröter zum außerordentlichen Professor befördert; nach seiner Übernahme der ordentlichen Professur bestand dieses Extraordinariat bis 1875 fort und wurde dann in eine zweite ordentliche Professur umgewandelt. 1863 wurde das mathematische Seminar gegründet. Eine gewisse Besonderheit der fachlichen Ausrichtung der Mathematik in der zweiten Hälfte des 19. Jahrhunderts war die betonte Pflege der Geometrie, insbesondere der wesentlich durch Steiner begründeten "Synthetischen Geometrie". Bemühungen um eine weitere Vermehrung des Personalbestandes blieben lange erfolglos; 1902 wurde jedoch wieder ein Extraordinariat und drei Jahre später eine weitere ordentliche Professur geschaffen. Allerdings fiel dann 1917 der zweite Lehrstuhl weg. Nach der Machtübernahme der Nationalsozialisten verlor das Institut mit Sternberg, Rothe und Weinstein drei junge Mathematiker, die später in den USA zu bedeutenden Vertretern ihrer Fachgebiete wurden.

3 Professoren

Erster Lehrstuhl

1811–1828   **Rake**, Carl Rudolf (1766-1828)

1834–1841   **Scholz**, Ernst Julius (1799–1841)
vorher o. Prof.

1842–1855   **Kummer**, Ernst Eduard (1810–1893)
nachher Berlin

1855–1861   **Joachimsthal**, Ferdinand (1818–1861)

1861–1892   **Schröter**, Heinrich (1829–1892)
vorher ao. Prof.

1892–1919   **Sturm**, Rudolf (1841–1919)
vorher Münster, 1919 em.

1919–1924   **Schur**, Friedrich (1856–1932)
vorher Straßburg, 1924 em.

1925–1933   **Rademacher**, Hans (1892–1969)
vorher Hamburg, 1933 in die USA emigriert

1935–1945   **Feigl**, Georg (1890–1945)
vorher Berlin

Zweiter Lehrstuhl

1811–1826   **Brandes**, Heinrich Wilhelm (1777–1834)

Nach dem Ausscheinden Brandes' fiel der Lehrstuhl weg und
wurde erst 1876 wiedererrichtet.

1873–1911   **Rosanes**, Jacob (1842–1922)
vorher PDoz., bis 1876 ao. Prof., 1922 em.

1912–1917   **Schmidt**, Erhardt (1876–1959)
vorher Erlangen, nachher U Berlin

Nach dem Weggang von Schmidt fiel der Lehrstuhl wieder
weg.

Dritter Lehrstuhl

1905–1928   **Kneser**, Adolf (1862–1930)
vorher Bergakademie Berlin, 1928 em.

1928–1945   **Radon**, Johann(1887–1956)
vorher Erlangen

Planmäßiges Extraordinariat

(Existierte nur zeitweise; durchgehend von 1853 bis 1875, dann durch den
2. Lehrstuhl ersetzt)

1828   **Dirichlet**, P.G.L.
nachher Berlin

1828–1834   **Scholz**, E.J.
nachher o. Prof.

1853–1861   **Schröter**, H.
vorher PDoz., nachher o. Prof.

1862–1864   **Lipschitz**, Rudolf (1832–1903)
vorher PDoz. Bonn, nachher Bonn

1864–1867   **Meyer**, Oskar Emil (1843–1909)
ab 1865 pers. (?) Ordinarius

1867–1875   **Bachmann**, Paul (1837–1920)
vorher PDoz., nachher Münster

1905–1906   **Landsberg**, Georg (1865–1912)
vorher Heidelberg, nachher Kiel

1928–1938   **Hoheisel**, Guido Karl Heinrich (1894–1968)
vorher PDoz., nachher Greifswald

1930–1934   **Sternberg**, Wolfgang (1887– ?)
vorher PDoz.

1943–1945   **Tautz**, Georg (1901– ?)
vorher PDoz.

4 Habilitationen, Privatdozenten, Lehraufträge

Dirichlet, P. G. L.; 1827 PDoz.

Scholz, E.J.; 1827 Habil., ab 1828 ao. Prof.

Köcher, Adrian; 1826–41 PDoz.

Kletke, Alban; 1833–1836 PDoz.

Koch, Ludwig; 1841–45 PDoz.

Rosenhain, Johann Georg; 1844 Habil., bis 1848 PDoz., dann Wien, ab 1857 ao. Prof. Königsberg

Schröter, H.; 1855–58 PDoz., ab 1858 ao. Prof. U Breslau

Bachmann, P.; 1864 Habil., bis 1867 PDoz., danach ao. Prof. U Breslau

Rosanes, J.; 1870 Habil., anschließend PDoz., ab 1873 auf dem zweiten neu errichteten (Extra–) Ordinariat

Krause, M.; 1876–78 PDoz., vorher PDoz. Heidelberg, anschließend o. Prof. Rostock

Schottky, F.; 1878–82 PDoz., dann o. Prof. Berlin

Staude, E. O.; 1883–86 PDoz., danach ao. Prof. Dorpat, später Rostock

Kneser, A.; 1886–89 PDoz., vorher PDoz. in Marburg, danach ao. Prof. Dorpat, später Breslau

London, F.; 1889 Habil., danach PDoz., ab 1894 Tit. Prof.

Schnee, W.; 1910 Habil., danach PDoz., ab 1917 ao. Prof. U Leipzig

Steinitz, E.; 1913 Habil., dann PDoz., 1918 o. Honorarprof., dann Kiel

Jüttner, Ferencz (1878– ?); 1921 Habil., am Gymnasium in Breslau

Koschmieder, Lothar (1890– ?); 1919 Habil., 1924 nb. ao. Prof. U Breslau, 1927 o. Prof. TH Brünn

Hoheisel, G.; 1919 Habil., bis 1928 PDoz., dann ao. Prof.

Sternberg, W.; 1928 Habil. (Umhabil. von Heidelberg), dann PDoz., 1920 ao. Prof., 1925 Emigration erst nach Prag, dann in die USA

Weinstein, Alexander (geb. 1897); 1928 Habil., bis 1933 PDoz., 1933 Entlassung und Emigration

Rothe, Erich (1895– ?); 1931 Umhabil. von der TH Breslau, dann Doz. bis 1936; 1937 Flucht über Zürich in die USA

Tautz, G.; 1937 Habil., dann Doz., 1943 apl. Prof.

Specht, Wilhelm (geb. 1907); 1937 Habil., bis 1945 Doz., dann Erlangen

Mohr, Ernst; seit 1939 Doz.

Ostmann, Hans Heinrich (geb. 1913); 1943–45 Doz.

Literatur

L. Petry: Geistesleben des Ostens im Spiegel der Breslauer Universitätsgeschichte. In: Deutsche Universitäten und Hochschulen im Osten. Westdeutscher Verlag, Köln und Opladen 1964

R. Sturm: Geschichte der mathematischen Professuren im ersten Jahrhundert der Universität Breslau 1811–1911. Jahresber. Dt. Math.-Ver. 20, 314–321 (1911)

Clausthal, Bergakademie

1 Hochschulgeschichte

1775   Nach wichtigen Anregungen des Bergbaukundigen und Rektors des Clausthaler Lyzeums, Henning Calvör (1686–1766), Einrichtung von Sonderkursen für berg– und hüttenmännische Nachwuchskräfte auf Veranlassung des Clausthaler Berghauptmanns, Claus Friedrich von Reden (1736–1791), des Rektors des Clausthaler Lyzeums, Christian Heinrich Georg Rettberg (1736–1806) und des Ephorus dieser Schule, Johann Christoph Friderici (1730–1777).

1810   Erweiterung zu einer Bergschule auf Betreiben des Berghauptmanns Franz August von Meding (1765–1849), des Generalsekretärs des königlich westfälischen Finanzministeriums und Generalinspektors des Montanwesens, Johann Friedrich Ludwig Hausmann (1782–1859) und des General–Inspecteurs aller Bergwerke in den eroberten Provinzen, Antoine–Marie Héron de Villefosse (1774–1852). Clausthal stand damals unter französischer Herrschaft.

1821   Angliederung einer Forstschule.

1844   Verlegung der Forstschule nach (Hannoversch–)Münden.

1864   Erhebung zur Bergakademie als äußere Anerkennung der schon seit längerem bestehenden Stellung der Lehranstalt.

1885   119 Studenten.

1919   Einführung der Rektoratsverfassung; 10 Professoren, 205 Studenten.

1920   Gewährung der Promotionsrechte.

1923   913 Studenten, dann Rückgang auf 106 im Jahr 1939.

1939–1946   Mehrfache Schließungen und Wiedereröffnungen der Bergakademie bis zur endgültigen Wiederaufnahme des Lehrbetriebs 1946.

Die Bergschule und spätere Bergakademie fand bald sowohl als ge-
diegene Ausbildungsstätte für Berg- und Hüttenleute wie auch als renom-
miertes Forschungszentrum Beachtung und internationale Anerkennung,
was sich z.B. in dem hohen Ausländeranteil der Studierenden – bis zu 50
Prozent in der zweiten Hälfte des 19. Jahrhunderts – dokumentierte. Von
Anfang an wurde Wert auf eine solide Bildung in den Grundlagenfächern –
Mathematik, Physik, Chemie, Mineralogie und Geologie – gelegt, dabei aber
auch stets der Praxisbezug betont, was durch räumliche Nähe der Bergwerke und Hütten sehr gefördert wurde. An bedeutenden Gelehrten seien
lediglich erwähnt der Mineraloge und Geologe Friedrich Adolph Roemer
(1809–1869) und der Metallhüttenkundler Carl Schnabel (1843–1914).

2 Die Mathematik in Clausthal

Da ein Vollstudium der Mathematik an der Bergakademie Clausthal erst
1964 eingeführt wurde, hatten die Clausthaler Mathematiker im Berichtszeitraum an Lehrverpflichtungen nur solche, die die mathematische und
teils auch mechanische Ausbildung der künftigen Berg- und Hüttenleute
betrafen. Um so beachtlicher ist es, welches wissenschaftliche Niveau schon
bald nach der Erhebung zur ”Bergakademie” 1864 bei den Clausthaler Mathematikprofessoren anzutreffen war. Es handelte sich meist um relativ
junge Wissenschaftler, die in Clausthal ihr erstes Ordinariat erhalten hatten (H. König war bei Amtsantritt Preußens jüngster Ordinarius!) und die
mit Ausnahme des Algebraikers W. F. Meyer, der sich aber auch mit Anwendungen beschäftigt hat, und des Physikers A. Sommerfeld – der damals
durchaus auch als ”angewandter Mathematiker” zu bezeichnen gewesen
wäre – Vertreter der Angewandten Mathematik im weiteren Sinne waren.
Von Meyer abgesehen, der 1897 auf ein Ordinariat in Königsberg berufen
wurde, gingen alle Mathematiker, sofern sie nicht wie Prediger und König
in Clausthal emeritiert wurden, später als Ordinarien auch an technische
Hochschulen. Clausthaler Mathematiker waren wesentlich am Zustande-
kommen der ”Encyklopädie der mathematischen Wissenschaften” beteiligt,
so vor allem F. Meyer und A. Sommerfeld.

3 Professoren

1863–1888 **Prediger**, Carl (1822–1895)
vorher Dozent in Clausthal, 1888 em.

1888–1897 **Meyer**, W. Franz (1856–1934)
vorher Habil. und ao. Prof. Tübingen, nachher o. Prof. Königsberg

1897–1900 **Sommerfeld**, Arnold (1868–1951)
vorher Habil. und PDoz. Göttingen, nachher o. Prof. Aachen

1900–1907 **Horn**, Jakob (1867–1946)
vorher PDoz. TH Charlottenburg, nachher o. Prof. Darmstadt

1908–1913 **Rothe**, Rudolf (1873–1942)
vorher Habil. und PDoz. TH Charlottenburg, nachher o. Prof. Hannover

1913–1917 **Mohrmann**, Hans (1881–1941)
vorher Habil. und PDoz. Karlsruhe, nachher o. Prof. Karlruhe

1918–1922 **Sanden**, Horst von (1883–1965)
vorher Habil. und PDoz. Göttingen, nachher o. Prof. Hannover

1922–1961 (mit Unterbrechungen während und nach dem Krieg)
König, Herman (1892–1978)
vorher Habil. und PDoz. Göttingen, 1961 em.

Literatur

W. Lex: Das Institut für Mathematik der TU Clausthal. Mitteilungsblatt der TU Clausthal, 48 (1980), S. 33–36

Technische Universität Clausthal; Zur Zweihundertjahrfeier 1775–1975. Clausthal–Zellerfeld 1975

Danzig, Technische Hochschule

1 Hochschulgeschichte

1878	Die erneute Bildung der Provinz Westpreußen mit der Hauptstadt Danzig schuf die politischen Voraussetzungen zur Gründung einer Hochschule.
ab ca. 1890	Verstärkte Diskussion des Planes der Errichtung einer Hochschule, die ein kulturelles Zentrum im Osten werden sollte.
1899	Auf Veranlassung des Kaisers Wilhelm II. kam es unter Leitung des Ministerialdirektors F. Althoff und Beteiligung u.a. von Felix Klein zur entscheidenden Sitzung im Berliner Kultusministerium. Der Kaiser entschied selbst für den Standort Danzig. Die Gründung erfolgte wesentlich unter politisch-nationalen Gesichtspunkten. (Praktisch gleichzeitig wurde das Tirpitzsche Flottenbau–Programm beschlossen.) Die Gründung der Hochschule sollte auch dem Polentum entgegenwirken.
1900	Baubeginn; die Grundstücke waren von der Stadt Danzig zur Verfügung gestellt worden.
1904	Eröffnung der Technischen Hochschule mit sieben Fachabteilungen, darunter einer für Schiff– und Schiffsmaschinenbau. Von Beginn an waren auch Geisteswissenschaften vertreten, z.B. existierte seit 1907 ein Lehrstuhl für Geschichte. Der Lehrkörper bestand zunächst aus 28 ordentlichen Professoren, 12 Dozenten und vier Lektoren. Sie war für 600 Studenten geplant; die Studentenzahl stieg in den dreißiger Jahren jedoch bis auf das Dreifache. Erster Rektor war der Mathematiker v. Mangoldt.
1919	Nach dem Versailler Vertrag, der Rückgabe Westpreußens an Polen und der Gründung der Freien Stadt Danzig war die weitere Existenz der Hochschule zunächst in Frage gestellt.

1921 wurde sie von der Internationalen Verteilungskommission der Stadt Danzig zugeordnet, womit ihr weiteres Bestehen als deutsche Hochschule zunächst gesichert war. Polnische Studenten wurden mit gleichen Rechten zugelassen.

1920   Die TH Danzig wurde in den neugegründeten Verband deutscher Hochschulen aufgenommen und auch durch die Notgemeinschaft deutscher Wissenschaft gefördert. Examina in Danzig und im Deutschen Reich wurden wechselseitig anerkannt.

1922   Neugliederung mit drei Fakultäten.

20er Jahre   Durch Gründung zahlreicher neuer Institute und Abteilungen wurde die Hochschule weiter ausgebaut. 1928/29 lehrten 41 ordentliche und 21 außerordentliche Professoren. Ihre Sonderstellung als Hochschule der Freien Stadt Danzig ließ ihre Aufgaben über die einer technischen Hochschule hinauswachsen.

ab 1933   Nach der Machtübernahme der Nationalsozialisten verlor die Hochschule bedeutende Wissenschaftler. Im zweiten Weltkrieg blieb Danzig bis 1945 von Kriegshandlungen verschont, und die Hochschule konnte bis Januar 1945 ihren Lehrbetrieb aufrecht erhalten.

2 Die Mathematik in Danzig

Es gab von Anfang an drei Lehrstühle, zwei für Höhere Mathematik und einen für Geometrie. Im Gegensatz zu vielen anderen Hochschulen blieben sie überwiegend langfristig besetzt. Entsprechend den Aufgaben einer TH wurden Angewandte Mathematik, Darstellende und Angewandte Geometrie besonders gepflegt. Z.B. stammte Pohlhausen, der Nachfolger des Reinen Mathematikers v. Mangoldt ursprünglich aus der Flugzeugindustrie.

Zwar war die Mathematik vor allem an der Grundausbildung der Ingenieure beteiligt, es gab aber auch ein eigenständiges Mathematikstudium. Seit 1922 konnte das Lehramtstudium vollständig (vorher nur teilweise) an den Technischen Hochschulen absolviert werden. 1921 führte Danzig als erste TH die Diplomprüfung in Angewandter Mathematik ein. Die Zahl der Mathematik–Studenten ging aber nie über 10 im Jahr hinaus.

3 Professoren

Erster Lehrstuhl für Höhere Mathematik

1904–1925   **v. Mangoldt**, Hans (1854–1925)
vorher Aachen

1926–1945   **Pohlhausen**, Ernst (1890–1964)
vorher Rostock

Zweiter Lehrstuhl für Höhere Mathematik

1904–1937   **Sommer**, Julius (1871–1943)
vorher Bonn, Landw. Akad., 1937 em., las bis 1943

1944–1945   **Quade**, Wilhelm (1898–1975)
vorher ao. und apl. Prof. Karlsruhe

Lehrstuhl für Geometrie

1904–1936   **Schilling**, Friedrich (1868–1950)
vorher Göttingen, 1936 em.

1938–1945   **Graf**, Ulrich (1908–1954)
vorher TH Berlin, zunächst ao. Prof., 1939 o. Prof.

4 Habilitationen, Privatdozenten, Lehraufträge

Pfeiffer, F.; 1912 Habil., dann PDoz., 1912-17 PDoz. Halle, später Heidelberg

Grammel, R.; 1915 Habil. für Technische Mechanik, 1917 umhabil. nach Halle, 1920 Stuttgart

Haack, W.; 1929 Habil., dann PDoz., 1935 Dozent TH Berlin

Schmieden, C.; 1931 Habil., dann PDoz., 1934 Rostock

Nothdurft, Hans–Otto (geb. 1913); 1938–45 Assistent, 1939 Lehrauftrag
Mathematik

Literatur

Beiträge und Dokumente zur Geschichte der Technischen Hochschule Danzig
1904–1945. Hrsg.: Gesellschaft der Freunde der Technischen Hochschule Danzig. Hannover 1979

Darmstadt, Technische Hochschule

1 Geschichte der Technischen Hochschule

1812	Errichtung einer Bauschule.
1822	Gründung einer "Realschule", die eng mit der Bauschule verbunden war.
ab 1833	Neue Bestrebungen, eine höhere Gewerbeschule zu gründen.
1836	Gründung einer zweiklassigen höheren Gewerbeschule, Erweiterung der Realschule durch eine vierte Klasse. Erster Direktor wurde Th. Schacht (1786–1870), der auch die Gründung nachdrücklich betrieben hatte.
1844	Neubau. Bemühungen um eine Erweiterung zu einer polytechnischen Schule.
1859	Ausbau der Gewerbeschule zu einer Anstalt, die den anderen polytechnischen Schulen entsprach, aber nicht diesen Namen erhielt. Gliederung in sieben Abteilungen, davon zwei allgemeine und fünf technische.
1868	Umgestaltung in eine Polytechnische Schule; die akademischen Prüfungen konnten ab 1871 abgelegt werden (bis dahin an der Landesuniversität Gießen).
1869	Recht zur Ausbildung von Gymnasiallehrern in Mathematik und Naturwissenschaften.
1872	17 ordentliche Professoren, davon je zwei in Mathematik und Darstellender Geometrie und Mechanik, und 9 Lehrer.
1874	Aufhebung des technischen Studiums in Gießen.
1877	Die Anstalt erhielt den Namen "Technische Hochschule". Für die Aufnahme als ordentlicher Studierender war der Abschluß am Gymnasium oder einer Realschule 1. Ordnung erforderlich. Habilitationsrecht.

80er Jahre   Sehr geringe Studentenzahl. Gefahr der Auflösung der Anstalt.

1882   Gründung des Instituts für Elektrotechnik.

1892–95   Errichtung neuer Gebäude.

1896   Mehr als 1000 Studenten.

1899   Auf Grund einer einheitlichen kaiserlichen Verordnung das Recht zur Verleihung des Dr.-Ing. und des Dipl.-Ing.

1906   Über 2000 Studenten.

1924   Aufspaltung der allgemeinen Abteilung in eine math.–naturw. Abteilung und eine für Kultur- und Staatswissenschaften.

1930   Errichtung eines gut ausgestatteten Instituts für Praktische Mathematik.

2 Die Mathematik in Darmstadt

Bis etwa 1880 blieben die meisten Mathematiker nur wenige Jahre und zwar zu Beginn ihrer Lehrtätigkeit in Darmstadt. Unter ihnen ragten als bedeutendste A. Brill, E. Schröder und A. Voss hervor. Brill blieb Darmstadt familiär verbunden und brachte mathematische Modelle im Verlag seines Bruders heraus. Nach 1880 blieben mehrere lebenslang in Darmstadt. Entsprechend den Aufgaben einer Technischen Hochschule waren zunächst Analysis und Geometrie die hauptsächlich vertretenen Gebiete. Z.B. hatte H. Wiener Bedeutendes zu den Grundlagen der Geometrie geleistet und wesentlich Hilberts Buch beeinflußt. Noch in den zwanziger Jahren las er (unter Verwendung realer Spiegel) über Spiegelungsgeometrie. Ab 1928 brachte A. Walther die praktische Mathematik zu großer Blüte. Vor der Entwicklung der elektronischen Rechner wurden am Institut für Praktische Mathematik rechenintensive Probleme mit großem personellen Aufwand bearbeitet, auch Hilfsmittel, wie der Rechenschieber "System Darmstadt" entwickelt. Nach dem Kriege förderte Walther die Entwicklung elektronischer Rechenanlagen.

3 Professoren

(Erster) Lehrstuhl

1864–1874   **Dölp**, Heinrich (1828–1874)
vorher Lehrer am Gymnasium Gießen, 1872 o. Prof.

1874–1876   **Schröder**, Ernst (1841–1902)
vorher Prof. Progymnasium Baden–Baden, nachher Karlsruhe

1876–1877   **Harnack**, Axel (1851–1888)
ao. Prof., vorher PDoz. Leipzig, nachher Dresden

1877–1879   **Kiepert**, Ludwig (1846–1934)
vorher ao. Prof. Freiburg, nachher Hannover

1879–1907   **Gundelfinger**, Sigmund (1846–1910)
vorher ao. Prof. Tübingen

1907–1934   **Horn**, Jacob (1867–1946)
vorher o. Prof. Clausthal, 1934 em.

Der Lehrstuhl wurde dann in ein Extraordinariat für Theoretische Physik umgewandelt und mit Otto Scherzer (1909–1982) besetzt.

(Zweiter) Lehrstuhl

1869–1875   **Brill**, Alexander v. (1842–1935)
vorher PDoz. Gießen, 1872 o. Prof., nachher TH München

1875–1879   **Voss**, Aurel (1845–1931)
vorher PDoz. Göttingen, nachher Dresden

1879–1884   **Rodenberg**, Carl (1851–1933)
vorher Oberlehrer Gymnasium Plauen, nachher Hannover

1884–1894   **Mehmke**, Rudolf (1857–1944)
vorher PDoz. Stuttgart, nachher Stuttgart

1894–1927   **Wiener**, Hermann (1857–1939)
vorher PDoz. Halle, 1927 em.

1927–1931   **Mohrmann**, Hans (1881–1941)
vorher o. Prof. Basel, nachher Gießen

1932–1965   **Graf**, Heinrich (1897–1984)
vorher ao. Prof. Aachen

Lehrstuhl für Mathematik bzw. Mechanik

1871–1878   **Sturm**, Rudolf (1841–1919)
vorher Gymnasiallehrer Bromberg, nachher Münster

1878–1920   **Henneberg**, Lebrecht (1850–1933)
vorher PDoz. Zürich, 1880 o. Prof. für Mathematik, 1896 o. Prof. für Mechanik, 1920 em.

Der Lehrstuhl blieb dann bei der Mechanik und war von 1921–1949 mit Wilhelm Schlink (1875–1968) besetzt.

(Vierter) Lehrstuhl

1894–1932   **Dingeldey**, Friedrich (1859–1939)
vorher Lehrer bzw. Direktor Höhere Bürgerschule Groß–Gerau, 1932 em.

1931–1936   **Wegner**, Udo (1902–1989)
vorher PDoz. Göttingen, 1931–32 vorübergehend Nachfolger von Mohrmann (s.o.)

1937–1970   **Schmieden**, Curt (geb. 1905)
vorher ao. Prof. Rostock, zunächst ao. Prof., 1939 o. Prof.

(Fünfter) Lehrstuhl (für Darstellende Geometrie bzw. Mathematik)

1896–1907   **Scheffers**, Georg (1866–1945)
vorher PDoz. Leipzig, 1896 zunächst PDoz., 1897 ao. Prof., 1900 o. Prof., nachher TH Berlin

1907–1928   **Müller**, Reinhold (1857–1939)
vorher Braunschweig, 1907 o. Prof. für Darst. Geom. und Kinematik, 1911 o. Prof. für Math., 1928 em.

1928–1966　**Walther**, Alwin (1898–1967)
　　　　　vorher PDoz. Göttingen

Mit der Mathematik eng verbunden waren ein weiterer Lehrstuhl für Geodäsie und einer für Mechanik.

1843–1871　**Fischer**, Philipp (1818–1887)
　　　　　1843 Lehrer an der Gewerbeschule, 1869 o. Prof. für Math.,
　　　　　1871 Lehrauftrag für phys. Geom.

1864–1898　**Nell**, Adam (1824–1901)
　　　　　1864 Lehrer an der Techn. Schule, 1872 o. Prof. für Darst.
　　　　　Geom. und Mechanik, 1873 o. Prof. für Mechanik, höh. und
　　　　　nied. Geodäsie, 1880 o. Prof. für höh. und nied. Geodäsie

1898–1909　**Fenner**, Paul (1852–1909)
　　　　　o. Prof. für Geodäsie

1909–1910　**Gast**, Paul (1876–1941)
　　　　　Verwaltung des Lehrstuhls als PDoz.

1910–1954　**Hohenner**, Heinrich (1874–1966)
　　　　　o. Prof. für Geodäsie

1919–1949　**Blaeß**, Viktor (1876–1951)
　　　　　o. Prof. für Mechanik

4 Habilitationen, Privatdozenten

Graefe, Friedrich (1855–1918); 1879 Habil. in Bern; 1881 Habil. in Darmstadt, bis 1897 PDoz., dann ao. und apl. Prof.

Wolfskehl, Paul (1856–1906); 1887 Habil., bis 1890 PDoz. (Bekannt durch den Preis für die Lösung des Fermatschen Problems.)

Dingeldey, F.; 1889 Habil., dann PDoz., 1894 o. Prof.

Meisel, Ferdinand (1854–1938); 1893 Habil., bis 1918 PDoz., Vorlesungen über geometrische Optik, 1899–1918 Direktor der Gewerbe- und Handwerkerschule

Baur, Ludwig (1857–1937); 1894 Habil., bis 1902 PDoz., u.a. Direktor der Oberrealschule Heppenheim

Schleiermacher, Ludwig (1855–1927); 1911 Habil., bis 1927 PDoz. (1890–1910 Prof. Forsthochschule Aschaffenburg)

Literatur

E. Heil, D. Laugwitz, R. Wille: Mathematik an der Technischen Hochschule Darmstadt. In: 100 Jahre Technische Hochschule Darmstadt Jahrbuch 1976/77

Die Technische Hochschule Darmstadt 1836–1936. Darmstadt 1936

Verzeichnis der Hochschullehrer der TH Darmstadt. Darmstädter Archivschriften 3. Darmstadt 1977

Dresden, Technische Hochschule

1 Geschichte der Technischen Hochschule

1828	Gründung einer technischen Bildungsanstalt, die noch ganz schulmäßig organisiert war und zunächst der Ausbildung von Mechanikern diente. In den folgenden Jahren mehrfache Reformen und Neuorganisationen.
1851	Umbenennung der Schule in "Königliche Polytechnische Schule". Die Abschlußprüfung wurde dem Examen eines Gymnasiums gleicherachtet; tatsächlich war das Niveau in den technischen und naturwissenschaftlichen Fächern höher. Vor allem auch der Mathematiker Schlömilch setzte sich für eine Anhebung des wissenschaftlichen Niveaus und Errichtung einer allgemeinbildenden Abteilung ein.
ab 1865	Einrichtung einer selbständigen Abteilung zur Ausbildung von Lehrern der Mathematik, der Naturwissenschaften und der Technik.
1871	Nach mehrfachen Reformen und Neuorganisationen de facto Anerkennung als Hochschule durch die Bezeichnung "Königlich Sächsisches Polytechnikum". Gründung der "Allgemeinen Abteilung für die allgemeinen Wissenschaften".
1872/75	Neubau für die polytechnische Schule.
1878	Erlaß einer Habilitationsordnung.
1890	Einführung des Wahlrektorats.
1902	Herauslösung der math.–nat.Fächer aus der Allgemeinen Abteilung; 1921 völlige Selbständigkeit.
1919	Einrichtung eines Lehrstuhles für Versicherungsmathematik.
ab 1919	Zunehmende Differenzierung der Fachgebiete und Gründung zahlreicher neuer Institute.

nach 1933   Vertreibung und Zwangsemeritierung von insgesamt 32 Hoch-
              schullehrern. Konzentration der Forschung auf kriegswichtige
              Disziplinen und Fragestellungen.

1945   Zerstörung der Stadt Dresden. 85% der Hochschule wurden
              schwer betroffen.

2 Die Mathematik in Dresden

Mathematische Gegenstände wurden an der technischen Bildungsanstalt
seit ihrer Gründung gelehrt. Wegen der umfangreichen "Serviceleistungen",
die die Mathematik für andere Fächer zu erbringen hatte, gab es auch von
Anfang an verhältnismäßig viele Stellen für Mathematiker. In der ersten
Phase waren Lehrer angestellt, die z.T. auch andere Fächer (Mechanik, Maschinenlehre) vertraten. Der erste Mathematikprofessor war Schlömilch, der
von 1849 bis 1874 den Lehrstuhl "Höhere Mathematik und analytische Mechanik" innehatte. Wie es für die technischen Hochschulen charakteristisch
ist, waren die Lehrgebiete der einzelnen Stellen ziemlich genau festgelegt.
Seit etwa 1875 gab es außer dem schon genannten noch Ordinariate für
"Analytische Geometrie", für "Darstellende Geometrie" und für "Mathematik und Vermessungslehre". Letzteres entfiel 1909 mit dem Ausscheiden
des Stelleninhabers und wurde 1919 durch einen Lehrstuhl für "Versicherungsmathematik" ersetzt.

Von ungefähr 1871 an wurden höhere mathematische Vorlesungen (über
Funktionentheorie, Geometrie, Algebra, Zahlentheorie, Variationsrechnung,
Wahrscheinlichkeitsrechnung) abgehalten und seit 1875/76 regelmäßig ein
mathematisches Seminar angekündigt. Vor allem der Lehrstuhl von Schlömilch, mit dem das mathematische Seminar verbunden war, war durchweg
mit guten Mathematikern besetzt. 1920 wurde ein selbständiges "Mathematisches Seminar" gegründet.

3 Lehrer und Professoren

Lehrer der technischen Bildungsanstalt bzw. Polytechni-
schen Schule

1828–1832   **Fischer,** Gotthelf August (1763–1832)
              erster Lehrer für Mathematik

1828–1869   **Schubert**, Johann Andreas (1808–1870)
bis 1832 zweiter Lehrer, dann erster Lehrer für Math.

1833–1836   **Rühlmann**, Moritz (1811–1896)
zweiter Lehrer für Math.

1836–1849   **Franke**, Traugott (1804–1863)
bis 1838 zweiter Lehrer, dann erster Lehrer für Math.

1837–1879   **Kuschel**, Carl (1814–1899)
bis 1840 Hilfslehrer, dann zweiter Lehrer für Math.

1842–1879   **Fort**, Karl Osmar Alexander (1817–1881)
dritter Lehrer für Math.

Professoren am Polytechnikum bzw. an der Technischen Hochschule

Lehrstuhl für Mathematik und Analytische Mechanik

1849–1874   **Schlömilch**, Oskar (1823–1901)
vorher Jena, nachher Sächsisches Kultusministerium

1875–1877   **Koenigsberger**, Leo (1837–1921)
vorher Heidelberg, nachher Wien

1877–1888   **Harnack**, Axel (1851–1888)
vorher Darmstadt

1888–1920   **Krause**, Martin (1851–1920)
vorher Rostock

1920–1940   **Kowalewski**, Gerhard (1876–1950)
vorher TH Prag

1940–1945   **Rellich**, Franz (1906–1955)
vorher Marburg, nachher Göttingen

Lehrstuhl für Analytische Geometrie, ab 1888 für Mathematik

1879–1885   **Voss**, Aurel (1845–1931)
vorher Darmstadt, nachher TH München

1886–1888   **Rohn**, Karl Friedrich Wilhelm (1855–1920)
vorher Leipzig, anschließend Lehrstuhl für Darstellende Geometrie (s.u.)

1888–1920   **Helm**, Georg Ferdinand (1851–1923)
1920 em.

1920–1943   **Lagally**, Max (1881–1945)
vorher PDoz. TH München, 1942 em.

Lehrstuhl für Darstellende Geometrie

1872–1888   **Burmester**, Ludwig (1840–1927)
vorher PDoz., nachher TH München

1888–1904   **Rohn**, K.
vorher Lehrstuhl für Anal.Geom. (s.o.), nachher Leipzig

1904–1909   **Disteli**, Martin (1862–1923)
vorher Straßburg, nachher Karlsruhe

1909–1942   **Ludwig**, Walter (1876–1946)
vorher Braunschweig, 1942 em.

1942–1945   **Schmid**, Wilhelm
vorher Deutsche TH Brünn, 1941 Dresden

Lehrstuhl für Angewandte Mathematik

1874–1906   **Fuhrmann**, Arwed (1840–1907)
vorher PDoz. und ao. Prof.

Lehrstuhl für Versicherungsmathematik

1919–1945   **Böhmer**, Paul Eugen (1877–1958)
vorher TH Berlin und Regierungsrat

Lehrstuhl für Technische Mechanik

1900–1925   **Grübler**, Martin (1851–1935)
vorher Riga

1919–1920   **v. Mises**, Richard (1883–1953)
            vorher ao. Prof. Straßburg, nacher U Berlin

1922   **Wieghardt**, Karl

1922–1937   **Trefftz**, Erich (1888–1937)
            vorher Aachen

1938–1945   **Tollmien**, Walter
            1938 Doz., 1939 o. Prof.

Weitere Professoren

1869–1874   **Fuhrmann**, A.
            vorher PDoz., ao. Prof., nachher o. Prof.

1878–1917   **Heger**, Gustav Richard (1846–1919)
            1872 PDoz., 1878 Honorarprof.

1889–1892   **Papperitz**, Erwin (1857–1938)
            vorher PDoz., ao. Prof., nachher Freiberg

1903–1945   **Naetsch**, Emil (1869–1945)
            1895 Habil., 1902 Assistent, 1903 nichtetatm. ao. Prof., 1909
            etatm. Honorarprof., 1920 planm. ao. Prof.

1931–1945   **Schilling**, Bernhard (1890– ?)
            1924 Habil., dann PDoz., 1929 o. Prof. Santiago (Chile), 1931
            ao. Prof.

4 Habilitationen, Privatdozenten, Lehraufträge, sonstige Lehrtätigkeit

(Die ersten drei aufgeführten Habilitationen wurden vor der Verabschiedung einer Habilitations-Ordnung durchgeführt.)

Fuhrmann, A.; 1866 Habil., vorher Assistent, ab 1869 ao. Prof.

Heger, R.; 1872 Habil., dann PDoz., später Honorarprof.

Burmester, L.; 1872 (?) Habil., dann o. Prof.

Papperitz, E.; 1886 Habil., ab 1889 ao. Prof.

Naetsch, E.; 1895 Habil., dann PDoz., später ao. Prof.

Witting, Alexander (1861–1946); von 1892–1910 Lehrtätigkeit, Prof.-Titel, aber wohl keine feste Anstellung

Burkhardt, Felix (1888– ?); 1922 Habil., PDoz. für Math. Statistik, 1926 Umhabil. nach Leipzig, hauptberuflich am Statistischen Amt tätig

Wiarda, G.; 1923/24 Umhabil. von Marburg, dann PDoz., Assistent und Oberassistent am Phys. Institut, ab 1926 ao. Prof., 1935 o. Prof. Stuttgart

Schilling, B.; 1924 Habil., dann PDoz., später ao. Prof.

Threlfall, W.; 1927 Habil., bis 1936 PDoz. und Doz., dann Halle

Kneschke, Alfred (? – ?); 1929–1939 PDoz., für Angew. Math.

Seifert, Herbert (geb. 1907); 1934 Habil., dann PDoz.

Willers, F.–A.; 1939–1945 Lehrtätigkeit als em. Prof. nach seiner Entlassung in Freiberg (s. dort)

Günther, Erich; 1943/44 Lehrauftrag für Geschichte der Math.

Literatur

Ein Jahrhundert Sächsische Technische Hochschule 1828–1928. W. Limpert-Verlag Dresden; o.J.

125 Jahre technische Hochschule Dresden. Festschrift 1953

Geschichte der technischen Universität Dresden 1828–1978. VEB Deutscher Verlag der Wissenschaften, Berlin 1978

Erlangen, Universität

1 Universitätsgeschichte

1699–1741	Ritterakademie in Erlangen mit Professoren für Mathematik und Physik.
1743	Gründung der Friedrichs–Universität Erlangen durch Markgraf Friedrich von Brandenburg–Bayreuth. Die Universität versuchte sich an den damals führenden modernen Neugründungen Göttingen und Halle zu orientieren. 16 ordentliche Professoren, 64 Studenten.
1769	Vereinigung von Brandenburg–Ansbach und Brandenburg–Bayreuth. Markgraf Alexander gab der Friedrich–Alexander–Universität ihren bis 1961 gültigen Namen.
1792	Erlangen fiel an das Königreich Preußen.
1800	22 ordentliche Professoren, 138 Studenten.
1806	Der Philosoph Fichte entwickelte "Ideen für eine innere Organisation der Universität Erlangen."
1806–10	Französische Herrschaft.
1810	Erlangen kam mit dem Fürstentum Bayreuth zu Bayern. Zunächst Pläne, die unbedeutende Universität zu schließen.
1818	Erlangen erhielt die reiche Bibliothek der aufgehobenen Universität Altdorf.
ab 1850	Die Humboldtschen Reformen setzten sich in Bayern erst ab der Jahrhundertmitte durch.
1857	Die Physik wurde als selbständiges Fach von der Chemie gelöst.

ab 1880   Wie an den meisten deutschen Universitäten sprunghafter Anstieg der Studentenzahlen.

1914–18   Im ersten Weltkrieg fielen mehr als ein Viertel der Studenten.

1928   Trennung der mathematisch–naturwissenschaftlichen von der philosophischen Fakultät (seit 1903 schon eigene Sektion).

1942   Zweihundertjahrfeier.

ab 1939   Erlangen gehörte zu den wenigen deutschen Universitäten ohne größere Kriegsschäden. Im WS 1945/46 wurde der Lehrbetrieb wieder aufgenommen.

2 Die Mathematik in Erlangen

An der Erlanger Universität bestand zwar innerhalb der philosophischen Fakultät von 1743 an ein Lehrstuhl für Mathematik, jedoch wurde dieser in den Anfangsjahren von Professoren besetzt, die bereits andere Fächer lehrten. So waren Pözinger und Suckow zugleich ordentliche Professoren der Philosophie, und Johann Tobias Mayer hat als Chemiker größere Bedeutung erlangt als durch sein mathematisches Werk. Der einzige noch heute bekannte Erlanger Mathematiker bis in das erste Drittel des 19. Jahrhunderts war Karl Feuerbach (1800-1834) ("Feuerbachkreis"), der jedoch als Gymnasialprofessor und nicht an der Universität wirkte.

Erst mit der 1835 beginnenden Tätigkeit von v. Staudt erreichte die Mathematik in Erlangen internationales Niveau. Mit ihm, einem der Begründer der synthetischen projektiven Geometrie, begann auch die große algebraisch–geometrische Tradition in Erlangen. Mit der Berufung des erst 23–jährigen Felix Klein im Jahre 1872 wurde diese Tradition glanzvoll fortgesetzt. Einem von 1743 bis 1875 in Erlangen allgemein üblichen Brauch folgend legte er anläßlich seiner Berufung sein "Erlanger Programm" vor, das den Namen "Erlangen" in der ganzen Mathematikerwelt bekannt machte. In die kurze nur fünfsemestrige Wirkungszeit Kleins fiel die Promotion von F. Lindemann. Etwa 1875 wurde das mathematische Seminar gegründet. Es folgte eine lange Phase der Konsolidierung unter P. Gordan und M. Noether, in der vor allem Invariantentheorie und Algebraische Geometrie einen großen Aufschwung nahmen. M. Noether war zunächst als Extraordinarius berufen worden, übernahm dann aber den 1888 neu geschaffenen zweiten Lehrstuhl. Bei dieser Ausstattung, die gelegentlich ganz kurzfristig durch ein Extraordinariat ergänzt wurde, blieb es bis 1950; das Institut war damit eines der kleinsten in Deutschland. Im Jahr 1900 promovierte der damalige Schachweltmeister Emanuel Lasker (1868–1941) in Erlangen und acht Jahre später Max Noethers Tochter Emmy, die Erlangen jedoch bald verließ. Auf Gordan folgten in raschem Wechsel E. Schmidt und E. Fischer. Mit der Amtszeit (1921–1953) von O. Haupt erlebte Erlangen ein dem v. Staudtschen vergleichbares "goldenes Zeitalter" der Geometrie, aber – Haupts Universalität entsprechend – auch der Algebra und Analysis, vor allem der Maßtheorie. Der Noethersche Lehrstuhl sah kürzere Amtszeiten bedeutender Mathematiker (Tietze, Radon, Krull) und dann die langjährige Tätigkeit von G.Nöbeling, der die von Haupt in glücklicher Weise ergänzte. In der nationalsozialistischen Zeit scheint es zu keinen Beeinträchtigungen von Mathematikern gekommen zu sein; auch von der Entnazifizierung war wohl kein Erlanger Mathematiker betroffen. Ende 1942 wurde die Diplomprüfung eingeführt; die ersten Examina wurden aber erst nach dem Krieg abgelegt.

3 Professoren

Erster Lehrstuhl

1796–1804   **Langsdorf**, Carl Christian v. (1757–1834)
               1796 Habil. in Erlangen, 1804 Prof. für angew. Math. in Wilna

1804–1823   **Rothe**, Heinrich August (1773–1842)
               vorher o. Prof. in Leipzig, 1823 em.

1818–1835   **Pfaff**, Johann Wilhelm Andreas (1774–1835)
               vorher Professor in Dorpat und am Realinstitut Nürnberg

1835–1867   **Staudt**, Carl Georg Christian v. (1798–1867)
               vorher Gymnasiallehrer in Würzburg und Nürnberg

1867–1869   **Hankel**, Hermann (1839–1873)
               vorher Leipzig, nachher Tübingen

1872–1875   **Klein**, Felix (1849–1925)
               vorher PDoz. Göttingen, nachher o. Prof. TH München

1875–1910   **Gordan**, Paul (1837–1912)
vorher ao. Prof. in Erlangen, 1910 em.

1910–1911   **Schmidt**, Erhard (1876–1959)
vorher o. Prof. in Zürich, nachher Universität Breslau

1911–1920   **Fischer**, Ernst (1875–1954)
vorher ao. Prof. in Brünn, nachher Köln

1921–1953   **Haupt**, Otto (1887–1988)
vorher Rostock, 1953 em.

Zweiter Lehrstuhl

1888–1919   **Noether**, Max (1844–1921)
vorher ao. Prof. in Erlangen, 1919 em.

1919–1925   **Tietze**, Heinrich (1880–1964)
vorher o. Prof. TH Brünn, nachher München

1925-1928   **Radon**, Johannes (1887–1956)
vorher Greifwald, nachher Breslau

1928–1938   **Krull**, Wolfgang (1899–1971)
vorher ao. Prof. Freiburg, nachher o. Prof. Bonn

1938–1976   **Nöbeling**, Georg (geb. 1907)
vorher PDoz. und ao. Prof. Erlangen, 1976 em.

Außerordentliche Professoren

1805–1809   **Rösling**, C.L. (1774– ?)
1801 Habil. in Erlangen, nachher Gymnasium Ulm

1867–1869   **Pfaff**, H.
vorher PDoz., nachher o. Prof.

1874–1875   **Gordan**, P.
vorher ao. Prof. in Gießen, nachher o. Prof.

1940–1942   **Nöbeling**, G.
vorher PDoz., nachher o. Prof.

4 Habilitationen und Privatdozenten

Cröniger, G.; 1810–1811 PDoz.

Neubig, Andreas (1789– ?); 1810–1814 PDoz.

Reibold, G.; 1811–1813 PDoz.

Ohm, Georg Simon (1787–1854); 1811 Habil., bis 1813 PDoz., dann Lehrer
am Realinstitut Bamberg, später o. Prof. der Physik in München

Ohm, Martin (1792–1872); 1811 Habil., bis 1817 PDoz., dann Oberlehrer
am Gymnasium Thorn; PDoz., ao. Prof., o. Prof. in Berlin

Tenzel, Franz Bernhard (1790–1820); 1819 PDoz.

Pfaff, Heinrich (1824–1872); 1854 Habil., bis 1867 PDoz., dann ao. und
o. Prof.

Günther, Sigmund (1848–1923); 1872 Habil., bis 1874 PDoz., nachher o.
Prof. für Geographie TH München

Hilb, E.; 1907 Habil., bis 1909 PDoz., dann ao. Prof. Würzburg

Baldus, R.; 1910 Habil., bis 1916 PDoz., dann ao. Prof.

Schmidt, F.K.; 1927 Habil., bis 1933 PDoz. und Assistent

Nöbeling, G.; 1935–1940 PDoz., dann ao. und o. Prof.

Künneth, Hermann (1892–1975); 1941 Habil., bis 1957 PDoz., 1925–1957
Lehrer am humanistischen Gymnasium in Erlangen

Literatur

G. W. A. Fikenscher: Vollständige akademische Gelehrtengeschichte der
Königlich Preußischen Friedrich Alexanders Universität zu Erlangen, Bde
2,3 Nürnberg 1806

Th. Kolde: Die Universität Erlangen unter dem Hause Wittelsbach 1810–1910,
Erlangen 1910

Repertorium der Akten der philosophischen Fakultät von 1818–1933, Universität
Erlangen

E. Vogel, G. Endriß: 200 Jahre Universität Erlangen, Erlangen 1943

A. Wendehorst (Hrsg.): Erlangen, München 1984

Frankfurt, Universität

1 Universitätsgeschichte

1763	Das beträchtliche Vermögen des Arztes Johann Christian Senckenberg (1707–1772), das dieser 1763 in eine Stiftung einbrachte, ergab den Grundstein für ein "Medizinisches Institut mit Bibliothek, Naturaliensammlungen, einen botanischen Garten, ein chemisches Laboratorium und ein Anatomisches Theater".
1812	Karl von Dalberg wollte dem Großherzogtum Frankfurt eine Staatsuniversität nach französischem Muster geben und verfügte die Errichtung einer Medizinisch–Chirurgischen Schule auf der Grundlage der Senckenbergischen Stiftungen. Die "Staatsuniversität" erlosch mit dem Untergang des Großherzogtums Frankfurt 1813.
1816	Goethe mahnte, man möge die bedeutenden wissenschaftlichen Anstalten nicht vernachlässigen. 1817 wurde die Senckenbergische Gesellschaft gegründet, aus der sich 1824 der "Physikalische Verein" abspaltete.
1866	Am 24. 10. 1866 schrieb die Neue Preußische Zeitung, daß Frankfurt nach Lage und sonstigen Bedingungen als Sitz einer Universität vorzüglich geeignet sei, weil die erforderlichen Anstalten und Sammlungen bereits vorhanden seien.
1891	Wilhelm Merton (1848–1916), Großindustrieller englisch–jüdischer Herkunft, gründete das Institut für Gemeinwohl, das zusammen mit der Stadt Frankfurt die "Akademie für Sozial- und Handelswissenschaften", die spätere Wirtschaftswissenschaftliche Fakultät, finanzierte.
1893	Felix Klein, Göttingen, berichtete dem Leiter der preußischen Hochschulabteilung, Friedrich Althoff, nach seiner Rückkehr von der Chicagoer Weltausstellung von den riesigen Spenden

Industrieller wie Carnegie und Stanford für die Universitäten und machte tiefen Eindruck.

1912   Der Oberbürgermeister Franz Adickes (Amtszeit 1891–1912) setzte sich rastlos für die Gründung einer Hochschule in Frankfurt ein. Im Hinblick auf mehr als 14 Millionen M Startkapital stimmte die Frankfurter Stadtverordnetenversammlung dem Plan der Universitätsgründung am 22. April 1912 mit 43 gegen 26 Stimmen endgültig zu. Die Gründung der Frankfurter Universität als Stiftungsuniversität durch opferbereiten Bürgersinn ist eine Besonderheit innerhalb der 800–jährigen europäischen Universitätsgeschichte. Fast alle Rektoren haben dann auch die besondere Verbindung zwischen Stadt und Universität, zwischen Bürgern und ihren Stiftungen betont.

1914   Eröffnung der Universität; Beginn der Vorlesungen am 27. 10. 1914. Erster Rektor wurde der Physiker Richard Wachsmuth. Die Universität umfaßte fünf Fakultäten, die Juristische, Philosophische, Medizinische, Naturwissenschaftliche und Wirtschafts– und Sozialwissenschaftliche Fakultät mit sieben, elf, fünfzehn, zwölf bzw. fünf Ordinariaten. Die Zahl der Studierenden erreichte im ersten Semester des Bestehens 618, davon 100 Frauen.

1920   Nach dem ersten Weltkrieg geriet die Universität erstmals in finanzielle Schwierigkeiten. Die Stadt Frankfurt fand sich 1920 zu einem beträchtlichen Zuschuß bereit; ein Vertrag zwischen dem Land Preußen und der Stadt Frankfurt sollte die materielle Zukunft der Universität sichern (1924).

1923   Die jedermann zugängliche Senckenbergische Bibliothek wurde auf den Etat der Universität übernommen.

1932   Die Universität erhielt anläßlich des 100. Todestages des Dichters den Namen Johann Wolfgang Goethe–Universität.

ab 1933   Die Zeit des Nationalsozialismus fügte der Universität Frankfurt größten Schaden zu. Etwa ein Drittel der Lehrenden war um 1933 jüdischer Abstammung. Die Zeit des 3. Reiches brachte den Verlust von 105 Gelehrten. Im November 1933 wurde dem entmachteten Senat eine Liste von 55 auf Grund des Gesetzes zur Wiederherstellung des Berufsbeamtentums zu entlassenden Dozenten mitgeteilt.

1933   Das Institut für Sozialforschung wurde geschlossen. Zeitweise drohte überhaupt die Schließung der gesamten "Juden–Universität", wie sie von den Machthabern bezeichnet wurde.

ab 1939   Während des Weltkrieges konnte der Universitätsbetrieb notdürftig aufrechterhalten werden.

1945   Etwa zwei Drittel der Universitätsgebäude waren zerstört. Trotzdem wurden im Wintersemester 1945/46 schon fast 3000 Studierende immatrikuliert.

2 Die Mathematik in Frankfurt

Bei der Gründung der Universität erhielt die Universität die "Standardausstattung" von zwei Lehrstühlen und einem Extraordinariat. Später kamen einige weitere (außerplanmäßige bzw. nichtbeamtete) Extraordinariate hinzu. Randgebiete und Angewandte Mathematik wurden durch Lehraufträge vertreten. Von der nationalsozialistischen Gewaltherrschaft war die Mathematik besonders betroffen: Dehn, Epstein, Hellinger und Szász verloren ihre Stellungen. Für eine ins einzelne gehende Darstellung wird auf den unübertrefflichen Bericht von Siegel verwiesen.

3 Professoren

Erster Lehrstuhl

1914–1922   **Schoenflies**, Arthur (1853–1928)
vorher Königsberg, 1921 em.

1922–1937   **Siegel**, Carl Ludwig (1896–1981)
vorher PDoz. Göttingen, nachher Göttingen

1938–1945   **Threlfall**, William (1888–1949)
vorher ao. Prof. Halle

Zweiter Lehrstuhl

1915–1921 **Bieberbach**, Ludwig (1886–1982)
vorher Basel, nachher Berlin

1921–1935 **Dehn**, Max (1878–1952)
vorher TH Breslau, 1939 Flucht nach Dänemark, Norwegen
und über weitere Stationen in die USA. Der Lehrstuhl kam
im Rahmen des Abbauplanes 1935 in Fortfall.

Planmäßiges Extraordinariat

1914–1935 **Hellinger**, Ernst (1883–1950)
vorher PDoz. Marburg, 1935 amtsenthoben, 1938 Verhaftung
und Einlieferung in das KZ Dachau, 1939 Auswanderung in
die USA

1936–1946 **Aumann**, Georg (1906–1980)
vorher PDoz. München, später o. Prof. Würzburg

Weitere Extraordinariate

1928–1935 **Neuendorff**, Richard (1877–1935)
vorher ao. Prof. Kiel

1921–1933 **Szász**, Otto (1884–1952)
vorher Habil. und PDoz., 1933 Entzug der venia legendi, Emigration in die USA

1921–1935 **Epstein**, Paul (1871–1939)
vorher PDoz. Straßburg, 1935 auf eigenen Antrag entlassen,
1939 Freitod

4 Habilitationen, Privatdozenten, Lehraufträge

Wissfeld, Wilhelm; 1919–1944 Lehrauftrag für Geodäsie

Reinhardt, Karl August; 1921 Habil., anschließend PDoz., 1924 Umhabil.
nach Greifswald

Maier, W.; 1927 Habil., später Purdue Univ., Lafayette, 1938 o. Prof. Greifswald

Breuer, Samson; 1924–1929 Lehrauftrag für Versicherungsmathematik (gleichzeitig ao. Prof. Karlsruhe)

Baur, Franz; 1930–1945 Lehrauftrag für Anwendungen der math. Statistik auf geophysikalische Probleme (hauptamtlich Leiter der Forschungsanstalt für Wettervorhersage)

Magnus, Wilhelm (geb. 1907); 1933 Habil., ab 1937 besoldeter Lehrauftrag für Höhere Algebra, ab 1939 Assistent Königsberg

Moufang, Ruth (1905–1977); 1934–1936 Lehrauftrag, 1936 Habil., die Erteilung der venia legendi wurde durch das Ministerium verweigert, 1937–1946 bei der Firma Krupp

5 Promotionen

Für Frankfurt liegt eine vollständige Liste aller Promotionen der naturw. Fakultät vor. Die Zahlen sind in folgender Tabelle zusammengefaßt.

	Naturwiss. Fak.	Mathematik	m	w
1915–1920	60	4	2	2
1921–1925	303	7	7	0
1926–1930	267	9	7	2
1931–1935	240	8	7	1
1936–1940	248	6	5	1
1941–1945	115	1	1	0
1946–1950	80	3	3	0
1951–1955	259	9	7	2
1956–1960	342	4	4	0

Literatur

W. Schwarz, J. Wolfart: Zur Geschichte des mathematischen Seminars der Universität Frankfurt am Main von 1914 bis 1945, unveröffentlicht.(Die vorstehende Darstellung ist eine gekürzte Fassung dieser Arbeit.)

W. Hartner: Aufbau und Geschichte der Naturwissenschaftlichen Fakultät der Johann Wolfgang Goethe–Universität vor, während und nach dem 2. Weltkrieg. Frankfurt 1981

P. Kluke: Die Stiftungsuniversität Frankfurt am Main 1914–1932, Frankfurt am Main 1972

C.L. Siegel: Zur Geschichte des Frankfurter Mathematischen Seminars. In: Gesammelte Werke III, 462–474, Berlin Heidelberg New York 1966

Freiberg, Bergakademie

1 Geschichte der Akademie

1168
: Erstes Fündigwerden: Beginn des Silberbergbaus in Sachsen.

Ende des 17. Jahrh. ''Höhergestellte'' Beschäftigte im Bergbau benötigten eine Ausbildung. Sie brauchten nicht zu studieren, sondern gingen bei bergbauerfahrenen Personen in die Lehre. Jedoch konnten sich nicht alle Interessenten die relativ teure markscheiderische Lehre leisten.

1702
: Bildung einer Stipendienkasse in Freiberg zur Ausbildung begabter sächsischer Bergleute in Markscheiden und Probieren.

1712
: Petition Freiberger Bürger an den Kurfürsten August den Starken, in Freiberg eine Universität zu errichten.

1733
: Ausbildung in Mineralogie und metallurgischer Chemie im Laboratorium von Bergrat und Stadtphysikus Dr. Henkel.

1745
: C.F. Zimmermann legte einen gut durchdachten Entwurf für eine ''Obersächsische Bergakademie'' vor, der allerdings erst nach 20 Jahren verwirklicht wurde.

1765
: Errichtung der Bergakademie, der ältesten technischen Hochschule der Welt. Zunächst nur Unterricht in Mathematik, Mechanik und Metallurgie und praktische markscheiderische Ausbildung, ab 1767 Bergbaukunde und ab 1797 Maschinenkunde. Seit der Gründung der Bergakademie bis 1869 war der jeweilige Berghauptmann der oberste Leiter der Bergakademie (''Kurator''). Von 1869 bis 1871 bestand die Direktion aus einem Oberbergrat und den zwei dienstältesten Professoren.

1871
: Zeunersche Reform; Einführung des Direktorats. Der Direktor war ein vom sächsischen König eingesetzter Professor.

1872	Einführung der Diplomprüfung.
1899	Die Bergakademie erhielt das Wahlrektorat.
1905	Verleihung des Promotionsrechtes zum Dr.-Ing. in Verbindung mit der TH Dresden.
1908/09	Die Zahl der Studenten erreicht mit 486 ein Maximum, das bis 1945 nicht wieder erreicht wurde.
1920	Verleihung des eigenständigen Promotionsrechtes. Die Bergakademie besaß damit vollständige Hochschulrechte.
1939	Recht zur Verleihung des Dr. rer. nat.
1940	Aufgliederung in zwei Fakultäten: Naturwissenschaften und Ergänzungsfächer sowie Bergbau und Hüttenwesen.

2 Die Mathematik in Freiberg

Unmittelbar nach Gründung der Bergakademie Freiberg wurde ein Professor für das "Mathematische Collegium" und die "Zeichenschule" berufen. Er wurde vom Oberbergamt beauftragt, die Ausbildung in Arithmetik, Geometrie, Trigonometrie, Aerometrie, Hydrostatik, Hydraulik, Mechanik, Situations- und perspektivischem Zeichnen zu übernehmen. Bereits 1771 erfolgte die Aufteilung der Lehraufgaben in reine Mathematik, angewandte Mathematik, Physik und Zeichnen. Die Zeichenlehre, vorwiegend Handzeichnen, verselbständigte sich 1783; im Fach Mathematik wurden zusätzlich die Gesetze der Perspektive behandelt.

Die Ausbildung war eng mit der Anwendung der Mathematik im Montanwesen verbunden. Unter "Angewandter Mathematik" verstand man die Optik, die Behandlung der statischen Aspekte im Bergmaschinenwesen und die theoretische Markscheidekunde, zu der die sphärische Trigonometrie, Astronomie und mathematische Geographie zählten. Die Grundelemente der Differential- und Integralrechnung und ihre Anwendung in der Mechanik wurden ab 1803 behandelt. Die Behandlung der Methode der kleinsten Quadrate und einiger Grundlagen der Variationsrechnung wurden 1826 Bestandteile des Lehrplanes. Im Jahre 1850 wurde die Darstellende Geometrie als selbständiges mathematisches Lehrfach eingeführt, und durch Weisbach erfolgte ein weiterer Ausbau der orthogonalen Axonometrie. 1855 bot Junge die ersten Vorlesungen zur Wahrscheinlichkeitsrechnung.

Mit der Berufung von H. Gretschel 1872 zum Professor für Mathematik und Darstellende Geometrie wurde ein Mathematiker berufen, der nach seinem Studium in Leipzig mathematische Forschungsergebnisse publiziert hatte und Erfahrungen im höheren Lehramt besaß. Der von ihm aufgestellte Lehrplan entsprach einer modernen Ausbildung und blieb ungefähr fünfzig Jahre unverändert.

Die Gründung des Institutes für Mathematik und Darstellende Geometrie 1892 bewirkte vor allem eine intensive Ausbildung in Darstellender Geometrie nach dem Werk von Rohn–Papperitz und in Verbindung damit den verstärkten Ausbau der mathematischen Modellsammlung.

Durch die Berufung 1928 von Dr. phil. Willers wurde die numerische Behandlung mathematischer Probleme zum Ausgangspunkt für eine fruchtbare wissenschaftliche Zusammenarbeit mit Fachkollegen montantechnischer und geowissenschaftlicher Disziplinen. Leider wurde diese Entwicklung durch die 1934 von den faschistischen Machthabern inszenierte Zwangsemeritierung von Willers unterbrochen. Mit der Neueröffnung der Bergakademie Freiberg am 8. Februar 1946 begann ein systematischer Aufbau einer wesentlich erweiterten und modernisierten mathematischen Ausbildung und Forschung, so daß in der Folgezeit hier auch Diplom–Mathematiker ausgebildet wurden und Mathematiker promovierten und sich habilitierten.

3 Professoren

1766–1783   **Charpentier**, Johann von (1738–1805)

1783–1801   **Lempe**, Johann (1757–1801)

1801–1826   **Busse**, Friedrich von (1756–1836)

1816–1833   **Hecht**, Daniel (1777–1833)

1826–1852   **Naumann**, Constantin (1800–1852)

1834–1871   **Weisbach**, Julius (1806–1871)

1852–1869   **Junge**, Karl (1821–1869)

1853–1855   **Brückmann**, Karl (1823–1863)

1873–1892   **Gretschel**, Heinrich (1830–1892)
vorher Schuldienst

1892–1928   **Papperitz**, Erwin (1857–1938)
vorher Habil. und ao. Prof. Dresden, 1928 em.

1928–1934   **Willers**, Friedrich (1883–1959)
vorher Doz. TH Berlin, 1934 zwangsweise em.

1936–1950   **Grüß**, Gerhard (1902–1950)
vorher PDoz. TH Berlin

4 Lehraufträge

Im Fach Mathematik und Darstellende Geometrie gab es bis 1945 keine
Habilitationen und Privatdozenten. Es waren jedoch zusätzliche Lehrbe-
auftragte gelegentlich tätig:
 Bergmeister Scheidhauer, 1779, Angewandte Mathematik
Markscheider Wagner, 1801, Mathematik
Hüttengehilfe Erhard, 1869–1872, Darstellende Geometrie und Mathematik
Hofrat Schlömilch, 1872, Mathematik
Realschuloberlehrer Schreyer, 1882–1885, Darstellende Geometrie
Prof. Schilling, TH Dresden, 1934–1936, Mathematik.

Literatur

Archiv der BA Freiberg: OBA 9611; OBA J 6695

D. König, D. Flaxa: Einige Aspekte zum Wirken Weisbachs als Lehrer und
Anwender der Mathematik, Freiberger Forschungsheft D 152/1982

D. Flaxa: Das Wirken Willers als Hochschullehrer an der Bergakademie Freiberg,
Wissenschaftliche Zeitschrift der TU Dresden, 33 (1984), Heft 2

W. Hoffmann: Bergakademie Freiberg, Verlag Wolfgang Weidlich, Frankfurt
a.M. 1959

H. Baumgärtel: Aus der Geschichte der Bergakademie Freiberg, 2. erweiterte
Auflage, Freiberg, April 1957

Freiburg, Universität

1 Universitätsgeschichte

1457	Gründung der Universität durch Erzherzog Albrecht VI. von Österreich mit den klassischen vier Fakultäten. Zuerkennung päpstlicher und kaiserlicher Privilegien. Finanzielle Grundlage blieb lange Zeit die Übertragung habsburgischer Kirchenlehen.
1460	Wahl des ersten Rektors Matthäus Hummel. Universitäts- und Fakultätsstatuten orientierten sich an dem Wiener Vorbild.
bis ca. 1600	Durchschnittlich 150 bis 200 Studenten, die in "Bursen" lebten.
ab ca. 1530	Unter dem Druck der Wiener Regierung entwickelte sich die Universität zu einer Hochburg des Katholizismus in Vorderösterreich.
ab 1620	Übertragung der Artistenfakultät und des Pädagogiums an die Jesuiten. Im dreißigjährigen Krieg Niedergang der Universität bis zum zeitweisen Erliegen des Lehrbetriebes.
1677–1697	Abtretung der Stadt Freiburg an Frankreich, Auflösung der Universität.
1686	Gründung einer Exil-Universität in Konstanz, die 1698 zurückkehrte.
ab ca. 1720	Reformen; Einrichtung neuer Lehrstühle, allmählicher Übergang vom scholastischen Schulbetrieb zu neuen Formen freier wissenschaftlicher Forschung und Lehre.
1773	Auflösung des Jesuitenordens.

1806	Freiburg kam an das Großherzogtum Baden. Konflikte zwischen aufklärerisch–liberalen Universitätsangehörigen und der badischen Regierung, die 1832 bis zur zeitweiligen Schließung führten.
1837	Reform der philosophischen Fakultät, deren propädeutsche Aufgaben von den Gymnasien und Lyzeen übernommen wurden. Ab der Mitte des 19. Jahrhunderts Ausbau der Universität, zahlreiche neue Lehrstühle.
ab 1870	Rasche Zunahme der Studentenzahlen: 1870 zweihundert Immatrikulierte, 1885 tausend, 1898 über 1500.
1910	Trennung der naturwissenschaftlichen Fakultät von der philosophischen.
1944	Kriegszerstörungen.

2 Die Mathematik in Freiburg

Für eine ausführliche Darstellung der Geschichte der Mathematik in Freiburg wird auf das Buch von Gericke verwiesen; wir fassen hier nur das Wichtigste kurz zusammen. Wie an fast allen anderen Universitäten war die Mathematik bis zum Beginn des 19. Jahrhunderts nur Hilfswissenschaft, die auf sehr niedrigem Niveau unterrichtet wurde, viele der Professoren wirkten nur kurze Zeit und lehrten auch andere Fächer; fast alle sind heute vergessen. Im 19. Jahrhundert setzten die Reformen nur zögernd ein; noch im ersten Drittel kamen Vorlesungen über Differential- und Integralrechnung kaum zustande. Die Studienreform von 1837 fürte zunächst zu einem drastischen Rückgang der Hörerzahlen in der philosophischen Fakultät, in der Mathematik gab es nur ganz wenige Studenten. Der einzige Ordinarius, Oettinger, führte jedoch Vorlesungen über Differential- und Integralrechnung und Analytische Geometrie ein, scheiterte jedoch mit dem Versuch, ein mathematisches Seminar zu gründen. Anschluß an das inzwischen überall erreichte Niveau ereichte die Mathematik erst ab ca. 1870 mit der Tätigkeit von Du Bois–Reymond, Kiepert, Thomae und Stichelberger, für den 1894 ein zweiter Lehrstuhl geschaffen wurde. Schon etwas früher war ein Extraordinariat errichtet worden. Die Zeit danach faßt Gericke so zusammen: "Seit etwa 1874 hat sich der Unterrichtsbetrieb der Mathematik in Freiburg

nicht mehr grundlegend geändert. Die elementaren Vorlesungen hören nun
...auf, und es bildet sich der heute übliche Studiengang heraus, der...dann
in weniger strenger Anordnung die höheren Vorlesungen bietet. Daneben
werden seminaristische Übungen und Vorträge gehalten. ...Große epoche-
machende Ereignisse [in der Forschung] sind nicht zu berichten." Hierzu ist
allerdings zu ergänzen, daß Lindemann in Freiburg die Transzendenz von
π bewies und mit Lüroth, Stichelberger, Heffter und Loewy hervorragende
Gelehrte in Freiburg wirkten.

3 Professoren

Erster Lehrstuhl

1819–1835 **Buzengeiger**, Karl Heribert Ignatius (1771–1835)

1836–1869 **Oettinger**, Ludwig (1797–1869)
       vorher Pfarrer, Lehrer, 1831 PDoz. Heidelberg

1870–1874 **Du Bois–Reymond**, Paul David Gustav (1831–1889)
       vorher PDoz. und ao. Prof. Heidelberg, nachher Tübingen

1874–1879 **Thomae**, Johannes (1840–1921)
       vorher ao. Prof. Halle, nachher Jena

1880–1883 **Lindemann**, Ferdinand (1852–1939)
       vorher ao. Prof., nachher Königsberg

1883–1910 **Lüroth**, Jakob (1844–1910)
       vorher U München

1911–1931 **Heffter**, Lothar (1862–1962)
       vorher Kiel, 1931 em.

1931–1958 **Doetsch**, Gustav (1892–1977)
       vorher Stuttgart

Zweiter Lehrstuhl

1894–1919 **Stickelberger**, Ludwig (1850–1936)
       vorher ao. Prof., 1919 em.

1919–1933   **Loewy**, Alfred (1873–1935)
vorher ao. Prof. und o. Honorarprof., 1933 zwangsweise in den
Ruhestand versetzt

1934–1958   **Süß**, Wilhelm (1895–1958)
vorher PDoz. Greifswald

Extraordinariat

1871–1877   **Kiepert**, Ludwig (1846–1934)
vorher Berlin, in Freiburg zunächst PDoz., dann planmäßiger
ao. Prof., 1877 nach Darmstadt

1877–1879   **Lindemann**, F.
vorher PDoz. Würzburg, 1880 o. Prof.

1879–1894   **Stickelberger**, L.
vorher PDoz. Zürich, nachher o. Prof.

1902–1919   **Loewy**, A.
vorher PDoz., 1902 ao. Prof., 1916 o. Honorarprof., dann o.
Prof.

Honorarprofessoren

1910–1942   **Bolza**, Oskar (1857–1942)
vorher Prof. an der John–Hopkins–University und in Chicago,
las regelmäßig

1921–1935   **Zermelo**, Ernst (1871–1953)
vorher Prof. in Zürich, dann krankheitshalber im Ruhestand,
1921 o. Honorarprof., verzichtete 1935 auf weitere Lehrtätigkeit

4 Habilitationen, Privatdozenten, Lehraufträge

Müller, Hubert (1840–1927); 1866 Habil., dann PDoz., 1870 ao. Prof., ab
1870 Lehrer an verschiedenen Schulen

Mangoldt, H. v.; 1880 Habil., dann PDoz., 1882 Umhabil. nach Göttingen

Horn, J.; 1890 Habil., dann PDoz., 1892 TH Berlin

Loewy, A.; 1897 Habil., dann PDoz., 1902 ao. Prof.

Krull, W.; 1922 Habil., 1926 nb. ao. Prof., 1928 nach Erlangen

Kapferer, Heinrich (1888- ?); 1926 Habil., dann PDoz., 1932 nb. ao. Prof., später Schuldienst

Baer, Reinhold (1902–1979); 1928 Habil. und Umhabil. nach Halle

Scholz, A.; 1930 Habil., 1934 nach Kiel

Bol, Gerrit; 1938–1942 Lehrauftrag

Gericke, Hellmuth (geb. 1909); 1941 Habil.

Literatur

H. Gericke: Zur Geschichte der Mathematik an der Universität Freiburg i. Br., Freiburg 1955

Gießen, Universität

1 Universitätsgeschichte

1607	Gründung der Ludwigs-Universität mit vier Fakultäten — Theologische, Juristische, Medizinische und Philosophische — durch Landgraf Ludwig V von Hessen-Darmstadt.
1624/25	Verlegung nach Marburg im Zuge des Sukzessionsstreites Darmstadt-Kassel.
1650	Wiedereröffnung der Ludoviciana, die im 17. Jahrhundert von lutherischer Orthodoxie bestimmt wurde.
ab ca. 1690	Ablösung der Orthodoxie durch den Pietismus; dann im ganzen folgenden Jahrhundert heftige Auseinandersetzungen zwischen verschiedenen theologischen und philosophischen Richtungen.
	Praktisch während ihrer ganzen Geschichte gehörte Gießen zu den kleinsten deutschen Universitäten.
1790–1815	In den Wirren der Revolutions- und Kriegszeit kam der Universitätsbetrieb mehrfach fast vollständig zum Erliegen.
ab 1815	Langsamer Neuaufbau.
1823	311 Studenten.
1824–1852	Der Chemiker Justus von Liebig (1803–1873) machte Gießen zu einem weltweit führenden Zentrum in der Chemie. Er zog Studenten aus aller Welt an und schuf mit als erster ein modernes naturwissenschaftliches Institut.
bis 1870/71	Starke Schwankungen der Studentenzahlen, in diesem Jahr Minimum von 212; dann rascher Anstieg.

bis 1874	Einige technische Fächer waren in Gießen – als der Landesuniversität von Hessen–Darmstadt – vertreten, die jetzt an das Polytechnikum in Darmstadt abgegeben wurden.
	Einen gewissen Akzent behielt Gießen im 19. und 20. Jahrhundert durch die besondere Pflege von Forst- und Landwirtschaft und Veterinärmedizin.
1922	Gliederung der Philosophischen Fakultät in zwei Abteilungen: Geisteswissenschaften und Naturwissenschaften.
ab 1933	Zahlreiche Entlassungen und Vertreibungen jüdischer oder politisch mißliebiger Gelehrter. Außerdem erhebliche finanzielle Spar- und Konzentrationsmaßnahmen (denen einige groteske Neugründungen ”Institut für Runenforschung” gegenüberstanden).
Dez. 1944	Weitgehende Zerstörung der Stadt und ihrer Universität.
1946	Die Gießener Universität wurde als einzige der vier Besatzungszonen aufgelöst. Eröffnung der Justus Liebig–Hochschule für Bodenkultur und Veterinärmedizin mit fünf naturwissenschaftlichen Instituten. Die Universität wurde erst 1957 wieder errichtet.

2 Die Mathematik in Gießen

Schon bei der Gründung der Universität war eine Professur für Mathematik vorgesehen; erster Inhaber war bis 1614 der bekannte Universalgelehrte Joachim Jungius, der als einer der ersten in Gießen zum Magister promoviert worden war. Die Vorlesungen (Niveau etwa wie heute in der Mittelstufe der Gymnasien) dienten aber nur zur Vorbereitung auf das Studium von Theologie, Jura und Medizin. So wurde zum Teil die Mathematik auch von Professoren dieser Fakultäten mitversehen. Im 18. Jahrhundert hatte unter anderen auch der Theologe Johann Georg Liebknecht die Mathematik vertreten. Er stand im Briefwechsel mit Leibniz und wurde Mitglied der Berliner Akademie. Auf der Einladung zu seiner Antrittsvorlesung ist das Wort eines römischen Juristen zu lesen, das auch der Wahlspruch der DMV ist: Artem geometriae discere atque exercere publice interest.

Erst gegen Ende des 18. Jahrhunderts hörte auch in Gießen die untergeordnete Rolle der philosophischen Fakultät, zu der auch die Mathematik gehörte, auf, und im 19. Jahrhundert wurde sie allmählich den drei "oberen" Fakultäten gleichwertig. Es gab zeitweise eine zweite mathematische Professur, die ab 1862 eine ständige Einrichtung wurde. Die Prüfung für das höhere Lehramt "aus dem mathematischen Standpunkt" und amtliche Lehrpläne wurden 1843 eingeführt. Im Zusammenhang mit der Berufung von Clebsch, der sich sogleich sehr um Reformen auch des Schulwesens bemühte, wurde 1863 das Mathematische Seminar gegründet. Es war schon vorher beantragt worden und wurde jetzt vom Großherzog genehmigt. Clebsch verließ nach sehr erfolgreicher Tätigkeit Gießen bereits 1868 und folgte einem Ruf auf den Gaußschen Lehrstuhl in Göttingen. Clebsch war Gründer und erster Herausgeber der "Mathematischen Annalen".

In der Zeit nach Clebsch waren besonders Algebra, (synthetische) Geometrie und Algebraische Geometrie mit Baltzer, Netto, Gordan, Pasch und Engel stark vertreten. In den achtziger Jahren war die Zahl der Mathematik–Studenten sehr gestiegen, und es erfolgte auch eine ganze Reihe von Promotionen. So wurde die Einrichtung eines dritten Ordinariats in Richtung Angewandte Mathematik notwendig. Sein erster Inhaber war Heffter, der sich 1888 in Gießen habilitiert hatte. Er hielt auch Vorlesungen über "Darstellende Geometrie". Nach dem 1. Weltkrieg wurde das Vorlesungsangebot in Hinsicht auf die Angewandte Mathematik immer wieder durch Lehraufträge und Vertretungen erweitert. Maennchen (1869–1945; apl. Prof., nicht habil., Oberstudienrat) las von 1919 bis 1934 Elementarmathematik auch für Hörer anderer Fakultäten. Fromme (1852–1945; o. Prof. für Math. Physik) bot neben der Physik von 1918 bis 1930 auch immer wieder Vorlesungen über Geodäsie an. Der Studienrat H. Fuhr erhielt von 1932 bis 1939 einen Lehrauftrag für Geodäsie und Angewandte Mathematik (Wahrscheinlichkeitsrechnung).

Von den Maßnahmen der Nationalsozialisten waren die Gießener Mathematiker insofern betroffen, als dem schon emeritierten kranken Senior, Ludwig Schlesinger, das letzte Lebensjahr durch Demütigungen sehr erschwert wurde. Außerdem wurde Mohrmann pensioniert, und der Dozent Grötzsch wurde in seiner Laufbahn behindert. Das Institut und insbesondere seine Bibliothek wurde durch persönlichen Einsatz von Ullrich über den Krieg gerettet. Er hat dann mehrere Jahre in der schwierigen Nachkriegszeit alleine den Lehrbetrieb aufrechterhalten.

3 Professoren

Erster Lehrstuhl

1825–1862   **Umpfenbach**, Hermann (1798–1862)
vorher PDoz. und ao. Prof. in Gießen

1863–1868   **Clebsch**, Alfred (1833–1872)
vorher Karlsruhe, nachher Göttingen

1869–1887   **Baltzer**, Richard (1818–1887)
vorher am Gymnasium in Dresden

1888–1913   **Netto**, Eugen (1846–1919)
vorher ao. Prof. in Straßburg und Berlin, 1913 em.

1913–1931   **Engel**, Friedrich (1861–1941)
vorher Greifswald, 1930 em.

1931–1935   **Mohrmann**, Hans (1881–1941)
vorher Darmstadt, 1935 pens.

1935–1957   **Ullrich**, Egon (1902–1957)
vorher PDoz. in Göttingen

Zweiter Lehrstuhl (erst Extraordinariat, ab 1876 Ordinariat)

1862–1866   **Bohn**, Konrad (1831–1897)
vorher PDoz. München, nachher Forstlehranstalt Aschaffenburg

1868–1874   **Gordan**, Paul (1837–1912)
vorher PDoz. und ao. Prof., nachher o. Prof. Erlangen

1874–1911   **Pasch**, Moritz (1843–1930)
vorher PDoz., 1911 im Ruhestand, 1923 em.

1911–1930   **Schlesinger**, Ludwig (1864–1933)
vorher o. Prof. in Klausenburg und Budapest, 1930 em.

1930–1939 **Geppert**, Harald (1902–1945)
vorher PDoz. in Gießen, bis 1935 ao. Prof., nachher o. Prof.
in Berlin

1940–1946 **Köthe**, Gottfried (1905–1989)
vorher Doz. Münster, bis 1943 ao. Prof., nachher o. Prof.
Mainz

Dritter Lehrstuhl (zunächst Extraordinariat) für Geometrie und angewandte Mathematik

1891–1897 **Heffter**, Lothar (1862–1962)
vorher PDoz., nachher ao. Prof. Bonn

1898–1902 **Haussner**, Robert (1863–1948)
vorher PDoz. Würzburg, nachher o. Prof. Karlsruhe

1902–1904 **Wellstein**, Josef (1869–1919)
vorher ao. Prof. Straßburg, nachher Straßburg

1904–1922 **Graßmann**, Hermann (d.J.)(1857–1922)
vorher PDoz. und ao. Prof. Halle

1922–1943 **Falckenberg**, Hans (1885–1946)
vorher PDoz. Königsberg, 1943 in den Ruhestand versetzt

4 Habilitationen, Privatdozenten, Lehraufträge

Umpfenbach, H.; 1821 Habil., 1823 ao. Prof.

Zamminer, F. G. K. (? –1856); 1842 Habil., ab 1843 ao. Prof. für Physik
und Mathematik

Wiener, Chr.; 1851 Habil., 1852 o. Prof. Karlsruhe

Gordan, P.; 1863 Habil., 1865 ao. Prof. (bis 1868 unbesoldet)

Brill, A.; 1867 Habil., dann PDoz., 1869 o. Prof. Darmstadt

Pasch, M.; 1870 Habil., dann PDoz., 1874 ao. Prof.

Heffter, L.; 1888 Habil., dann PDoz., 1891 ao. Prof.

Geppert, H.; 1925 Habil., dann PDoz., 1930 o. Prof.

Maennchen, Ph.; 1919–1934 Vorlesungen über Elementarmathematik und für Hörer anderer Fakultäten

Plessner, A.; 1929 Befürwortung der Habil. durch die Fakultät, die aber nicht erfolgte, weil Plessner nicht die deutsche Staatsbürgerschaft hatte.

Grötzsch, Herbert (geb. 1902); 1931 Habil., 1930–1935 PDoz., dann PDoz. Marburg

Franz, W.; 1937–1939 Doz., vorher Habil. Marburg, nachher apl. und o. Prof. Frankfurt

Schmid, Hermann Ludwig; 1939'Habil., dann PDoz., 1942 PDoz. Berlin

Grunsky, Helmut (1904–1986); 1942–1945 Doz., gleichzeitig kriegsdienstverpflichtet im Auswärtigen Amt

Literatur

W. Lorey: Aus der mathematischen Vergangenheit Gießens. Nachrichten der Gießener Hochschulgesellschaft Band 10 (1935), Heft 2, S. 47–75

W. Lorey: Die Mathematik an der Universität Gießen von Beginn des 19. Jahrhunderts bis 1914. Nachrichten der Gießener Hochschulgesellschaft Band 11 (1937), Heft 2, S. 54–97

P. Moraw: Kleine Universitätsgeschichte der Universität Gießen 1607–1982. Gießen, 1982

Ludwigs–Universität. Justus Liebig–Hochschule. 1607–1957. Festschrift zur 350–Jahrfeier. Gießen 1957

Vorlesungsverzeichnisse

Göttingen, Universität

1 Universitätsgeschichte

1732	Erster Entwurf zur Errichtung einer Landesuniversität für das Kurfürstentum Hannover. Die Pläne wurden im Auftrag von Georg II. – seit 1727 König von England und Kurfürst von Braunschweig–Lüneburg – durch Gerlach Adolph von Münchhausen rasch vorangetrieben.
1734	Erste Vorlesungstätigkeit in Göttingen.
1737	Feierliche Inauguration der "Georg–August–Universität".
1787	Nach fünfzig Jahren war die junge Universität bereits eine der bedeutendsten deutschsprachigen Universitäten, gleichzeitig modern und den klassischen Wissenschaften verpflichtet, mit einer besonders reichhaltigen (und in den Leihbedingungen großzügigen) Universitätsbibliothek. Besonders Namen großer Staatsrechtler, Historiker, Philologen wie Johann Stephan Pütter, August Ludwig Schlözer, Christian Gottlieb Heyne begründeten ihren guten Ruf.
1837	Nachdem die Universität einerseits die napoleonische Zeit ohne allzu großen Schaden überstanden hatte, als auch andererseits nach dem Wiener Kongreß von restaurativen Tendenzen zunächst verschont geblieben war, hob der neue Hannoversche König Ernst–August kurz nach den "Säcularfeiern" der Universität in seinem "Novemberpatent" das Staatsgrundgesetz auf. Der Protest der "Göttinger Sieben" – darunter die Brüder Grimm – führte zu deren Entlassung.
1866	Annexion des Königreiches Hannover durch Preußen. Die Universität Göttingen mußte sich zunächst an die Rolle einer preußischen Provinzuniversität gewöhnen.
1885	Der vortragende Rat im preußischen Kultusministerium Friedrich Althoff gewann F. Klein aus Leipzig für Göttingen.

In der Folge wurde durch die zielstrebige Zusammenarbeit von Klein und Althoff Göttingen rasch zu einem Weltzentrum der Mathematik und Naturwissenschaften.

1922　　Abspaltung der Mathematisch–Naturwissenschaftlichen Fakultät von der Philosophischen nach Streitigkeiten insbesondere der Mathematiker mit Geisteswissenschaftlern.

1933　　Die Universität wurde ab April des Jahres Schauplatz personell verheerender ”Säuberungen” durch die Nationalsozialistische Regierung, die insbesondere die Physik und Mathematik in Göttingen kurzfristig fast verwaisen ließen.

1945　　Die äußerlich unzerstörte Universität wurde als eine der ersten in Deutschland wiedereröffnet.

2 Die Mathematik in Göttingen

Die Geschichte der Mathematik in Göttingen gliedert sich, sieht man von den im Vergleich zum Kommenden vernachlässigbaren Anfängen ab, in drei deutlich voneinander getrennte Epochen:

Gauß und seine Nachfolger (bis 1866)

Gauß' Name allein genügt schon, um die Bedeutung Göttingens als mathematisches Zentrum in der ersten Hälfte des 19. Jahrhunderts zu dokumentieren. Er begründete allerdings keine ”Göttinger Schule”. Als er 1807 zum Professor der Astronomie und Direktor der Sternwarte ernannt wurde, war die Mathematik in Deutschland, von Gauß' eigenen frühen Arbeiten abgesehen, im Vergleich etwa zu Paris noch recht unbedeutend. Als er 1855 starb, war Berlin schon das dominierende mathematische Zentrum geworden. Das Gewicht der Nachfolge Gauß' aber und das Zögern der Berliner Behörden, den einhellig als Nachfolger ausersehenen Peter Lejeune-Dirichlet von seinen Lehrverpflichtungen an der Kriegsschule zu entbinden, brachte diesen hervorragenden Forscher (von der Zahlentheorie bis zur mathematischen Physik) und Lehrer nach Göttingen — freilich nur bis zu seinem frühen Tod 1859. Auf ihn folgte Bernhard Riemann, der in Göttingen auch mathematisch groß geworden war, und der 1866, noch nicht vierzigjährig, an einem Lungenleiden starb. Um Riemanns Bedeutung für die

Entwicklung der Mathematik abzuschätzen, denke man nur an die mit seinem Namen verknüpften Begriffe: Riemannsche Fläche, Riemannsches Integral, Riemannsche Geometrie, Riemannsche Zetafunktion, Riemannsche Vermutung.

Die Kleinsche Schule und Hilberts Wirken (1886–1933)

Felix Klein war für Göttingen vor allem ein äußerst erfolgreicher akademischer Organisator und Lehrer. Vier Jahre vor seiner Berufung nach Göttingen hatte ein gesundheitlicher Zusammenbruch die Periode seiner originellsten mathematischen Forschungen beendet. Klein war es, der Hilbert nach Göttingen holte. Er gründete die "Mathematische Gesellschaft" (das Kolloquium für Gastvorträge) und das "Lesezimmer" (Präsenzbibliothek), Einrichtungen, die damals als wegweisend galten. Vor allem aber bemühte er sich um eine stärkere Vermittlung zwischen der Mathematik an den Universitäten und ihren ingenieurwissenschaftlichen und industriellen Anwendungen. Die bedeutsamste Frucht dieser Bemühungen für Göttingen war die (durch den ersten Weltkrieg verzögerte) Gründung des Kaiser–Wilhelm-Instituts für Strömungsforschung, dessen Direktor Ludwig Prandtl wesentlich wegen der erhofften Nähe zu Klein nach Göttingen gekommen zu sein scheint. Auch die Einrichtung des ersten Lehrstuhls für Angewandte Mathematik (Carl Runge) geht auf Kleins Einfluß zurück.

Demgegenüber lag Hilberts Bedeutung vor allem in der kreativen mathematischen Forschung, die er mit einer seit Gauß nicht gesehenen Vielseitigkeit vorantrieb. Hilbert lehnte zwei Rufe nach Berlin ab. Beim ersten Mal (1902) wurde von Althoff eigens ein neues Ordinariat in Göttingen geschaffen, das mit dem Schöpfer der "Geometrie der Zahlen", Hilberts ehemaligem Mitschüler Hermann Minkowski, besetzt wurde, der sich dann bald, wie Hilbert auch, besonders mit der neuen Relativitätstheorie befaßte.

Während der 20er Jahre setzte Richard Courant sein außerordentliches Organisationstalent zielstrebig für den Ausbau des Mathematischen Instituts ein. Daß die Rockefeller–Stiftung zwischen 1927 und 1929 der Göttinger Mathematik ein eigenes Institut baute, beleuchtet ebenso das weltweite Ansehen dieses mathematischen Zentrums, wie das Vertrauen, das man in Courants Fähigkeiten als Institutsleiter setzte.

Göttingens Attraktivität als mathematisches Zentrum schlug sich eindrucksvoll in der großen Zahl junger Mathematiker nieder, die mindestens eine zeitlang in Göttingen verbrachten. Dies spiegeln auch die folgenden Listen deutlich wider. Zur Vielseitigkeit der Göttinger Mathematik bis 1933 trug vor allem auch Emmy Noether bei, die Begründerin der modernen abstrakten Algebra und bisher größte Mathematikerin. Als Frau hatte sie nur eine nichtbeamtete apl. Professur mit einem Lehrauftrag für Algebra. 1930 wurde Hermann Weyl Nachfolger Hilberts, fühlte sich aber in der Atmosphäre der ausgehenden Weimarer Republik nicht wohl. Einen ersten Ruf an das IAS nach Princeton Ende 1932 lehnte er zwar noch ab, aber die fast völlige personelle Zerstörung des Mathematischen Instituts durch die Nationalsozialisten im Laufe des Jahres 1933 bot dann auch ihm den entscheidenden Anlaß, Göttingen und Deutschland (wieder) zu verlassen.

Nach 1933

Helmut Hasse versuchte ab 1934 gegen den anfänglichen Widerstand einiger militanter Nationalsozialisten (SA–Mitgieder mit "revolutionärer" Gesinnung, "Deutsche Mathematiker"), wieder ein herausragendes – wenn auch dem vormaligen Göttingen an Vielseitigkeit nicht vergleichbares – mathematisches Zentrum in Göttingen aufzubauen (mit Kaluza, Nevanlinna und Siegel). Die Bedingungen der Zeit machten aber vor seinen Toren nicht Halt, und der Zweite Weltkrieg beendete den Versuch sehr schnell.

3 Professoren

Die folgende Genealogie der Lehrstühle ist historisch nicht ganz korrekt. Zu Beginn des 19. Jahrhunderts war Thibaut hauptamtlicher Vertreter der Mathematik, während Gauß die Astronomie vertrat und keine regelmäßigen Lehrverpflichtungen hatte.

Erster Lehrstuhl

1807–1855   **Gauß**, Carl Friedrich (1777–1855)

1856–1859   **Lejeune–Dirichlet**, Peter Gustav (1805–1859)
              vorher Berlin

1860–1866   **Riemann**, Bernhard (1826–1866)
              vorher Habil., PDoz., ao. Prof. Göttingen

1868–1872   **Clebsch**, Alfred (1833–1872)
              vorher Gießen

1874–1875   **Fuchs**, Lazarus (1833–1902)
vorher Greifswald, nachher Heidelberg

1875–1892   **Schwarz**, Hermann Amandus (1843–1921)
vorher Halle und o. Prof. ETH Zürich, nachher Berlin U

1892–1895   **Weber**, Heinrich (1842–1913)
vorher Marburg, nachher Straßburg

1895–1930   **Hilbert**, David (1862–1943)
vorher Königsberg, 1930 em.

1930–1933   **Weyl**, Hermann (1885–1955)
vorher ETH Zürich, 1933 Emigration nach Princeton

1934–1945   **Hasse**, Helmut (1898–1979)
vorher Marburg, 1945 entlassen, später Berlin

Zweiter Lehrstuhl

1848–1883   **Stern**, Moritz Abraham (1807–1894)
zunächst ao. Prof., 1859 o. Prof., 1883 em.

1886–1913   **Klein**, Felix (1849–1925)
vorher Leipzig, 1913 vorzeitig em.

1913–1918   **Carathéodory**, Constantin (1873–1950)
vorher Breslau TH, nachher Berlin U

1918–1919   **Hecke**, Erich (1887–1947)
vorher PDoz. Göttingen, 1915 Basel, nachher Hamburg

1920–1934   **Courant**, Richard (1888–1972)
vorher Münster, 1934 Emigration nach New York

1935–1954   **Kaluza**, Theodor (1885–1954)
vorher Kiel

Dritter Lehrstuhl

1902–1909   **Minkowski**, Hermann (1864–1909)
vorher ETH Zürich

1909–1934   **Landau**, Edmund (1877–1938)
1901 Habil. Berlin, dann PDoz., 1934 entlassen

1934–1936   **Tornier**, Erhard (1894–1982)
vorher PDoz. Kiel, 1936 nach Berlin versetzt

Im folgenden sind die de-facto-Nachfolger aufgeführt; die Stellen wurden mehrfach getauscht.

1936–1937   **Nevanlinna**, Rolf (1895–1980)
Gastprofessor aus Helsinki

1938–1940   **Siegel**, Carl Ludwig (1896–1981)
vorher Frankfurt, 1940 Emigration in die USA

Vierter Lehrstuhl

1904–1924   **Runge**, Carl David Tolmé (1856–1927)
vorher Hannover, 1924 em.

1925–1948   **Herglotz**, Gustav (1881–1953)
vorher Leipzig

Weitere Professoren im 19. Jahrhundert

Im Gegensatz zu vielen anderen Universitäten hat es in Göttingen kein planmäßiges regelmäßig besetztes Extraordinariat gegeben.

1802–1832   **Thibaut**, Bernard Friedrich (1775–1832)
zunächst ao. Prof., 1805 o. Prof.

1817–1879   **Ulrich**, Georg Karl Justus (1798–1879)
zunächst ao. Prof., 1831 o. Prof.

1857–1859   **Riemann**, B.
vorher PDoz., dann ao. Prof., nachher o. Prof.

1860–1897   **Schering**, Ernst (1833–1897)
zunächst ao. Prof.; 1869 o. Prof., Nachfolger von Gauß als Vertreter der Astronomie

Außerordentliche Professoren im 20. Jahrhundert

1907–1933   **Bernstein**, Felix (1878–1956)
1907 Habil., dann PDoz. und Tit.Prof. für Versicherungswissenschaft und math. Statistik, 1911 beam. ao. Prof., 1922 pers. o. Prof., 1933 entlassen, Emigration in die USA

1919–1920   **Courant**, R.
vorher PDoz., nachher o. Prof. Münster

1919–1933   **Bernays**, Paul (1888–1977)
1919 Habil., dann PDoz., 1922 nb. ao. Prof., 1933 entlassen, emigriert nach Zürich

1919–1933   **Noether**, Emmy (1882–1935)
1919 Habil., 1922 nb. ao. Prof., Lehrauftrag für Algebra, 1933 entlassen, Emigration in die USA

1927–1936   **Neugebauer**, Otto (geb. 1899)
1927 Habil., Lehrauftrag für Geschichte der Math., 1932 nb. ao. Prof., 1936 Emigration nach Kopenhagen, später USA

4 Habilitationen, Privatdozenten, Lehraufträge

Thibaut, B.F.; 1797 Habil., bis 1802 PDoz., dann ao. und o. Prof.

Ide, Johann Joseph Anton (1775–1806); 1802 Habil., bis 1803 PDoz., dann Prof. in Moskau

Schweins, F.F.; 1806 Habil., bis 1809 PDoz., dann Heidelberg

Focke, Christian (1774–1862); 1807–1812 PDoz., später Gymnasiallehrer in Göttingen

Ulrich, G.K.J.; 1817 Habil., bis 1821 PDoz., dann ao. und o. Prof.

Köhler, Heinrich Gottlieb (1779–1849); 1821–1849 PDoz., Lehrer in Ilfeld

Tellkampf, Adolf (1798–1869); 1822 PDoz., Lehrer in Hamm und Hannover

Schmidt, Johann Karl Eduard (1803–1832); 1824–1831 PDoz., dann ao. Prof. Göttingen

Eichhorn, Christian Friederich (1804–1836); 1827–1830 PDoz., dann Lehrer höh. Gewerbeschule Hannover

Stern, M. A.; 1829 Habil., bis 1848 PDoz., dann ao. und o. Prof.

Goldschmidt, Benjamin; 1833–1845 PDoz. für Astronomie und Mathematik, dann ao. Prof.

Riemann, B.; 1854 Habil., bis 1857 PDoz., dann ao. und o. Prof.

Dedekind, R.; 1854 Habil., bis 1858 PDoz., dann Polytechnikum Zürich und Braunschweig

Schering, E.; 1858 Habil.,bis 1860 PDoz., dann ao. und o. Prof.

Enneper, Alfred; 1859 Habil., bis 1870 PDoz., dann ao. Prof.

Hattendorf; 1864 Habil., bis 1869 PDoz., dann Polytechnikum Hannover

Meyer, Gustav Ferdinand (1834– ?); 1865 Habil., bis 1870 PDoz., dann Memmingen, München

Weber, H.; 1866 Polytechnikum Braunschweig, dann o. Prof. Göttingen

Minnigerode, B.; 1866 Habil., bis 1874 PDoz., dann Prof. Greifswald

Thomae, J.; 1866 Habil., bis 1867 PDoz., dann Halle

Klein, F.; 1871 Habil., bis 1872 PDoz., dann in Erlangen o. Prof.

Voss, A.; 1873 Habil., bis 1875 PDoz., später o. Prof. TH Darmstadt

Hettner, G.; 1879 Habil., bis 1882 PDoz., dann Berlin

Mangold, H.v.; 1882 Habil., bis 1884 PDoz., dann Hannover

Hurwitz, A.; 1882 Habil., bis 1884 PDoz., dann Königsberg

Hölder, O.; 1884 Habil., dann PDoz., 1886 Prof.

Schoenflies, A.; 1884 Habil., bis 1892 PDoz., dann ao. Prof.

Burkhardt, Heinrich (1861–1914); 1889 Habil., bis 1897 PDoz., dann o. Prof. Zürich

Fricke, R.; 1892 Umhabil. von Kiel, bis 1894 PDoz., dann Braunschweig

Ritter, Ernst (1867–1895); 1894 Habil., bis 1895 PDoz.

Bohlmann, Georg (1869–1928); 1893 Habil., dann PDoz., 1899 ao. Prof.

Zermelo, E.; 1899 Habil., bis 1910 PDoz., dann o. Prof. Zürich

Sommer, J.; 1899 Habil., bis 1901 PDoz., dann Landw. Akademie Bonn–Poppelsdorf, später o. Prof. Danzig

Blumenthal, O.; 1901 Habil., bis 1904 PDoz., ab 1905 o. Prof. Aachen

Herglotz, G.; 1904 Habil., bis 1907 PDoz., dann ao. Prof.

Carathéodory, C.; 1905 Habil., bis 1908 PDoz., Umhabil. nach Bonn

Koebe, P.; 1907 Habil., bis 1910 PDoz., dann Leipzig

Toeplitz, O.; 1907 Habil., 1912 ao. Prof., dann o. Prof. Kiel

Bernstein, F.; 1907 Habil., ab 1907 ao. Prof.

Müller, C. H. (1878–1953); 1904 (?) Habil., 1908–1910 PDoz., dann TH Hannover

Haar, Alfred (1885–1933); 1910 Habil. Mathematik mit Einschl. der Math. Astronomie, bis 1911 PDoz., dann Klausenberg, Szegedin

Weyl, H.; 1910 Habil., bis 1913 PDoz., dann o. Prof. Zürich, 1930 o. Prof. Göttingen

Sanden, H. v.; 1911 Habil. Angew. Mathem., bis 1918 PDoz., dann o. Prof. Clausthal

Schimmack, Rudolf (1881–1912); 1911 Habil. Didaktik der Mathem., bis 1912 PDoz.

Courant, R.; 1912 Habil., seit 1918 ao. Prof.

Hertz, Paul (1881–1940); 1912 Umhabil. von Heidelberg für Theoretische Physik, seit 1918 ao. Prof.

Hecke, E.; 1912 Habil., bis 1915 PDoz., dann Basel, später o. Prof. Hamburg

Behrens, Wilhelm (1885– ?); 1918 Habil., bis 1922 PDoz., dann ao. Prof.

Noether, E. (1882–1935); 1919 Habil., bis 1922 PDoz., 1923–33 LA für Algebra, dann ao. Prof.

Schmeidler, W.; 1919 Habil., bis 1920 PDoz., dann o. Prof. Breslau

Neder, L.; 1920 Habil., bis 1922 PDoz., dann Leipzig

König, H.; 1920 Habil. Angew. Mathem., bis 1922 PDoz., dann o. Prof. Clausthal

Behmann, H.; 1921 Habil., bis 1935 PDoz., Umhabil. nach Halle

Siegel, C.L.; 1921 Habil., bis 1922 PDoz., dann Frankfurt

Kneser, H.; 1922 Habil., bis 1925 PDoz., dann Greifswald

Ostrowski, A.; 1923 Umhabil. von Hamburg, bis 1927 PDoz., dann Basel

Walther, A.; 1924 Habil., bis 1928 PDoz., dann Darmstadt

Bessel–Hagen, E.; 1925 Habil., bis 1927 PDoz., dann Halle, Bonn

Grandjot, Karl (geb. 1900); 1925 Habil., bis 1936 PDoz., dann Santiago de Chile

Neugebauer, O.; 1927 Habil. Geschichte der Mathem., bis 1932 PDoz., dann ao. Prof.

van der Waerden, B.; 1927 Habil., bis 1928 PDoz., dann Groningen, Leipzig

Lewy, Hans (geb. 1904); 1927 Habil., bis 1933 PDoz., von seiner pl. Assistentenstelle entlassen, USA

Cauer, Wilhelm (1900–1945); 1928 Habil. Angew. Mathem. und Theor. Physik, bis 1935 PDoz., dann ao. Prof.

Wegner, U.; 1929 Habil. Mathem. und Theor. Physik, bis 1931 PDoz., dann o. Prof. Darmstadt

Prager, Willy (geb. 1903); 1927 Umhabil. von Darmstadt, 1929–1934 PDoz. Angew. Mechanik, entlassen, dann Istanbul, USA

Friedrichs, K.; 1929 Umhabil. von Aachen, bis 1930 PDoz., dann Braunschweig

Cohn–Vossen, St.; 1929 Habil. bis 1930 PDoz., Umhabil. nach Köln, später Leningrad, Moskau

Weber, Werner (1906–1975); 1931 Habil., bis 1935 PDoz., dann Frankfurt/M., Berlin

Hohenemser, Kurt–Heinrich (geb. 1906); 1932 Habil. Angew. Mathem. und Mechanik, bis 1933 PDoz., dann entlassen, Flugzeugwerke Kassel, Flugzeugbau Berlin

Rellich, F.; 1933 Habil., bis 1934 PDoz., Umhabil. nach Marburg, dann o. Prof. Dresden, Göttingen

Ullrich, E.; 1934 Umhabil. von Marburg/Gießen, bis 1937 PDoz.

Deuring, M.; 1935 Habil., venia legendi verweigert, 1931–1937 Ass. Leipzig, 1938 Dozent Jena, Posen, später o. Prof. Marburg

Graeser, E.; 1936 Habil. Berlin, 1937 PDoz.

Rohrbach, Hans (geb. 1903); 1937 Habil., bis 1941 PDoz., dann Prag

Münzner, Hans Georg (1906–198?); 1937 Habil.,1939–1944 PDoz. Mathem. Statistik, 1940 LA Mathematik Forstw. Fak.

Witt, Ernst (geb. 1911); 1938 Habil., bis 1939 PDoz., dann Hamburg

Eichler, Martin (geb. 1912); 1939 Habil., bis 1947 PDoz., 1940–1945 Peenemünde, dann ao. Prof. Göttingen

Wittich, Hans (1911–198?); 1939 Habil., 1940–1945 Aerodyn. Versuchsanstalt

Schneider, Theodor (1911–1988); 1939 Habil., bis 1948 PDoz., dann ao.
   Prof.

Bödewadt, Uwe–Timm (geb. 1911); 1939 Habil., bis 1942 PDoz., 1941–
   1943 PDoz. LA Mathem. Forstw. Fak., 1940–1945 Dozent Posen

Görtler, Henry (geb. 1909); 1940 Habil., bis 1944 PDoz., dann Freiburg

Gentzen, Gerhard (1909–1945); 1940 Habil., keine venia legendi in Göttingen, 1943–1945 Dozent in Prag

Braun, Helene (1914–1986); 1940 Habil., 1941–1947 PDoz., dann ao. Prof.

Lyra, Gerhard (1910–197?); 1941 Habil., 1942–1951 PDoz., dann nb. ao.
   Prof.

Literatur

H.–W. Burmann, E. Neuenschwander: Die Entwicklung der Mathematik
   an der Universität Göttingen, Georgia Augusta 47, 1987

W. Ebel: Catalogus Professorum Gottingensium 1734–1962, Göttingen 1962.
   (Siehe auch die dort jeweils angegebenen Quellen; fehlerhafte Angaben, die
   jedenfalls im 20. Jahrhundert mitunter vorkommen, wurden soweit möglich
   korrigiert.)

F. Hund: Physik an der Universität Göttingen vor 250 Jahren, Georgia Augusta
   42, 1985

N. Schappacher: Das Mathematische Institut der Universität Göttingen 1929–
   1950. In: Becker, Dahms, Wegeler (Hrsg.), Die Universität Göttingen unter
   dem Nationalsozialismus, K.G. Saur, München 1987

F. Klein, R. Schimmack: Vorträge über den mathematischen Unterricht an
   den höheren Schulen, 1907

Greifswald, Universität

1 Universitätsgeschichte

1437–43	Die Universität Rostock wurde zeitweise nach Greifswald verlegt, wodurch dort die Idee einer eigenen Universität entstand.
1456	Gründung der Universität. Sie verdankt (wie etwa Köln, Erfurt oder Leipzig) ihre Entstehung der Initiative des aufstrebenden Bürgertums und nicht dem Entschluß des Landesfürsten.
	1. Hälfte des 16. Jahrhunderts. In den Wirren der Reformationszeit verfiel die Universität.
1539/40	Wiederaufnahme des Lehrbetriebes.
1592	Errichtung eines neuen Universitätsgebäudes. In den folgenden Jahrzehnten erlebte die Universität eine Blütezeit. Die Zahl der Studenten stieg 1624/25 bis auf 161, eine Zahl, die erst in der 2. Hälfte des 19. Jahrhunderts wieder erreicht wurde. Diese Blütezeit wurde durch die Ereignisse des dreißigjährigen Krieges jäh unterbrochen.
1637	Die Universität kam für 178 Jahre unter schwedische Herrschaft. Ihre materielle Grundlage war der Besitz von 24 Dörfern; erst 1873 mußte sie staatliche Zuschüsse in Anspruch nehmen.
	17. und 18. Jahrhundert. Die Universität war eine der kleinsten und unbedeutendsten des Reichsgebietes. Die Zahl der Studenten lag durchweg unter hundert, da die Nachbarländer Preußen und Mecklenburg eigene Universitäten hatten. Es unterrichteten etwa 15 Professoren und einige Adjunkten.
1801–1811	Ernst Moritz Arndt (1769–1860) lehrte zeitweise in Greifswald und verfaßte hier seine Aufrufe gegen Napoleon.

1815	Im Abtretungsvertrag zwischen Preußen und Schweden bezüglich Schwedisch–Pommerns wurde der Fortbestand der Universität vereinbart. Die Humboldtsche Universitätsreform setzte sich jedoch nur langsam durch.
ab 1850	Vor allem die Medizin wurde mit mehreren Kliniken ausgebaut, die zeitweise einen ausgezeichneten Ruf hatte. (Von 1905–1908 war Oscar Minkowski (1858–1931), der Bruder des Mathematikers, Direktor der medizinischen Klinik.)
	Nach dem 1. Weltkrieg stieg die Zahl der Studenten auf über 2000 an; zahlreiche neue Institute wurden eingerichtet und ein umfangreiches Neubauprogramm in Angriff genommen.
1933	Wie an allen Universitäten kam es zu zahlreichen Entlassungen "nicht–arischer" oder politisch unliebsamer Professoren.
	Im 2. Weltkrieg war der Lehrbetrieb verhältnismäßig wenig beeinträchtigt und die Zahl der Studenten (vor allem in der Medizin) zeitweilig recht groß.
1945	Unter maßgeblicher Mitwirkung einiger Professoren wurde Greifswald kampflos übergeben und damit vor der Zerstörung bewahrt.

2 Die Mathematik in Greifswald

Wie an anderen Universitäten hatte die Mathematik bis zur Mitte des 19. Jahrhunderts nur die Funktion einer Hilfswissenschaft, und bis zu dieser Zeit waren auch nur heute kaum noch bekannte Wissenschaftler in Greifswald als Mathematiker tätig. Der erste Mathematiker in Greifswald, der eine überregionale Bedeutung hatte, war Grunert als Gründer und Herausgeber des Archivs der Mathematik und Physik. Er gründete auch 1834 die "Mathematische Gesellschaft", wodurch eine wichtige Voraussetzung des Seminarbetriebs geschaffen wurde. In seiner Wirkungszeit verpaßte allerdings die Universität die Gelegenheit, mit Hermann Grassmann (1809–1877), der sich um eine Universitätsstelle bemühte, einen hervorragenden Mathematiker zu gewinnen. Auf Grund einer Initiative des bedeutenden Mathematikers L. Fuchs kam es 1871 zur Gründung des mathematischen Seminars. Eine Vergrößerung des Lehrkörpers erfolgte 1901, als ein planmäßiges Extraordinariat eingerichtet wurde, das zunächst mit Kowalewski besetzt wurde. Um die Zeit des 1. Weltkrieges wirkten mit Vahlen und dem erstrangigen Gelehrten Hausdorff zwei Mathematiker in Greifswald, von denen der eine ein Exponent des Faschismus an den Universitäten, der andere später ein Opfer des nationalsozialistischen Terrors wurde. Vahlen war 1904 berufen und 1911 zum ordentlichen Professor ernannt worden. Wegen seiner rechtsextremen Aktivitäten (Aufruf zum Sturz der Regierung) wurde er 1924 von der preußischen Regierung entlassen. Obwohl sich Universitätskreise für ihn einsetzten, wurde er erst 1934 von den Nationalsozialisten wieder eingesetzt und avancierte schließlich zum Leiter des Amtes für Wissenschaft im Kultusministerium. Während der ersten Jahre des 2. Weltkrieges war noch ein verhältnismäßig geordneter Lehrbetrieb möglich; nach 1945 wurde jedoch ein völliger Neubeginn erforderlich.

Professoren

Erster Lehrstuhl (anfangs auch für Physik/Astronomie)

1806–1814   **Droysen**, Johann Friedrich (1770–1814)
seit 1799 Adjunkt, von 1806–12 ao. Prof. in Rostock

1819–1833   **Fischer**, Johann Karl (1760–1833)
vorher Gymnasium Dortmund

1833–1872   **Grunert**, Johann August (1797–1872)

1874–1896   **Minnigerode**, Bernhard (1837–1896)
zunächst ao. Prof., 1885 o. Prof.

1897–1904   **Study**, Eduard (1862–1930)
vorher ao. Prof. Bonn, nachher Bonn

1904–1913   **Engel**, Friedrich (1861–1941)
vorher ao. Prof. Leipzig, nachher Gießen

1913–1921   **Hausdorff**, Felix (1868–1942)
vorher ao. Prof. Bonn, nachher Bonn

1922–1925   **Radon**, Johann (1887–1956)
vorher ao. Prof. Hamburg, nachher Erlangen

1925–1937   **Kneser**, Hellmuth (1898–1973)
             vorher PDoz. Göttingen, nachher Tübingen

1938–1944   **Maier**, Wilhelm (1896– ?)
             vorher Freiburg, nachher Rostock

Zweiter Lehrstuhl (zeitweise Extraordinariat)

1813– ?   **Tillberg**, Gustav Salomon (1777–1859)
             vorher PDoz. und Adjunkt in Greifswald

1864–1869   **Koenigsberger**, Leo (1837–1921)
             zunächst ao. Prof., 1866 o. Prof., nachher Heidelberg

1869–1874   **Fuchs**, Immanuel Lazarus (1833–1902)
             ao. Prof., vorher ao. Prof. Univ. Berlin, nachher Göttingen

1874–1910   **Thomé**, Wilhelm (1841–1910)
             vorher ao. Prof. Univ. Berlin

1911–1924   **Vahlen**, Theodor (1869–1945)
             vorher ao. Prof. Greifswald, später TH Wien

SS 1926   **Koschmieder**, Lothar (1890– ?)
             vorher nb. ao. Prof. Breslau, nachher o. Prof. Dt. TH Brünn

1928–1941   **Reinhardt**, Karl (1895–1941)
             1921 Habil. Frankfurt, 1924 Habil. Greifswald, anschließend
             PDoz. mit Lehrauftrag

1942–1945   **Bol**, Gerrit (geb. 1906)
             ao. Prof., 1931 Habil. Hamburg, ab 1948 o. Prof. Freiburg

Extraordinariat

1901–1904   **Kowalewski**, Gerhard (1876–1950)
             1899 Habil. Leipzig, nachher ao. Prof. Bonn

1904–1911   **Vahlen**, Theodor
             1897 Habil. Königsberg, anschließend o. Prof. Greifswald

1911–1913   **Blaschke**, Wilhelm (1885–1962)
1910 Habil. Bonn, nachher ao. Prof. Dt. TH Prag, 1915 ao. Prof. Leipzig

1935–1939   **Hoheisel**, Guido (1894–1968)
1922 Habil. Breslau, 1928 nb. ao. Prof., nachher Köln

4 Habilitationen, Privatdozenten, Lehraufträge

Eigentliche Habilitationen im Fach Mathematik hat es in Greifswald nicht gegeben, nur einige Umhabilitationen von anderen Orten. Folgende Lehraufträge wurden erteilt

Thaer, Clemens (1883–1974); 1909 Habil. Jena, 1913–1916 Lehrauftrag, danach nb. ao. Prof., hauptamtlich am Gymnasium, 1935 aus Greifswald vertrieben

Reinhardt, Karl; Lehrauftrag 1924–28

Klose, Alfred; 1922–23 Lehrauftrag für Astronomie und angewandte Mathematik, danach U Berlin

Süß, Wilhelm; 1923–28 Prof. in Kagoshima, Japan, 1928 Habil. Greifswald, 1928–34 PDoz. Greifswald, ab 1934 o. Prof. Freiburg

Mahnke, Dietrich; 1926 Lehrauftrag

Pisot, Karl; 1941 Lehrauftrag

Literatur

Festschrift zur 500–Jahrfeier der Universität Greifswald, Band II. Greifswald 1956

Universität Greifswald 525 Jahre. VEB Deutscher Verlag der Wissenschaften. Berlin 1982

R. Siegmund–Schultze: Einige Probleme der Geschichtsschreibung der Mathematik im faschistischen Deutschland unter besonderer Berücksichtigung des Lebenslaufes des Greifswalder Mathematikers Theodor Vahlen. Wiss. Zeitschrift der EMA–Universität Greifswald, Math.–Nat. Reihe XXXIII (1984), Heft 1–2, 51–56

Halle–Wittenberg, Universität

1 Universitätsgeschichte

Wittenberg 1502–1817

1502	Gründung der Universität als kursächsische Landesuniversität; in ihrer Verfassung orientierte sie sich an Tübingen.
1511	Martin Luther (1483–1546) kam endgültig an die Universität Wittenberg, promovierte zum Doktor der Theologie und übernahm eine theologische Professur.
1514	Die Mathematik wurde formell durch Beschluß der Artistenfakultät als eigenständiges Fach eingeführt.
1517	Luther veröffentlichte seine 95 Thesen.
1518	Philipp Melanchthon (1497–1560) wurde nach Wittenberg berufen. Er und Luther überwanden die mittelalterliche Scholastik und machten Wittenberg zu einem Zentrum der Reformation und des Humanismus. Insbesondere war auch die mathematisch–naturwissenschaftliche Abteilung der philosophischen Fakultät vom Geiste Melanchthons erfüllt.
1525	Die Mathematik erhielt gemäß einer Forderung Melanchthons zwei Lehrstühle: "Niedere Mathematik" (Arithmetik, Grundbegriffe der Astronomie) und "Höhere Mathematik" (Euklid, Almagest).
1536	Rheticus (1514–1576) wurde nach Wittenberg berufen und machte nach seinem Besuch (1539) bei Kopernikus von hier aus das kopernikanische Weltbild der wissenschaftlichen Welt bekannt. Ein aktiver Verbündeter war Erasmus Reinhold (1511–1553), Professor für "Höhere Mathematik".
1544	Als Pfarrer in Holzdorf bei Wittenberg schuf Michael Stifel (1487?–1567) das bedeutendste mathematische Werk des 16.

Jahrhunderts in Deutschland, die "Arithmetica integra". Er war eng befreundet mit Luther und Melanchthon.

ab 1520   Die Universität war für ein knappes halbes Jahrhundert die meistbesuchte Deutschlands (vor Leipzig und Frankfurt/O.) und zog wie die anderen mitteldeutschen Universitäten auch viele Polen, Ungarn, Slowaken und Skandinavier an.

ab 1626   Pest und Krieg führten fast zur Auflösung der Universität (12 Studenten im Sommersemester 1637) und entzogen ihr weitgehend die materielle Basis.

Im 17. Jahrhundert erstarrte sie unter dem Übergewicht der Theologie in strenger lutherischer Orthodoxie und erlangte auch nach Überwindung der schlimmsten Kriegsfolgen keine besondere wissenschaftliche Bedeutung. Die Mathematik spielte eine geringe Rolle.

Im 18. Jahrhundert verharrte die Universität in Opposition zu den führenden geistigen Strömungen der Zeit (Rationalismus Leibnizscher und Wolffscher Prägung, sowie hallescher Pietismus). Die Niederlage Sachsens im nordischen Krieg und Zerstörungen im Siebenjährigen Krieg führten zu weiterem Niedergang. Im letzten Drittel des Jahrhunderts wurde die Vorherrschaft der orthodoxen Theologie zurückgedrängt, und die anderen Fakultäten kamen zu relativer Blüte.

1784   Vereinigung der beiden mathematischen Professuren.

ab 1800   Aufstieg der Universität am Anfang des 19. Jahrhunderts. Die Studentenzahlen betrugen etwa 300 (weniger als 100 in Breslau, Greifswald und Rostock). In den Wirren der napoleonischen Kriege und des Befreiungskrieges kam jedoch der Universitätsbetrieb mehrfach fast zum Erliegen.

1817   Auf Grund der Beschlüsse des Wiener Kongresses kam Wittenberg zu Preußen, das sich außerstande sah, die benachbarten Universitäten Halle und Wittenberg beide weiterzuführen. Sie wurden am 12. 4. 1817 zur Universität Halle–Wittenberg vereinigt und im wesentlichen in Halle weitergeführt.

Halle 1694–1817

1694	Im Jahr 1680 war das Erzbistum Magdeburg mit der aufstrebenden Residenzstadt Halle an das Kurfürstentum Brandenburg gefallen. Der wachsende Bedarf an Beamten, Pfarrern, Lehrern und Juristen, die merkantilistische Finanzpolitik und auch Prestigegründe veranlaßten den Kurfürsten (den späteren König Friedrich I. von Preußen) zur Gründung einer dritten Universität in Brandenburg–Preußen (nach Königsberg und Frankfurt/Oder). Die Wahl fiel auf Halle. An der dortigen Ritterakademie entfaltete der Jurist und Philosoph Christian Thomasius (1655–1728), bedeutender Repräsentant der Frühaufklärung, seit 1690 eine vielseitige und wirkungsvolle Tätigkeit. Hieraus ging die juristische Fakultät, der Kern der Universität, hervor. 1694 erfolgte die offizielle Eröffnung.
	18. Jahrhundert. Durch das Wirken zahlreicher bedeutender Gelehrter — neben Thomasius u. a. der Philologe, Pädagoge und Theologe August Hermann Franke (1663–1727) und der Mathematiker und Philosoph Christian Wolff (1679–1754) — hatten die wesentlichen geistigen Strömungen der Zeit, Pietismus und Aufklärung, in Halle ihre Hochburg. Ungeachtet scharfer Konflikte zwischen diesen Richtungen wurde Halle schnell zur führenden und meistbesuchten deutschen Universität. Von Halle aus wurden Aufklärung und Rationalismus in der zweiten Hälfte des Jahrhunderts dominierende geistige Strömungen, die weit über Deutschland hinauswirkten und das Fundament des aufgeklärten Absolutismus dieser Zeit bildeten.
um 1800	Bedeutende Impulse gingen von dem Altphilologen F.A. Wolf (1759–1824), dem Begründer der Altertumswissenschaften aus. Durch F.D.E. Schleiermacher (1768–1834) wurde die Universität zu einem Zentrum der deutschen Frühromantik.
1806	Schließung der Universität auf Befehl Napoleons. 1808 Wiedereröffnung als Institution des Königreichs Westfalen.
1813	Wiederaufnahme des Lehrbetriebes als preußische Universität; ein erheblicher Teil der Professoren wanderte aber an

die neugegründete Berliner Universität ab.

1817   Vereinigung mit Wittenberg.

Halle–Wittenberg

1. Hälfte des 19. Jahrhunderts. Die Universität wurde zwar personell und materiell ausgebaut (1830 hatte sie 57 Professoren und 1160 Studenten), erreichte aber nie wieder die dominierende Stellung, die Halle im 18. Jahrhundert gehabt hatte und die jetzt von Berlin übernommen wurde.

1848   Im Schwunge der Revolution forderten liberale Angehörige der Universität mehr Selbstverwaltung und weniger Staatsaufsicht. Die Universität beantragte die Aufhebung der Karlsbader Beschlüsse von 1819.

1854   Die Statuten von 1694 wurden durch neue, allerdings fast genauso rückständige ersetzt: Es wurden z.B. nur Lehrende und Beamte evangelischer Konfession zugelassen, und die Universität behielt ihre eigene Gerichtsbarkeit, die erst 1879 eingeschränkt wurde.

ab 1871   Die Jahrzehnte nach der Reichsgründung waren durch starkes Anwachsen des Lehrkörpers, besonders der Philosophischen Fakultät, gekennzeichnet.

1923   Gründung der naturwissenschaftlichen Fakultät.

1933   Auf Anregung des Internisten Th. Brugsch erhielt die Universität im Luther-Gedächtnisjahr den Namen Martin Luthers.

2 Die Mathematik in Halle–Wittenberg

Einige Mathematiker aus der Zeit vor der Vereinigung wurden schon in Abschnitt 1 erwähnt. Den Grundstein für die Entwicklung der Mathematik in Lehre und Forschung an der vereinigten Universität legte J.F. Pfaff, der von Helmstedt gekommen war und bis zu seinem Tode aktiv in Halle wirkte.

Zu seinen Schülern gehörten Mollweide, Grunert, Gerling, Möbius, Schellbach, Gartz, Scherk und (über Scherk) Kummer. 1839 wurde von Sohnke und dem Physiker Kaemtz nach Königsberger Vorbild ein mathematisch-naturwissenschaftliches Seminar gegründet, das die pädagogische Komponente in den Vordergrund rückte; im Sommersemester 1840 fanden die ersten Übungen statt, dann blieb es jedoch weitgehend inaktiv.

Ihren Höhepunkt erlebte die Mathematik in Halle mit dem Wirken Cantors, der hier zwischen 1872 und 1897 die Mengenlehre schuf und damit tiefgründig die Mathematik des 20. Jahrhunderts beeinflußte. Durch seine Bemühungen kam es 1890 zur Gründung der Deutschen Mathematiker-Vereinigung. Cantor wurde erster Vorsitzender; bei der Versammlung in Halle 1891 wurden die Statuten festgelegt. Cantor bemühte sich (allerdings vergeblich), bedeutende Mathematiker wie Dedekind für Halle zu gewinnen. Auf Initiative von Cantor und Wangerin wurde 1890 das Gesamt-Seminar aufgelöst und in ein selbstständiges mathematisches Seminar überführt.

Halle gehörte zu den ersten deutschen Universitäten, die – auf Grund der Initiativen F. Kleins zur Stärkung der angewandten Mathematik – ein Ordinariat für angewandte Mathematik einrichteten. Es wurde 1905 mit Gutzmer besetzt. Allerdings fiel später (offenbar zum Ausgleich) die Stelle Cantors weg und in der Folgezeit wurden wieder reine Mathematiker berufen. Insgesamt wurden im Gegensatz zu manchen anderen Universitäten in Halle bis 1945 die Stellen für Mathematiker nicht vermehrt; es existierten zwei Lehrstühle und ein Extraordinariat.

Es bestanden enge Beziehungen zu der in Halle ansässigen Akademie ”Leopoldina”; von 1906 bis 1924 waren die Mathematiker Wangerin und Gutzmer Präsidenten der Leopoldina.

Nach 1933 wurden auch in Halle eine große Zahl von Gelehrten aus rassischen oder politischen Gründen von der Universität entfernt. Betroffen war auch der Mathematiker R. Baer, der nach England emigrierte. Auch Persönlichkeit und Werk Cantors wurden verunglimpft.

3 Professoren (ab der Vereinigung 1817)

Erster Lehrstuhl

1810–1825　　**Pfaff**, Johann Friedrich (1765–1825)
　　　　　　　　vorher Helmstedt, seit 1810 Halle

1826–1879 **Rosenberger**, Otto August (1800–1890)
1826 ao. Prof., 1831 o. Prof., 1879 em.

1879–1913 **Cantor**, Georg (1845–1918)
vorher PDoz. und ao. Prof., 1911 letzte Vorl., 1913 em.

1905–1924 **Gutzmer**, August (1860–1924)
vorher Jena

1925–1930 **Hasse**, Helmut (1898–1979)
vorher Kiel, nachher Marburg

1930–1954 **Brandt**, Heinrich (1886–1954)
vorher TH Aachen

Zweiter Lehrstuhl

1817–1825 **Steinhäuser**, Johann Gottfried (1768–1825)
seit 1805 Wittenberg, seit 1817 an der vereinigten Universität

1826–1833 **Scherk**, Heinrich Ferdinand (1798–1885)
vorher Königsberg, 1826 ao. Prof., 1831 o. Prof., nachher Kiel

1833–1835 **Plücker**, Julius (1801–1868)
vorher Berlin, nachher Bonn

1835–1853 **Sohncke**, Ludwig Adolf (1807–1853)
vorher Königsberg, 1835 ao. Prof., 1839 o. Prof.

1853–1855 **Joachimsthal**, Ferdinand (1818–1861)
vorher Berlin, nachher Breslau

1855-1856 **Hesse**, Ludwig Otto (1811–1874)
vorher Königsberg, nachher Heidelberg

1856–1881 **Heine**, Heinrich Eduard (1821–1881)
vorher Bonn

1882–1919 **Wangerin**, Albert (1844–1933)
vorher U Berlin, 1919 em.

1920–1948 **Jung**, Heinrich (1876–1953)
vorher Kiel, 1948 em.

Extraordinariat

1824–1864   **Gartz**, Johann Christian (1792–1864)
             vorher PDoz.

1866   **Roch**, Gustav (1839–1866)
             vorher PDoz.

1867–1869   **Schwarz**, Hermann Amandus (1843–1921)
             vorher U Berlin, nachher ETH Zürich

1872–1879   **Cantor**, Georg
             vorher PDoz., nachher o. Prof.

1886–1892   **Wiltheiß**, Ernst Eduard (1855–1900)
             vorher PDoz., 1892 em.

1895–1926   **Eberhard**, Victor (1862–1927)
             vorher Königsberg, 1926 em.

1935–1938   **Threlfall**, William R.R.H. (1888–1949)
             vorher TH Dresden, nachher Frankfurt

1938–1945   **Behmann**, Heinrich (1891– ?)
             vorher PDoz., 1945 entlassen

Weitere außerordentliche Professoren

1863   **Neumann**, Carl G. (1832–1925)
             vorher PDoz., nachher Basel und Leipzig

1872–1874   **Thomae**, Johannes Karl (1840–1921)
             vorher PDoz., nachher Freiburg

1902–1904   **Graßmann**, Hermann Ernst (1857–1922)
             vorher PDoz., nachher Gießen

1920–1921   **Buchholz**, Hugo (1866–1921)
             vorher PDoz.

4 Habilitationen, Privatdozenten, Lehraufträge

Gartz, J.C.; 1823 Habil., dann PDoz., 1824 ao. Prof.

Kaemtz, L.F.; 1823 Habil., bis 1827 PDoz., dann ao. Prof. für Physik

Schön, J.J.; 1825 Habil., bis 1827 PDoz., dann Direktor des Gymnasiums in Aachen

Hoyer, G.J.v.; 1826 Habil., bis 1848 Lehrauftrag für Militärbaukunst

Besser, C.M.; 1828 Habil. über philosophisches Thema, bis 1832 Lehrauftrag für Geometrie, dann Petersburg

Schwarz, F.S.H.; 1856 Habil., bis 1858 PDoz., dann Oberlehrer Düren

Neumann, C.; 1858 Habil., bis 1863 PDoz., dann ao. Prof.

Roch, G.; 1863 Habil., bis 1866 PDoz., dann ao. Prof.

Thomae, J.K.; 1867 Habil., bis 1872 PDoz., dann ao. Prof.

Cantor, G.; 1869 Habil., bis 1872 PDoz., dann ao. und o. Prof.

Jürgens, E.; 1875 Habil., bis 1883 PDoz., dann Doz. Aachen

Thiele, G.; 1875 Habil., bis 1881 PDoz., dann ao. Prof., Vorlesungen über math. Physik und Philosophie

Wiltheiß, E.; 1881 Habil., bis 1886 PDoz., dann ao. Prof.

Wiener, L.H.; 1885 Habil., bis 1894 PDoz., dann o. Prof. Darmstadt

Husserl, Edmund (1859–1938); 1883 Promotion in Wien über Variationsrechnung, Assistent bei Weierstraß; 1887 Habil. über math.-philosophisches Thema, PDoz. bis 1894, Vorlesungen hauptsächlich über Philosophie, dann ao. Prof. Berlin

Stäckel, P.; 1891 Habil., bis 1895 PDoz., dann ao. Prof. Königsberg

Gutzmer, A.; 1896 Habil., bis 1899 PDoz., dann ao. Prof. Jena

Neumann, E.; 1899 Habil., bis 1901 PDoz., dann ao. Prof. Breslau

Graßmann, H.E.; 1899 Habil., bis 1902 PDoz., dann ao. Prof.

Buchholz, H.; 1902 Habil., bis 1920 PDoz., dann ao. Prof. an der Sternwarte

Bernstein, F.; 1902 Habil., bis 1907 PDoz., dann PDoz. und ao. Prof. Göttingen

Pfeiffer, F.; 1912 Habil., bis 1917 PDoz., dann ao. Prof. Heidelberg

Grammel, R.; 1917 Umhabil. von Danzig, Lehrauftrag für Angew. Math., 1920 o. Prof. Stuttgart

Prange, G.; 1920 Umhabil. von Hannover, Lehrauftrag für Angew. Math., 1921 o. Prof. Hannover

Doetsch, G.; 1922 Umhabil. von Hannover, Lehrauftrag für Reine und Angew. Math., 1924 o. Prof. Stuttgart

Grüttner, A.; 1924–1929 Lehrauftrag für Didaktik des math. Unterrichts

Behmann, H.; 1925 Umhabil. von Göttingen, dann PDoz., ab 1935 Doz., ab 1938 ao. Prof.

Bessel–Hagen, E.; 1927 Umhabil. von Göttingen, dann PDoz., 1928 als PDoz., später ao. Prof. nach Bonn

Baer, R.; 1928 Umhabil. von Freiburg, bis 1933 PDoz., hielt 1929 die erste Vorlesung über ”Mengenlehre” an ihrem Entstehungsort. (Die nächste wurde erst 1963 von Kertész gehalten.) 1933 vertrieben

Tornier, E.; 1930 Habil., bis 1932 PDoz., dann nach Berlin

Neiß, F.; 1930 Habil., bis 1935 PDoz., dann Doz. Berlin

Grell, H.; 1934 Umhabil. von Jena, bis 1935 PDoz., dann Privatgelehrter in Lüdenscheid

Es gab um die Jahrhundertwende öfter kurzfristige Lehraufträge für Fächer wie math. Geographie, Geodäsie, techn. Mechanik, graph. Statik, usw.

Literatur

H. Hübner (Hrsg.) : Geschichte der Martin–Luther–Universität Halle–Wittenberg 1502–1977. Halle 1977

W. Jentsch: Die Leopoldina und ihre halleschen Mathematiker. In: 100 Jahre Leopoldina in Halle 1878–1978. Acta Hist. Leop. Suppl. 2 (1979), 17–61

A. Timm: Die Universität Halle–Wittenberg. Wolfgang Weidlich Verlag. Frankfurt a.M. 1960

B. Weißenborn: Die Universität Halle–Wittenberg. Berlin 1919

450 Jahre Martin–Luther–Universität Halle–Wittenberg, I–III. Halle 1952

Hamburg, Universität

1 Universitätsgeschichte

1613   Gründung des Akademischen Gymnasiums auf Beschluß der Bürgerschaft, weil "hiesige Bürger ihre dem Studieren sich widmenden Söhne häufig nach Stade, Bremen und andern benachbarten Schulen schickten, die öffentliche Stadtschule notwendig zu reformieren wäre und daß zugleich öffentliche Vorlesungen angeordnet und angestellt werden müßten. Dies teils darum, damit die hiesigen Bürgerkinder nicht zu früh nach Akademien geschickt, sondern allhier fleißig exercieret würden, teils auch deshalb, damit, wenn die studierenden Jünglinge nach Akademien kämen, dieselben sich nicht lange mit Philosophicis aufhalten dürften, und vielmehr sofort ad facultates schreiten könnten."

     Im 19. Jahrhundert Gründung von Wissenschaftlichen Anstalten, insbesondere

1833   Sternwarte

1878   Chemisches Staatslaboratorium

1885   Physikalisches Staatslaboratorium, Laboratorium für Warenkunde

1900   Institut für Schiffs- und Tropenkrankheiten.

     1883 wurde mangels Nachfrage das Akademische Gymnasium geschlossen. Es blieb jedoch das öffentliche Vorlesungswesen bestehen, das neben Vorlesungen für Laien auch Fortbildungskurse für bestimmte Berufsgruppen umfaßte. Das Vorlesungsverzeichnis des Wintersemesters 1913/14 enthielt nicht weniger als 300 Kurse, die von 207 Dozenten abgehalten wurden, insbesondere die Direktoren der Wissenschaftlichen

Anstalten wurden weiterhin verpflichtet, die öffentlichen Vorlesungen durchzuführen. Sie bildeten 1892 gemeinsam mit den für das allgemeine Vorlesungswesen berufenen Dozenten und den Direktoren der Museen den Professorenkonvent.

Zu Anfang dieses Jahrhunderts wurde es zur Lebensaufgabe des Senators und späteren Bürgermeisters Werner von Melle, diese Einrichtungen durch die Gründung einer Universität zusammenzufassen. Seine durch Beharrlichkeit und Geschicklichkeit gekennzeichneten Bemühungen führten nach der Gründung der Hamburgischen Wissenschaftlichen Stiftung im Jahre 1907 und des Kolonialinstituts 1908 schließlich, verzögert durch den Ausbruch des 1. Weltkrieges und dann befördert durch die Notwendigkeit, mehreren Jahrgängen von Kriegsteilnehmern das Studium in Hamburg zu ermöglichen, zu dem erwünschten Ziel.

1919　　Gründung der Universität, die sich in kurzer Zeit hervorragend entwickelte.

2 Die Mathematik in Hamburg

Obwohl seit der Gründung des Akademischen Gymnasiums die Mathematik als Gebiet vertreten war und 1690 die "Kunst-Rechnungs-liebende Societät" (die heutige "Mathematische Gesellschaft in Hamburg") — vermutlich die erste rein fachwissenschaftliche Gesellschaft der Welt — ins Leben gerufen wurde, hat in Hamburg vor der Universitätsgründung nur ein bedeutender Mathematiker gewirkt: Hermann Cäsar Hannibal Schubert (1848–1911, seit 1876 Lehrer am Johanneum, 1877 Ablehnung eines Rufes an die TH in Darmstadt, 1908 vorzeitig pensioniert). Sein 1879 erschienenes Hauptwerk "Kalkül der abzählenden Geometrie" erlebt gegenwärtig dank der exakten Fundierung durch die moderne algebraische Geometrie eine Renaissance.

Seit 1909 gab es Bemühungen, die durch Schubert begonnene mathematische Tradition durch eine Professur für Mathematik fortzuführen. Diese konnten aber erst mit dem Gesetz vom 31. 3. 1919 über die Errichtung der Universität verwirklicht werden, das drei Stellen für Mathematik vorsah, die im Laufe des Jahres 1919 mit W. Blaschke, E. Hecke und J. Radon besetzt wurden. Die beiden ersten bewirkten zusammen mit dem später berufenen E. Artin einen in aller Welt beachteten Aufstieg der Mathematik in Hamburg. Von dieser Blütezeit der 20er und 30er Jahre zeugt neben über 40 Dissertationen und den (weiter unten zusammengestellten) Habilitationen die Liste der Gäste, die u.a. die Namen Hilbert (Göttingen), Dehn (Frankfurt), Toeplitz (Kiel), Carathéodory (München), Study (Bonn), Wirtinger (Wien), Weyl (Zürich), H. Bohr (Kopenhagen), Fubini (Turin), Lichtenstein (Leipzig), Levi–Civita (Rom), R. Nevanlinna (Helsinki), H. Hopf (Zürich), Veblen (Princeton) und Siegel (Frankfurt) ausweist. Von den nicht in anderem Zusammenhang aufgeführten Studenten, Doktoranden, Assistenten, Lehrbeauftragten u.ä. seien hier noch (in alphabetischer Reihenfolge) die Namen R. Artzy, S.S.Chern, C. Chevalley, H. Hadwiger, H. Maass, J. von Neumann, B. Petkantchin, K. Reidemeister, L.A. Santalo, B. Schoeneberg, A. Stöhr, H. Tietz, O. Varga, A. Weinstein, J. Weissinger und M. Zorn genannt. Die Angewandte Mathematik, d.h. damals als Praktische Mathematik in erster Linie Versicherungsmathematik und Wahrscheinlichkeitstheorie, wurde in der Berichtszeit nur nebenamtlich vertreten (bis 1934 durch P. Riebesell, den Präsidenten der Hamburger Feuerkasse, danach durch Lehrbeauftragte).

3 Professoren

Erster Lehrstuhl

1919–1953   **Blaschke**, Wilhelm (1885–1962)
                vorher Tübingen

Zweiter Lehrstuhl

1919–1947   **Hecke**, Erich (1887–1947)
                vorher Göttingen

Dritter Lehrstuhl (Extraordinariat)

1919–1922   **Radon**, Johann (1887–1956)
                vorher Wien, nachher Greifswald

1922–1925   **Rademacher**, Hans (1892–1969)
                vorher Berlin, nachher Breslau

1925–1937 **Artin**, Emil (1898–1962)
vorher PDoz. Hamburg, 1926 o. Prof., 1937 in den Ruhestand
versetzt, Emigration in die USA

1938–1979 **Witt**, Ernst (geb. 1911)
vorher Göttingen

Nichtbeamteter ao. Professor

1936–1939 **Petersson**, Hans (1902–1984)
vorher PDoz., nacher ao. Prof. Prag, Straßburg, Hamburg

4 Habilitationen, Privatdozenten, Lehraufträge

Riebesell, P.; 1920 Habil. ohne die üblichen Formalitäten, bis 1934 Vorlesungen über Versicherungsmathematik

Nielsen, J.; 1920 Habil., 1920 Prof. TH Breslau, 1921 Dozent Kopenhagen

Baule, B.(1891–1976); 1920 Habil., 1921 Prof. TH Graz

Ostrowski, Alexander (1893—1987); 1922 Habil., 1923 Umhabil. Göttingen, 1927 o. Prof. Basel

Furch, R.; 1923 Habil., dann PDoz., 1926 ao. Prof. Rostock

Artin, E.; 1923 Habil., dann PDoz. und ao. Prof.

Behnke, H.; 1924 Habil., dann PDoz., 1927 o. Prof. Münster

Schreier, Otto (1901–1929); 1926 Habil., vor Annahme eines Rufes nach Rostock verstorben

Thomsen, G.; 1928 Habil., 1929 ao. Prof. Rostock

Petersson, H.; 1929 Habil., dann PDoz. und ao. Prof.

Kähler, E.; 1930 Habil., 1931/32 Rockefeller Stipendiat in Rom, 1936 o. Prof. Königsberg

Bol, G.; 1931 Habil., dann PDoz., 1942 ao. Prof. Greifswald

Sperner, E.; 1932 Habil., bis 1934 Gastaufenthalt China, 1934 o. Prof. Königsberg

Zassenhaus, Hans (geb. 1912); 1938 Habil., dann PDoz.

Bullig, Günter (geb. 1910); 1938 Habil.

Maak, Wilhelm (geb. 1912); 1938 Habil., dann Assistent Heidelberg, Hamburg

Burau, Werner (geb. 1906); 1943 Habil., dann PDoz.

Literatur

H. Behnke: Die goldenen ersten Jahre des Mathematischen Seminars der Universität Hamburg. Mitteilungen der Math. Ges. Hbg. Band X, Heft 4, 1976

H. Behnke: Semesterberichte. Ein Leben an deutschen Universitäten im Wandel der Zeiten. Vandenhoeck und Ruprecht 1978 (insbesondere S. 28–85)

W. Benz: Das Mathematische Seminar der Universität Hamburg in seinen ersten Jahrzehnten. Jahrbuch Überblicke Mathematik 1983, S. 191–201

J. Bolland: Die Gründung der "Hamburgischen Universität". In: Universität Hamburg 1919–1969, 17–105. Im Selbstverlag der Universität Hamburg

W. Burau: Der Hamburger Mathematiker Hermann Schubert. Mitteilungen der Mathematischen Gesellschaft in Hamburg, 9. Serie, 3 (1966)

W. Burau: Mathematik. In: Universität Hamburg 1919–1969, 255-257

Chr. Maas: Das Mathematische Seminar der Hamburger Universität in der Zeit des Nationalsozialismus, Hrsg. E. Krause et al.

H. Schimank: Zur Geschichte der exakten Naturwissenschaften in Hamburg. Von der Gründung des Akademischen Gymnasiums bis zur ersten Hamburger Naturforschertagung. Im Auftrage des Naturwissenschaftlichen Vereins in Hamburg. Hamburg 1928

Hannover, Technische Hochschule

1 Hochschulgeschichte

1831
Gründung als "Höhere Gewerbeschule" zu Hannover nach dem Muster von Wien und Karlsruhe. Als Direktor konnte Karl Karmarsch aus Wien gewonnen werden, er wirkte in dieser Stellung über vier Jahrzehnte bis zu seinem Ruhestand 1875. Der Lehrbetrieb begann mit 123 eingeschriebenen Schülern und Zuhörern. Lehrgegenstände waren: Reine und angewandte Mathematik, praktische Geometrie, Baukunst, Maschinenlehre, Naturgeschichte, Physik, theoretische und praktische Chemie, Technologie, Zeichnen und Modellieren, Buchführung.

1847
Neubenennung "Polytechnische Schule" — die berühmte Pariser École Polytechnique stand als Vorbild Pate. Inzwischen hatte sich die Anzahl der Lehrfächer stark vermehrt, die Zahl der Studierenden war auf über 300 angewachsen. Stärker ausgebaut wurden vor allem das Bauwesen und die Chemie.

1866
Das Königreich Hannover wurde von Preußen annektiert.

1879
Die Polytechnische Schule bezog das umgebaute Welfenschloß. Am 1. April erhielt die Institution die neue amtliche Benennung "Königlich Technische Hochschule". Für alle Studierenden wurde das Reifezeugnis eines Gymnasiums oder einer Realschule 1. Ordnung als Aufnahmebedingung gefordert. Ein Verfassungsstatut gliederte die Hochschule in fünf Abteilungen: Architektur, Bauingenieurwesen, Maschineningenieurwesen, Chemie und Elektrotechnik, Allgemeine Wissenschaften.

1880
Gleichstellung mit den Universitäten; Wahlrektorat.

1884
Einführung einer Habilitationsordnung für Privatdozenten.

1899   Verleihung des Promotionsrechtes.

1922   Aufhebung der bisherigen Abteilungen und Neugliederung in Fakultäten: Fakultät für allgemeine Wissenschaften, insbesondere Mathematik und Naturwissenschaften, Fakultät für Bauwesen (Architektur, Bauingenieur– und Vermessungswesen), Fakultät für Maschinenwesen (und Elektrotechnik). Starkes Ansteigen der Studentenzahlen auf über 3000.

1933   Politisch und rassisch motivierte Entlassung eines Teils des Lehrkörpers. Die Zahl der Studierenden sank auf etwa 1100.

1941   Das Hauptgebäude der Hochschule — das ehemalige Welfenschloß — brannte nach einem Luftangriff fast völlig aus.

1945   Aufnahme des Lehrbetriebes nach dem Krieg mit etwa 800 Studenten in wenigen noch teilweise erhaltenen Gebäuden.

2 Die Mathematik in Hannover

Karl Karmarsch betrachtete die Mathematik als einen Grundpfeiler technischer Bildung und räumte ihr von Anfang an einen bedeutenden Platz im Lehrplan seiner "Höheren Gewerbeschule" ein. Der Inhaber der Planstelle für dieses Fach war zugleich stellvertetender Direktor der Schule. Mit der Erweiterung im Bereich der Ingenieurfächer wurde auch die Mathematik stärker ausgebaut: 1856–1858 wurden zwei neue Stellen eingerichtet, wobei die Darstellende Geometrie als selbständiges Lehrgebiet der Mathematik angegliedert wurde. Zu jener Zeit beschränkte sich die Aufgabe der in Hannover tätigen Mathematiker auf die Lehre. Da der Unterricht auf recht elementarer Stufe einsetzen mußte, ergab sich eine Gliederung in "Niedere Mathematik" (Elementare Arithmetik, Algebra und Geometrie) und "Höhere Mathematik" (Analytische Geometrie, Differential– und Integralrechnung).

Die Umwandlung in die Technische Hochschule gab auch der Entwicklung des Faches Mathematik neue Impulse. Den Mathematikern stellten sich von da an nicht nur anspruchsvollere und neuartige Lehraufgaben, sondern es wuchsen ihnen auch Forschungsprobleme zu. Zunächst konnte auf die "Niedere Mathematik" verzichtet werden, dafür steigerten sich die Anforderungen an die Ausbildung der Studenten in der "Höheren Mathematik". Insbesondere erforderten die Bedürfnisse der Mechanik und Elektrotechnik eine stärkere Berücksichtigung der Differentialgleichungen und der Variationsrechnung. Algebra und Zahlentheorie wurden in den Standardlehrstoff aufgenommen. Hinzu kam die Erfahrung, daß viele aus technischen Problemen erwachsende mathematische Aufgaben nur mit numerischen oder graphischen Verfahren bearbeitet werden konnten, die teilweise neu zu entwickeln waren. So wurden Teile der Angewandten Mathematik Lehr– und Forschungsgegenstand an der Technischen Hochschule.

Dem damit gegebenen wissenschaftlichen Niveau entsprachen nun auch die Grundsätze bei der Berufung der Hochschullehrer. Es wurden Persönlichkeiten ausgewählt, die als Forscher ausgewiesen, in der akademischen Lehre schon erfahren und bereit waren, in Forschung und Lehre den Besonderheiten einer Technischen Hochschule Rechnung zu tragen.

Die Aufgabe, den künftigen Ingenieuren das erforderliche mathematische Rüstzeug auf den Weg zu geben, hat hier wie anderswo zur Ausbildung eines besonderen Lehrstils geführt. Der Student einer technischen Wissenschaft treibt Mathematik nicht um ihrer selbst willen, er lernt sie als Hilfswissenschaft. Anschauliche Betrachtungen liegen ihm näher als rein formale. Er strebt einerseits nicht von sich aus nach äußerster Abstraktion, muß aber andererseits zu der Erkenntnis geführt werden, daß gerade die abstrakte Formulierung mathematischer Aussagen ihre vielfältige Anwendbarkeit mit sich bringt. Schließlich muß er auch lernen, aus einem oft komplizierten technisch–naturwissenschaftlichen Problem den wesentlichen Kern herauszuschälen und in eine mathematische Aufgabe umzusetzen. Viele Lehrende an der TH Hannover haben hier wesentliche Beiträge geliefert.

Mit den Reformen nach dem ersten Weltkrieg wurden zwei Neuerungen eingeführt, die für die Mathematik nachhaltig bedeutsam wurden: 1921 wurde den Technischen Hochschulen die volle Ausbildungsmöglichkeit für Kandidaten des Höheren Lehramtes in den Fächern Mathematik, Physik und Chemie übertragen, und 1922 wurde ein Diplomgrad für Mathematik mit zugehöriger Prüfungsordnung geschaffen. Jetzt lohnte es sich, ein Lehrangebot zu entwickeln, das weite und vor allem neue Gebiete der Mathematik umfaßte. Damit eröffnete sich auch dem wissenschaftlichen Nachwuchs ein reizvolles Betätigungsfeld, und daher habilitierten sich in den folgenden Jahren einige junge Wissenschaftler. Der zweite Weltkrieg und seine Folgen stellten für eine Zeitlang die Existenz der Technischen Hochschule in Frage. Etwa ab 1950 setzte mit dem allgemeinen wirtschaftlichen Aufschwung aber auch hier ein deutliches Wachstum ein.

3 Professoren

Erster Lehrstuhl

1831–1848   **Glünder**, Wilhelm (1799–1848)

1849–1863   **Franke**, Traugott (1808–1863)
vorher Dresden

1863–1873   **Guthe**, Hermann (1825–1874)

1873–1883   **Bessel**, Franz (1825–1883)

1884–1886   **v. Mangoldt**, Hans (1854–1925)
vorher PDoz. Göttingen, nachher Aachen

1886–1904   **Runge**, Carl (1856–1927)
vorher PDoz. Berlin, nachher Göttingen

1905–1908   **Stäckel**, Paul (1862–1919)
vorher Karlsruhe, nachher Heidelberg

1909–1910   **Carathéodory**, Constantin (1873–1950)
vorher PDoz. Bonn, nachher TH Breslau

1910–1948   **Müller**, Conrad (1878–1953)
1908 Habil., dann PDoz. Göttingen, 1948 em.

Zweiter Lehrstuhl (Darstellende Geometrie und Praktische Mathematik)

1856–1863   **Bargum**, Ludolf (1833–1863)

1863–1872   **Stegemann**, Max (1831–1872)

1873–1884   **Bruns**, August (1813–1884)

1884–1921   **Rodenberg**, Carl (1851–1933)
vorher Darmstadt, 1921 em.

1922–1952   **v. Sanden**, Horst (1863–1965)
vorher Clausthal, 1952 em.

Dritter Lehrstuhl

1858–1878   **Grelle**, Friedrich (1835–1878)

1879–1921   **Kiepert**, Ludwig (1846–1934)
vorher Darmstadt, 1921 em.

1921–1941   **Prange**, Georg (1885–1941)
vorher PDoz.

1943–1952   **Collatz**, Lothar (geb. 1910)
vorher PDoz. Karlsruhe

Lehrstuhl für Angewandte Mathematik und Mechanik

1907–1911   **Wieghardt**, (1874–1924)

1912–1914   **Rothe**, Rudolf (1873–1942)
vorher Clausthal, nachher Charlottenburg

1915–1927   **Salkowski**, Erich (1881–1943)
vorher Habil. TH Charlottenburg, Oberlehrer Berlin, nachher
TH Berlin

4 Habilitationen, Privatdozenten

Gerke, Rudolf (1848-1912); 1883–1886 PDoz., dann nach Altenburg

Petzold, Maximilian (1850–1920); 1894 Habil., bis 1920 PDoz., las aber
nicht

Prange, G.; 1916 Habil., dann PDoz., 1921 o. Prof.

Doetsch, G.; 1921 Habil., bis 1922 PDoz., dann Lehrauftrag Halle, 1924
o. Prof. Stuttgart

Schur, Axel (1891–1930); 1923 Habil., dann PDoz., 1927 Umhabil. nach
Bonn

Koppenfels, Werner v. (1904–1945); 1934 Habil., bis 1937 PDoz., dann
Doz. Würzburg

Ludwig, Konrad (1898–1951); 1934 Habil., bis 1951 PDoz. und Doz.

Literatur

Festschrift zum 150jährigen Bestehen der Universität Hannover. Band 1: Universität Hannover 1831–1981. Band 2: Catalogus Professorum 1831–1981. Verlag W. Kohlhammer, Stuttgart, 1981

Festschrift zur 125-Jahrfeier der Technischen Hochschule Hannover. Technische Hochschule Hannover, 1956

W. Launhart: Die Königliche Technische Hochschule zu Hannover von 1831–1881. Verlag der Hahnschen Buchhandlung, Hannover 1881

K. Karmarsch: Die polytechnische Schule zu Hannover. Verlag der Hahnschen Buchhandlung, Hannover, 2. Aufl. 1856

Heidelberg, Universität

1 Universitätsgeschichte

1386
Gründung der Universität Heidelberg durch Kurfürst Ruprecht I. von der Pfalz. Erste Magister kamen aus Paris und Prag. Erster Rektor: Marsilius von Inghen (bis 1378 in Paris). Ende 1387 gab es ca. 40 Magister und mehr als 500 Studenten. Danach nahmen diese Zahlen stark ab, u.a. wegen der Gründung der Universität Köln 1388. Bis zur Mitte des 16. Jahrhunderts immatrikulierten sich im Mittel ca. 130 Personen pro Jahr, und die mittlere Aufenthaltsdauer an der Universität wird auf 2 Jahre geschätzt.

1452
Reform durch Friedrich I. Einführung von zwei unterschiedlichen Studiengängen in der Artistenfakultät entsprechend den beiden "Wegen" im Universalienstreit der Scholastik, dem alten realistisch–thomistischen und dem neuen nominalistisch–occamistischen.

1556–1558
Lutherische Reformation in der Pfalz durch Kurfürst Ottheinrich. Neue Statuten für die Universität, ausgearbeitet mit Beteiligung von Philipp Melanchthon. Neuordnung der Lehrstühle nach Zahl und Art und der Besoldung der nun auch als "Ordinarien" bezeichneten, fest besoldeten Professoren (3 Theologen, 4 Juristen, 3 Mediziner und 4 Artisten).

1556–1584
Mehrfacher Religionswechsel des Landesherrn zwischen Luthertum und Calvinismus mit erheblichen Auswirkungen auf den Lehrkörper. Schließlich setzte sich der Calvinismus durch und blieb bis zum 30–jährigen Krieg maßgebend.

1563
Publikation des Heidelberger Katechismus, bis heute das Lehr– und Bekenntnisbuch der reformierten Kirchen.

1570–1580
Für die Artistenfakultät bürgerte sich die Bezeichnung Philosophische Fakultät ein.

1622   Eroberung und Plünderung der Stadt Heidelberg durch Tilly.
                Übergabe der Heidelberger Bibliotheken (3500 Handschrif-
                ten und 5000 gedruckte Bücher) an den Papst durch Herzog
                Maximilian von Bayern. (Ein Teil davon kehrt 1816 zurück.)
                Entlassung der theologischen Professoren. Die 7 anderen Pro-
                fessoren mußten dem Kaiser schwören. Es gab nur wenige
                Studenten.

1626   Schließung der Universität. Entlassung aller Professoren.

1629   Wiedereröffnung als katholische Anstalt, die jedoch nur we-
                nige Jahre aktiv war. 1633 wurde Heidelberg von den Schwe-
                den, 1634 wieder von den Kaiserlichen erobert. Von da an
                bis 1652 trotz formellen Weiterbestehens der Universität kein
                Lehrbetrieb nachweisbar.

1652   Wiederbelebung durch Karl Ludwig.

1689–1693   Erneute Zerstörung von Stadt und Universität durch die
                Franzosen im Orleans'schen Erbfolgekrieg.

1706   Ernennung mehrerer Patres des Jesuitenkollegs zu Professo-
                ren. Wachsender Einfluß der Jesuiten, denen es jedoch nicht
                gelang, die Universität zu neuer Blüte zu führen — von ei-
                nigen hervorragenden Ausnahmen abgesehen, zu denen der
                Mathematiker und Astronom Christian Mayer (Heidelberg
                1751–1774) gehörte.

1803   Die Universität Heidelberg wurde Landesbehörde des neuen
                Landes Baden unter dem Markgrafen (später Großherzog)
                Carl Friedrich. Beginn eines großen Aufschwungs, der das
                ganze 19. und das beginnende 20. Jahrhundert prägte. Zu
                den großen Namen gehören die Juristen Anton Friedrich Ju-
                stus Thibaut (in Heidelberg 1805–1840) und Carl Joseph An-
                ton Mittermaier (1821–1867), die Chemiker Leopold Gmelin
                (1813–1851) und Robert Bunsen (1852–1889), die Mediziner
                Maximilian (von) Chelius (1817–1864) und Vincenz Czerny
                (1877–1916), die Historiker Friedrich Christoph Schlosser
                (1817–1861), Ludwig Häusser (1840–1867) und Heinrich von
                Treitschke (1867–1874), die Philosophen Georg Wilhelm

Friedrich Hegel (1816–1818) und Kuno Fischer (1850–1853 und 1872–1906), der Physiker Gustav Kirchhoff (1854–1875) sowie der Physiologe und Physiker Hermann (von) Helmholtz (1858–1871).

1807   Als erstes Seminar an der Universität wurde das philologisch-pädagogische gegründet.

1810   30 Ordinarien, 15 ao. Professoren und Privatdozenten, 388 Studenten, 8 Institute und Seminare, 2 Kliniken.

1890   Abspaltung der Mathematisch-Naturwissenschaftlichen Fakultät von der Philosophischen.

1919   56 Ordinarien, 107 außerordentliche Professoren und Privatdozenten, 3403 Studierende, darunter 392 Frauen, 39 Institute, 12 Kliniken. Ähnlich blieben diese Zahlen bis 1950 mit vorübergehenden Rückgängen durch Wirtschaftskrise, Nationalsozialismus und 2. Weltkrieg. Danach starke Expansion.

1933–1937   Entlassung von 42 Professoren und Dozenten aus rassischen oder politischen Gründen.

30.3.1945   Schließung der Universität durch die amerikanische Besatzungsmacht.

15.8.1945   Übernahme des Rektoramts durch den Chirurgen Karl Heinrich Bauer und Beginn eines medizinischen Kurses.

3.12.1945   Aufnahme des Lehrbetriebs in Theologie und Medizin.

7.1.1946   Generelle Aufnahme des Lehrbetriebes.

2 Die Mathematik in Heidelberg

Arithmetik und Geometrie waren Fächer der artes liberales und als solche von Anfang an (seit 1386) in Heidelberg vertreten, anfangs jedoch durch Professoren, die auch andere Fächer lehrten, so z.B. 1524–1527 durch Sebastian Münster (gest. 1552), der eine Professur für Hebräisch hatte und besonders als Kosmograph bekannt ist. Der erste mathematische Lehrstuhl wurde 1547 eingerichtet und mit dem Arzt Jacob Curio (1497–1572) besetzt. Bedeutende Beiträge zur Mathematik wurden um 1600 in Heidelberg von Valentin Otho (ca. 1550–1605?), Jacob Christmann (1554–1613) und Bartholomäus Pitiscus (1561–1613) geleistet, obwohl keiner von ihnen hier Professor für Mathematik war. (Verwirrenderweise hieß der Inhaber des mathematischen Lehrstuhls von 1604 bis 1608 auch Pitiscus, aber Simon mit Vornamen, gest. 1608, und sicher nicht mit Bartholomäus identisch.) Otho erhielt ab 1587 für mehrere Jahre direkt vom Kurfürsten ein Stipendium als Astronom. Christmann war Professor ab 1584 für Hebräisch, ab 1591 für Logik und ab 1609 zusätzlich für Arabisch. Bartholomäus Pitiscus immatrikulierte sich 1584 für Theologie und wurde später Hofprediger. Alle drei waren maßgeblich an der Aufstellung und Verbesserung von trigonometrischen Tafeln beteiligt. Das Wort "Trigonometria" taucht zum ersten Mal als Titel eines 1595 erschienenen Buches von Pitiscus auf. Im weiteren Verlauf des 17. Jahrhunderts litt mit der Stadt und der Universität naturgemäß auch das Fach Mathematik unter dem 30–jährigen Krieg und dem Orleans'schen Erbfolgekrieg. Ein Versuch, zwischen diesen beiden Kriegen Jakob Bernoulli für Heidelberg zu gewinnen, schlug fehl. Im 18. Jahrhundert ragt der Jesuit Christian Mayer (1719–1783) hervor. Er übernahm 1752 den neu errichteten Lehrstuhl für Experimentalphysik und lehrte auch Mathematik. Sein Hauptinteresse aber galt der Astronomie. Er veranlaßte den Bau von Sternwarten in den kurfürstlichen Residenzen Schwetzingen (1764) und Mannheim (1774) und ging 1775 ganz an den Hof nach Mannheim.

Unmittelbar nach der Universitätsreform 1803 erfolgte eine Ablösung des bisherigen mathematischen Ordinariats durch einen anderen Lehrstuhl. Die aus der "Staatswirtschafts Hohen Schule" stammende Stelle des o. Prof. für Land-, Forstwirtschaft und Bergbaukunde Ludwig Wallrad Medicus wurde nach dessen Weggang ab 1804 für Mathematik verwendet. Die bisherige mathematische Professur, zuletzt besetzt mit Jacob Schmitt, stand nach ihrem Freiwerden 1807 der Mathematik nicht mehr zur Verfügung. Der erste Ruf nach 1803 an einen Mathematiker ging an Christian Langsdorff, der ein bedeutender und sehr vielseitiger Mann war, dessen Stärke aber wohl mehr in bestimmten ingenieurwissenschaftlichen Fächern als in der Mathematik lag.

An dem generellen Aufschwung der Universität im 19. Jahrhundert hatte ab ca. 1850 auch die Mathematik teil. Dazu haben neben den Ordinarien Otto Hesse, Leo Koenigsberger und Immanuel Fuchs in hohem Maße

Moritz Cantor, Paul Du Bois-Reymond, Heinrich Weber, Jacob Lüroth und Max Noether beigetragen, die teils länger, teils kürzer als Extraordinarien oder Privatdozenten in Heidelberg waren. Von Kirchhoff und Koenigsberger wurde 1869 das Mathematisch–Physikalische Seminar gegründet, das sich 1900 in zwei getrennte Seminare aufspaltete. Das mathematische Seminar wurde 1913 unter der Leitung von Paul Stäckel in ”Mathematisches Institut” umbenannt. Stäckel war der erste Inhaber des zweiten mathematischen Ordinariats, dessen Einrichtung 1913, wie vieles andere in der Zeit von 1869 bis 1914, der Tatkraft von Koenigsberger zu verdanken ist. Seit 1905 gab es auch ein etatmäßiges Extraordinariat für Mathematik, das zuerst mit Carl August Koehler besetzt wurde. Als 1922 Artur Rosenthal die Stelle übernahm, wurde sie als planmäßiges Extraordinariat für Angewandte Mathematik bezeichnet. Im Zuge allgemeiner Sparmaßnahmen wurde sie am 1.4.1924 ganz gestrichen. Ein planmäßiges Extraordinariat für Mathematik entstand dann erst wieder 1948 (Hans Maaß) und eine Professur für Angewandte Mathematik, und zwar ein Ordinariat, erst 1957 (Gottfried Köthe). Das erste Ordinariat wurde nach dem Weggang von Oskar Perron 1922 nicht sofort wieder besetzt. Ab 1.4.1924 wurde es vom Ministerium zur Besoldung von Rosenthal bestimmt, an dessen Status als a.o. Prof. sich jedoch zunächst nichts änderte. Zwar wurde er 1930 persönlicher Ordinarius, aber erst mit seiner Ernennung zum o. Prof. mit Wirkung vom 1.5.1932 war der Lehrstuhl wieder regulär besetzt. Daraus erklärte sich, daß sich die Zählung der beiden Lehrstühle umkehrte: Liebmanns wurde als erster, Rosenthals als zweiter angesehen.

Von 1922 bis 1935 bestimmten Liebmann und Rosenthal das mathematische Leben in Heidelberg. Weil sie Juden waren, inszenierte der NS–Studentenbund im Sommer 1935 einen Boykott ihrer Lehrveranstaltungen. Da sie bei Rektorat und Ministerium keine Unterstützung fanden, beantragten beide (Liebmann unter Angabe von gesundheitlichen Gründen) ihre vorzeitige Emeritierung, die zum 30.9.1935 erfolgte. Mit Schreiben vom 3.1.1936 stellt der Rektor fest, daß Rosenthal als unmittelbare Folge des Reichsbürgergesetzes vom 15.9.1935 und der Durchführungsverordnungen dazu mit Ablauf des Jahres 1935 seine Lehrbefugnis verloren habe und aus dem Lehrkörper der Universität ausgeschieden sei. Obwohl sich aus den genannten Vorschriften für Liebmann dasselbe ergab, wurde es nie amtlich ausgesprochen. Er wurde vielmehr bis zu seinem Tode am 12.6.1939 in München–Solln als Mitglied des Lehrkörpers betrachtet (was der Rektor zweimal 1937 und 1939 ausdrücklich bestätigt) und im Vorlesungsverzeichnis als "inaktiver o. Prof." geführt. Rosenthal emigrierte 1936 nach USA, begannn dort 1940 eine neue Universitätskarriere (zuletzt Prof. an der Purdue Univ. in Lafayette, Indiana) und starb 1959. Zuvor war er 1954, rückwirkend zum 1.4.1949, wieder in die Rechte eines em. o. Prof. der Universität Heidelberg eingesetzt worden. Liebmanns Nachfolger wurde Herbert Seifert. Mit der Vertretung des Ordinariats bereits im November 1935 beauftragt, verzögerte sich seine Ernennung bis 1937, weil der NS–Dozentenbund Einwände hatte. Aus ähnlichen Gründen kam auch die beabsichtigte Berufung von Eberhard Hopf nicht zustande. Statt dessen wurde der politisch genehme Udo Wegner als Nachfolger von Rosenthal berufen. Seine Haltung sicherte ihm großen Einfluß bis 1945 und führte dann zu seiner Entlassung. Seifert war während des ganzen Krieges an der Luftfahrtforschungsanstalt in Braunschweig tätig und dafür von der Universität beurlaubt. Ab 1945 baute er die Mathematik in Heidelberg wieder auf.

3 Professoren

Erster Lehrstuhl

1788–1807 **Schmitt**, Jacob (1762–1816)
vorher ao. Prof. für Philosophie, nachher o. Prof. Freiburg.

Ab 1807 wurde dieses Ordinariat nicht mehr für Mathematik verwendet.

1802–1804 **Medicus**, Ludwig Wallrad (1771–1850)
o. Prof. für Land–, Forstwirtschaft und Bergbaukunde an der Staatswirschaftlichen Section, las auch über Mathematik, vorher a.o. Prof., nachher o. Prof. Würzburg.

Ab 1804 wurde dieses Ordinariat für Mathematik verwendet und zunächst durch den a.o. Prof. Vossmann vertreten.

1806–1834 **(von) Langsdorf(f)**, Carl Christian (1757–1834)
vorher 1786 o. Prof. Erlangen für Maschinenlehre und Technologische Wissenschaften, 1804 o. Prof. Wilna für Mathematik und Technologie, besonders bekannt als Salinenfachmann, lehrte auch Wasser–, Straßen–, Mühlen– und Brückenbau

1835–1856 **Schweins**, Franz Ferdinand (1780–1856)
vorher ao. Prof. und pers. o. Prof., ab 1835 Besoldung aus dem Ordinariat

1856–1868 **Hesse**, Ludwig Otto (1811–1874)
vorher o. Prof. Halle, nachher o. Prof. TH München

1869–1875 **Koenigsberger**, Leo (1837–1921)
vorher o. Prof. Greifswald, nachher o. Prof. Dresden

1875–1884 **Fuchs**, Immanuel Lazarus (1832–1902)
vorher o. Prof. Göttingen, nachher U Berlin

1884–1914 **Koenigsberger**, Leo (1837–1921)
vorher Wien, 1914 em., s.o.

1914–1922 **Perron**, Oskar (1880–1975)
vorher ao. Prof. Tübingen, nachher o. Prof. U München

1924–1935 **Rosenthal**, Artur (1887–1959)
vorher und bis 1930 planm. ao. Prof., aber ab 1924 aus diesem Ordinariat besoldet, 1930 pers. o. Prof., 1932 zum o. Prof. ernannt, 1935 vorzeitig em. und Verlust der Lehrbefugnis, 1936 Emigration nach USA, 1949 Wiedereinsetzung in die Rechte eines em. o. Prof. der Universität Heidelberg (Näheres s. o. unter 2)

1935–1936 im WS 1935/36 und im SS 1936 vertreten durch W. **Weber**, vorher PDoz. Göttingen

1936–1945 **Wegner**, Udo (1902–1989)
vorher o. Prof. TH Darmstadt, im WS 1936/37 Vertretung des Ordinariats, 1937 ernannt, 1945 entlassen, später o. Prof. Saarbrücken

Zweiter Lehrstuhl

1913–1919 **Stäckel**, Paul Gustav (1862–1919)
vorher o. Prof. TH Karlsruhe

1920–1935 **Liebmann**, Karl Otto Heinrich (1874–1939)
vorher etatm. ao. Prof. und pers. o. Prof. TH München, 1935
vorzeitig em. (Näheres s. o. unter 2)

1935–1975 **Seifert**, Herbert (geb. 1907)
vorher PDoz. TH Dresden, ab WS 1935/36 Vertretung des
Ordinariats, 1937 ao. und pers. o. Prof., WS 1939/40 bis WS
1944/45 beurlaubt zur Forschungstätigkeit an der Luftfahrtforschungsanstalt in Braunschweig, 1946 o. Prof., 1975 em.

Planmäßiges Extraordinariat

1905–1914 **Koehler**, Carl August (1855–1932)
vorher ab 1888 ao. Prof. (nicht etatm.), davor PDoz., 1914
Entlassung auf eigenen Antrag und Ernennung zum o. Hono-
rar-Prof.

1914–1916 **Vogt**, Wolfgang Wilhelm (1883–1916)
vorher PDoz. TH Karlsruhe, 1916 gefallen

1917–1922 **Pfeiffer**, Friedrich Georg (1883–1961)
vorher PDoz. Halle, 1914–1918 Kriegsdienst, 1917 zum etatm.
ao. Prof. ernannt, aber erst Anfang 1919 Dienstantritt, 1921
pers. o. Prof., nachher o. Prof. TH Stuttgart

1922–1924 **Rosenthal**, Artur (1887–1959)
vorher ao. Prof. TH München.

Die Heidelberger Professur wurde jetzt als planmäßiges Extraordinariat für Angewandte Mathematik bezeichnet und am
1.4.1924 aus Sparsamkeitsgründen gestrichen; von da an Besoldung aus dem ersten Ordinariat (s. o.)

Weitere Extraordinarien

1804–1805 **Vo(s)man(n)**, Joan Hermannus Antonius (1752–1805)
vorher ab 1783 ”Rechenmeister”, vertrat das Ordinariat (s.o.)

1811–1835 **Schweins**, F.F.
vorher PDoz., 1816 pers. o. Prof., nachher Inhaber des Ordinariats

1839–1846 **(von) Jolly**, Johann Philipp Gustav (1809–1884)
auch für Physik, vorher PDoz., nachher o. Prof. für Physik

1863–1882 **Rummer**, Friedrich (1815–1882)
vorher ab 1841 und daneben Lehrer am Lyceum und an der
Gewerbeschule Heidelberg

1863–1913 **Cantor**, Moritz Benedikt (1829–1920)
insbesondere Geschichte der Mathematik, vorher PDoz., 1877
Honorar–Prof., 1908 o. Honorar–Prof., 1913 em.

1868–1870 **Du Bois–Reymond**, David Paul Gustave (1831–1899)
vorher PDoz., nachher o. Prof. Freiburg

1869–1870 **Weber**, Heinrich (1842–1913)
vorher PDoz., nachher o. Prof. ETH Zürich

1872–1904 **Eisenlohr**, Friedrich (1831–1904)
auch für Physik, vorher PDoz.

1874–1875 **Noether**, Max (1844–1921)
vorher PDoz., nachher ao. Prof. Erlangen

1887–1898 **Schapira**, Hermann (1830–1898)
vorher PDoz.

1888–1905 **Koehler**, C. A.
vorher PDoz., nachher etatm. ao. Prof.

1897–1904 **Landsberg**, Georg (1865–1912)
vorher PDoz., nachher ao. Prof. Breslau

1904–1914 **Boehm**, Karl (1874–1958)
vorher PDoz., nachher o. Prof. Königsberg

1915–1934 **Bopp**, Karl Friedrich (1877–1934)
insbesondere Geschichte der Mathematik, 1915–1918 Kriegsdienst, vorher PDoz.

4 Habilitationen, Privatdozenten, Lehraufträge

Suckow, Georg Adolf (1751–1813); 1774 Prof. für Physik, Chemie, Mineralogie und Bergbaukunde an der "Kameral Hohe Schule Kaiserslautern", die 1784 als "Staatswirtschafts Hohe Schule" nach Heidelberg kam und 1803 zur Staatwirtschaftlichen Section der Philosophischen Fakultät der Universität wurde, hielt 1784–1807 regelmäßig auch mathematische Vorlesungen

Sar, Anton (1747–1817); 1791 Prof. für Dogmatik, 1804 Prof. für Französische Sprache, 1801–1804 auch mathematische Vorlesungen

Feyh, Heinrich Christian (? – ?); 1804–1809 mathematische Lehrveranstaltungen als "Schreib- und Rechenmeister"

Fries, Jacob Friedrich (1773–1843); 1805 o. Prof. für Philosophie und Physik, 1805–1807 auch mathem. Vorlesungen, 1816 o. Prof. Jena

Claß, Franz (? – ?); 1805–1809 als Privatlehrer bzw. Privatdocent im Vorlesungsverz., nachher Clausthal

Zimmermann, Johann Christian (? — ?); Dr., 1805–1809 als Privatlehrer bzw. Privatdocent im Vorlesungsverz.

Horstig, Carl Gottlieb (1763–1835); Consistorialrath, 1805–1814 sporadisch mathematische Lehrveranstaltungen, als Privatlehrer im Vorlesungsverz., vorher Pfarrer und Superintendent in Bückeburg

Görres, Johann Joseph (1776–1848); 1806–1808 Privatlehrer in verschiedenen Fächern, darunter im SS 1807 Mathematik, vorher und nachher Lehrer der Physik an der Sekundarschule in Koblenz

Diesterweg, Wilhelm Adolf (1782–1835); 1808 Habil., 1809 als Privatlehrer im Vorlesungsverz., 1809 Gymnasialprof. Mannheim, 1818 o. Prof. Bonn

Wagner, Johann Jakob (1885–1941); Mathematische Philosophie, 1809 PDoz., vorher ao. Prof. Würzburg, 1811–1814 als Privatlehrer im Vorlesungsverz., 1815 wieder Würzburg

Schweins, F. F.; 1810 PDoz., vorher PDoz. Göttingen (Habil. 1809) und kurze Zeit PDoz. Darmstadt, 1811 ao. Prof.

Leger, Thomas Antonius Martinus (1782–1855); 1810 PDoz., 1811 Dr. phil., 1821 ao. Prof. für Baukunst und Philosophie, vorher Architekt in Karlsruhe, hielt in der Staatswirtsch. Section u. a. regelmäßige Vorlesungen über Perspectivische Zeichnungslehre und Geometrische Constructionslehre, zeitweise auch in der math. Abt. angekündigt

Muncke, Georg Wilhelm (1773–1847); 1817 o. Prof. für Physik, hielt bis 1824 auch mathematische Vorlesungen, vorher o. Prof. für Physik und Mathematik in Marburg

Riant, J. F. (? – ?); Lehrer der französischen Sprachen, im SS 1819 als Lector "Privatunterricht in der reinen Mathematik"

Müller, Anton (1799–1860); 1822 PDoz. und später auch Bibliothekar, 1837 Prof. Zürich

Nokk, Lorenz oder Laurentius (? –1828); 1825 Promotion, 1825–1828 als Privatdocent im Vorlesungsverz., obwohl 1826 Gesuch um Zulassung als Privatdocent abgelehnt

Arneth, Arthur (1802–1858); 1828–1858 PDoz., vorher Lehrer im Hofwyl (Kanton Bern), ab 1838 auch Lycealprof.

von Heiligenstein, Anton (1804–1834); 1829–1834 PDoz., auch für Astronomie

Oettinger, Ludwig (1797–1869); 1822 Gymnasialprof., erhielt 1830 vom Innenministerium direkt und ohne Habilitation die Erlaubnis, Vorlesungen zu halten, vergeblicher Protest der Fakultät, 1831–1836 im Vorlesungsverz., aber abgesetzt von den PDoz., 1838 o. Prof. Freiburg

Eisenlohr, Otto (1806–1853); 1830–1840 PDoz., nachher Rückzug ins Privatleben aus Gesundheitsgründen

(von) Jolly, J. Ph. G.; 1834 Habil., las als PDoz. vorwiegend über Physik, Astronomie und Maschinenlehre, später als ao. Prof. ab 1839 auch über Mathematik

Nell, Johann Adam Maximilian (1824– ?); 1852 Habil. in den Mathematischen Wissenschaften (Astronomie), 1857 Verzicht auf venia legendi, auf eigenen Antrag aus der Liste der PDoz. gestrichen, vorher und nachher Eisenbahnbeamter

Cantor, M. B.; 1853 Habil., 1863 ao. Prof.

Eisenlohr, F.; 1854 Habil., 1872 ao. Prof. auch für Physik

Zehfuß, Georg (1832– ?); 1859 Habil., vorher Lehrer für Mathematik an der Gewerbeschule Darmstadt, 1862 beurlaubt

Du Bois–Reymond, P.; 1865 Habil., 1868 ao. Prof.

Weber, H.; 1866 Habil., 1869 ao. Prof.

Lüroth, J.; 1867 Habil. für Mathematik und verwandte Wissenschaften, 1869 o. Prof. Karlsruhe

Noether, M.; 1870 Habil., 1874 ao. Prof.

Krause, M.; 1875 Habil., 1876 PDoz. Breslau, 1878 o. Prof. Rostock

Koehler, C. A.; 1882 Habil., 1888 ao. Prof.

Schapira, H.; 1883 Habil., 1887 ao. Prof.

Landsberg, G.; 1893 Habil., 1897 ao. Prof.

Boehm, K.; 1900 Habil., 1904 ao. Prof.

Bopp, K. F.; 1906 Habil., 1915 ao. Prof.

Hertz, Paul (1881–1940); 1909 Habil. auch für Physik, 1912 PDoz. Göttingen, 1921 dort auch ao. Prof.

Sternberg, W.; 1920 Habil., 1927 PDoz. und (später?) ao. Prof. Breslau, 1935 Prag, 1939 Cornell U (Ithaca/NY, USA), 1948 Ruhestand

Gumbel Emil Julius (1891–1966); 1923 Habil. und 1930 ao. Prof. für Statistik in der Wirtschaftswiss. Abt. der Phil. Fakultät, ab 1925 auch mathematische Vorlesungen und Seminare, 1932 Entzug der Lehrbefugnis (Näheres bei Schappacher), vorher Lehrer an der Betriebsräteschule des Allg. Dt. Gewerkschaftsbundes Berlin, nachher U Lyon

Müller, Max (1901–1968); 1928 Habil., 1938 ao. Prof. Tübingen, 1942–1945 daneben Lehrauftrag in Heidelberg

Fischer, Helmut Joachim (1911– ?); 1937 Dr. habil. (ohne Lehrbefugnis), nachher Sicherheitsdienst Berlin

Maak, Ernst–Adolph Wilhelm (geb. 1912); las 1938 in Vertretung von Max Müller, 1939 Habil. Hamburg und Lehrauftrag in Heidelberg bis 1940, nachher Doz. Hamburg

Ringleb, Otto Adolf Friedrich (1900– ?); 1939 Dr. habil. (ohne Lehrbefugnis), Mitarbeiter der Messerschmidt–Flugzeugwerke, nach 1945 USA

Heuser, Paul (? – ?); 1940 Habil. Darmstadt, 1940–1945 Lehrauftrag Heidelberg, Bezahlung zu Lasten des Ordinariats Seifert, der ohne Bezüge beurlaubt war

Maaß, Hans (geb. 1911); 1940 Habil., 1948 ao. Prof., 1958 o. Prof.

Fischer, Hermann (1883– ?); 1915 Prof. an der Oberrealschule Heidelberg, 1943–1952 Lehrauftrag für Elementarmathematik (Chemiker, Biologen), im WS 1944/45 auch Differential– und Integralrechnung

Buchholz, (? – ?); Dr., im WS 1944/45 Vorlesung mit Übungen über "Die Funktionen des Drehparabols (die konfluente hypergeometrische Funktion)"

Literatur

H. Breger: Streifzug durch die Geschichte der Mathematik und Physik an der Universität Heidelberg. In: Auch eine Geschichte der Universität Heidelberg, Hrsg. K. Buselmeier/D. Harth/Chr. Jansen; S. 27–50. Mannheim: Edition Quadrat 1985

P. Classen, E. Wolgast: Kleine Geschichte der Universität Heidelberg. Berlin, Heidelberg, New York: Springer–Verlag 1983

D. Drüll: Heidelberger Gelehrtenlexikon 1803–1932. Berlin, Heidelberg, New York, Tokyo: Springer–Verlag 1986

J. F. Hautz: Geschichte der Universität Heidelberg, 2 Bände. Mannheim: Verlag J. Schneider 1862–1864

H. Meives: Materialsammlung über die Entwicklung des Faches Mathematik an der Universität Heidelberg im neunzehnten Jahrhundert. Unveröffentlichtes Manuskript, verfaßt im Auftrag der Heidelberger Akademie der Wissenschaften 1979

E. Mittler (Hrsg.): Biblotheca Palatina, Katalog zur Ausstellung vom 8. Juli bis 2. November 1986 in der Heiliggeistkirche Heidelberg, Textband u. Bildband. Heidelberg: Edition Braus 1986

D. Mußgnug: Die vertriebenen Heidelberger Dozenten (Heidelberger Abhandlungen zur mittleren und neueren Geschichte; Neue Folge Bd. 2). Heidelberg: Carl Winter Universitätsverlag 1988

R. Neumann: Von Bunsen zu Jensen: Die Heidelberger Naturwissenschaften im 19. und 20. Jahrhundert. In: Die Geschichte der Universität Heidelberg: Vorträge im WS 1985/86, Hrsg. Ruprecht-Karls-Universität Heidelberg; S. 110–128. Heidelberg: Heidelberger Verlagsanstalt 1986

D. Puppe: Das Mathematische Institut. In: 600 Jahre Ruprecht-Karls-Universität Heidelberg 1386–1986 / Geschichte, Forschung und Lehre, Hrsg. Rektor d. Universität Heidelberg, Red. H. Krabusch; S. 165–167 München: Länderdienst-Verlag 1986

N. Schappacher (unter Mitwirkung von M. Kneser): Fachverband – Institut – Staat, Streiflichter auf das Verhältnis von Mathematik zu Gesellschaft und Politik in Deutschland seit 1890 unter besonderer Berücksichtigung der Zeit des Nationalsozialismus. In: Festband zum 100–jährigen Bestehen der Deutschen Mathematiker–Vereinigung, Braunschweig: Vieweg–Verlag 1990

G. Toepke, P. Hintzelmann (Hrsg.): Die Matrikel der Universität Heidelberg, 7 Bände. Heidelberg: Carl Winter Universitätsbuchhandlung 1884–1907

H. Weisert: Geschichte der Universität Heidelberg. Heidelberg: Carl Winter Universitätsverlag 1983

E. Winkelmann (Hrsg.): Urkundenbuch zur Geschichte der Universität Heidelberg, Bd. I: Urkunden, Bd. II: Regesten. Heidelberg: Carl Winter Universitätsbuchhandlung 1884–1907

W. Wolgast: Die Universität Heidelberg 1386–1986. Berlin, Heidelberg, New York, London, Paris, Tokyo: Springer–Verlag 1986

Bestände des Universitätsarchivs der U Heidelberg: Vorlesungsverzeichnisse, Fakultäts- und Personalakten

Jena, Universität

1 Universitätsgeschichte

1548	Gründung eines akademischen Gymnasiums mit Professoren für Theologie und Philosophie.
1558	Eröffnung der Universität als Landesuniversität der ernestinischen thüringischen Staaten.
	Bis in die Mitte des 17. Jahrhunderts blieb die Universität Jena ein Zentrum lutherischer Orthodoxie.
ab 1650	Übergang zur Aufklärung und zum Rationalismus, vor allem durch das Wirken des Mathematikers, bedeutenden Naturwissenschaftlers, Pädagogen und Technikers Erhard Weigel (1625–1699), der eine große Zahl von Studenten aus ganz Europa anzog.
1710–20	Die Jenaer Universität war die meistbesuchte in Deutschland.
	Ende des 18. Jahrhunderts. Die Universität Jena erlebte eine Blütezeit und wurde zum wichtigsten Zentrum der klassischen bürgerlichen deutschen Philosophie (u. a. Fr. Schiller, J.G. Fichte, Fr.W.J. Schelling, G.W.Fr. Hegel). Diese Periode wurde durch die Schlacht bei Jena (1806) und die anschließenden finanziellen Schwierigkeiten der Universität beendet. Zu Beginn des 19. Jahrhunderts wurden besonders die Naturwissenschaften durch Goethe gefördert.
ab 1820	Nach den Karlsbader Beschlüssen war die Universität Jena wegen ihrer Liberalität eine beliebte Universität. Es gelang ihr wegen der schlechten finanziellen Verhältnisse jedoch nur selten, bedeutende Gelehrte längere Zeit zu halten.
ab 1870	Bis weit in das 20. Jahrhundert wurde die Entwicklung der Universität und ihrer Heimatstadt ganz wesentlich durch das

Wirken des Physikers und Mathematikers Ernst Abbe (1840–1905) bestimmt. Seine epochemachenden optischen Berechnungen ließen die Carl–Zeiss–Werke in wenigen Jahren zu einem der leistungsstärksten Industriebetriebe Deutschlands werden. Nachdem er die alleinige Leitung dieser Firma übernommen hatte, wandelte er sie in die Carl–Zeiss–Stiftung um, die zusammen mit den Jenaer Glaswerken O. Schott um die Jahrhundertwende die Universität, vor allem die technisch-naturwissenschaftlichen Fächer, nachhaltig unterstützte. In dieser Zeit war die Universität wegen der Finanzschwäche der thüringischen Staaten zur zweitkleinsten deutschen Universität (vor Rostock) herabgesunken, konnte aber, auch wegen ihres verhältnismäßig liberalen Klimas, immer einige bedeutende Gelehrte halten.

1920   Vereinigung der thüringischen Staaten. Die Universität wurde als Thüringische Landesuniversität weitergeführt.

1924   Bildung der Mathematisch–Naturwissenschaftlichen Fakultät mit Agrarwissenschaften; Verlegung der Volksschullehrerausbildung an die Universität.

1934   Die Universität erhielt den Namen Friedrich–Schiller–Universität.

2 Die Mathematik in Jena

Mathematik wurde seit der Gründung der Universität an der Artistenfakultät gelehrt. Bis in das 19. Jahrhundert hinein spielte die Mathematik jedoch nur die Rolle einer auf niedrigem Niveau stehenden Hilfswissenschaft für andere Wissenschaften. Der bedeutendste Mathematiker der Anfangsphase war Michael Stifel (1487?–1567), der von 1558–64 an der Universität lehrte (vgl. auch Halle). Seine Bedeutung wurde allerdings erst von späteren Generationen erkannt. Der schon erwähnte Universalgelehrte E. Weigel befaßte sich mehr mit Naturwissenschaften, und erst die anwendungsbezogenen Vorlesungen von Johann Bernhard Wiedeburg (1687–1766) bezeichnen den eigentlichen Anfang mathematischer Lehre in Jena. Die meisten Professoren für Mathematik der folgenden Zeit vertraten auch andere Fächer und entstammten häufig dem Lehrerstande. Einer der bedeutenden unter ihnen war der Philosoph J. F. Fries, der wegen seiner liberal–fortschrittlichen Haltung nach den Karlsbader Beschlüssen zwanzig Jahre lang keine Philosophie–Vorlesungen halten durfte und die politisch "ungefährlicheren" Fächer Mathematik und Physik übernahm.

Die ersten eigentlichen Fachwissenschaftler waren neben O. Schlömilch K. Snell und H. Schaeffer, wobei die letzteren auch als Physiker wirkten. Seit 1850 bestand die "Mathematische Gesellschaft zu Jena", die praktisch schon die Funktion eines mathematischen Seminars erfüllte. Aber erst 1879 wurde mit der Berufung von J. Thomae die Mathematik von der Physik getrennt und ein offizielles Seminar gegründet. Ein zweiter mathematischer Lehrstuhl wurde 1900 geschaffen. 1908 nahm dann das Mathematische Institut unter R. Haussner seine Arbeit auf. Seit 1920 bildete die Angewandte Mathematik unter der Leitung von M. Winkelmann eine eigene Abteilung, ehe sie sich 1930 durch die Gründung eines eigenen Institutes organisatorisch verselbständigte. Sie war allerdings schon seit 1902 in Kombination mit einer außerordentlichen Professur für Technische Physik an der Universität vertreten gewesen.

Einen wesentlichen Beitrag zu einem eigenständigen mathematischen Profil in Jena leistete G. Frege, einer der Begründer der mathematischen Logik. Die bereits erwähnte Unterstützung durch die Carl–Zeiss–Stiftung ist besonders ihm, daneben aber auch anderen Mathematikern zugute gekommen. Sie hat entscheidend zur materiellen Verbesserung des Lehrbetriebes beigetragen.

3 Professoren

Erster Lehrstuhl

1789–1823   **Voigt**, Johann Heinrich (1751–1823)
             vorher Lehrer in Gotha

1824–1843   **Fries**, Jakob Friedrich (1773–1843)
             vorher Prof. für Philosophie

1844–1878   **Snell**, Karl (1806–1878)
             vorher Lehrer in Dresden, 1878 em.

1879–1914   **Thomae**, Johannes (1840–1921)

vorher Freiburg, 1914 em.

1914–1926   **Koebe**, Paul (1882–1945)
vorher U Berlin, nachher Leipzig

1927–1945   **König**, Robert (1885–1979)
vorher Münster, nachher U München

Zweiter Lehrstuhl

1900–1905   **Gutzmer**, August (1860–1924)
vorher ao. Prof., nachher Halle

1905–1934   **Haussner**, Robert (1863–1948)
vorher TH Karlsruhe, 1934 em.

1934–1945   **Schmidt**, Friedrich-Karl (1901–1977)
vorher Göttingen, nachher Münster

Lehrstuhl für Angewandte Mathematik

1923–1946   **Winkelmann**, Max (1879–1946)
vorher ao. Prof.

Extraordinariat

1793–1807   **Fischer**, Johann Karl (1760–1833)
nachher Gymnasium Dortmund

1810–1818   **Münchow**, Carl Dietrich v. (1778–1836)
nachher Bonn

1824–1831   **Wahl**, Ludwig (1793–1831)

1834–1875   **Schrön**, Ludwig (1799–1875)
(Astronom)

1899–1900   **Gutzmer**, A.
vorher PDoz. Halle, dann o. Prof.

1902–1908   **Rau**, Rudolf (1871–1914)

1909–1911   **Kutta**, Wilhelm (1867–1944)
vorher PDoz. TH München, nachher Aachen

1911-1923   **Winkelmann**, M.
vorher Karlsruhe, nachher o. Prof.

1941–1952   **Weinel**, Ernst (1906–1979)
vorher PDoz., nachher o. Prof.

Weitere Extraordinarien

In der ersten Hälfte des 19. Jahrhunderts wurde die Mathematik von Professoren anderer Wissenschaften mitvertreten. Diese werden nicht einzeln aufgeführt; zu ihnen gehörte G.W.F. Hegel.

1801–1813   **Gerstenbergk**, Johannes Lorenz Julius (1748–1813)

1846–1848   **Schlömilch**, Oskar Xaver (1823–1901)
1844 Habil., dann PDoz., nachher Realgymnasium Eisenach und TH Dresden

1856–1900   **Schaeffer**, Hermann (1824–1900)
1850 Habil., dann PDoz., ab 1878 o. Honorarprof., 1900 em.

1870–1896   **Abbe**, Ernst (1840–1905)
1863 Habil., dann PDoz., ab 1878 o. Honorarprof., 1896 em.

1879–1918   **Frege**, Gottlob (1848–1925)
1874 Habil., dann PDoz., ab 1896 o. Honorarprof., 1918 em.

1937–1945   **Schmidt**, Hermann (1902–)
1930 Habil., dann PDoz., nachher Braunschweig

4 Habilitationen, Privatdozenten, Lehraufträge

Schlömilch, O.X.; 1844 Habil., dann PDoz., 1846 ao. Prof.

Schaeffer, H.; 1850 Habil., dann PDoz., 1856 ao. Prof.

Abbe, E.; 1863 Habil., dann PDoz., 1870 ao. Prof.

Frege, G.; 1874 Habil., dann PDoz., 1879 ao. Prof.

Langer, Paul (1851–1925); 1875 Habil., dann PDoz., 1878 Gymnasium
Gotha

Piltz, Adolf (1855–1940); 1883 Habil., dann PDoz., seit 1897 Privatmann

Thaer, Cl.; 1909 Habil., dann PDoz., 1913 Lehrauftrag Greifswald

Prüfer, H.; 1923 Habil., dann PDoz., 1927 Lehrauftrag Münster

Grell, Heinrich (1903–1974); 1930 Habil., dann PDoz., 1934 Umhabil.
nach Halle

Schmidt, H.; 1930 Habil., dann PDoz., 1937 ao. Prof.

Peschl, E.; 1935 Habil., dann Doz., 1936 ao. Prof. Bonn

Weinel, E.; 1937 Doz., 1941 ao. Prof.

Weise, K.H.; 1937 Habil., dann PDoz. und Assistent, 1942 ao. Prof. Kiel

Deuring, Max (1907–1984); 1938 Doz., 1943 ao. Prof. Posen

Damköhler, Wilhelm (1906–); 1939 Doz., ab 1944 Helmholtzinstitut
Landsberg

Literatur

W. Eccarius: Mathematik und Mathematikunterricht im Thüringen des 19.
Jahrhunderts. Eine Studie zum Alltag einer Wissenschaft zwischen 1800
und 1915. (Dissertation B). Erfurt/Mühlhausen 1987

E. Maschke: Universität Jena. Böhlau Verlag Köln Graz 1969

S. Schmidt (Hrsg.): Alma mater Jenensis. Geschichte der Universität Jena.
Hermann Böhlaus Nachfolger Weimar 1983

Geschichte der Universität Jena 1548/58–1958. Festgabe zum vierhundertjährigen
Universitätsjubiläum. Bd. I/II. Gustav Fischer Verlag Jena 1958/1962

Karlsruhe, Technische Hochschule

1 Hochschulgeschichte

1768
: Errichtung einer staatlichen "architektonischen Zeichenschule".

ab 1760
: Förderung naturwissenschaftlicher und technischer Fächer am Karlsruher Gymnasium illustre. 1764 Gründung des "Physikalischen Kabinetts", aus dem das spätere Physikalische Institut hervorging.

ab 1796
: Reorganisation der Zeichenschule zu einer Bauschule, die sich bald einen hervorragenden Ruf erwarb, durch den badischen Baurat F. Weinbrenner.

1807
: Gründung einer Ingenieurschule durch Major J. G. Tulla, der in Frankreich Wasser- und Schleusenbau kennengelernt hatte und die Oberrheinkorrektur durchführte. Es sollte "der mathematische Sinn und Geist der Eleven gebildet werden".

1822
: Eine Kommission, der auch Tulla angehörte, erhielt den Auftrag, die Errichtung eines Polytechnikums vorzubereiten.

1825
: Gründung der Polytechnischen Schule in Karlsruhe durch Großherzog Ludwig von Baden nach dem Vorbild der École Polytechnique in Paris. Die Schule wurde dann selbst wieder zum Vorbild für ähnliche Neugründungen, insbesondere auch für das Polytechnikum in Zürich, die spätere ETH.

1832
: Nach der Neuorganisation des Schulwesens durch Nebenius erhielt das Polytechnikum Hochschulcharakter. Es gliederte sich in eine Vorschule und fünf Fakultäten. Der Lehrkörper ergänzte sich selbst und wählte den Direktor.

1841–1863
: Wirkungszeit von F. Redtenbacher, der vor allem den Maschinenbau förderte und auf wissenschaftliche Grundlage stellte.

1863	Aufhebung der Vorschule und der ersten mathematischen Klasse.
1865	Die Polytechnische Schule erhielt mit einem Organisationsstatut die volle Hochschulverfassung und weitgehende Ranggleichheit mit den Universitäten. Die Habilitation zum Privatdozenten wurde eingeführt.
1867	Einführung von Diplomprüfungen.
1873	Semestereinteilung.
1885	Umbenennung in "Technische Hochschule".
1888	Heinrich Hertz gelang im physikalischen Institut Karlsruhe der experimentelle Nachweis der elektromagnetischen Wellen und ihrer Eigenschaften.
1899	Die TH erhielt das Promotionsrecht.
1908	Fritz Haber (Nobelpreis 1918) entwickelte im chemischen Labor der TH Karlsruhe das Verfahren zur katalytischen Hochdrucksynthese des Ammoniaks aus Luftstickstoff und Wasserstoff.
1944/45	Weitgehende Zerstörung der TH (44% der Gebäude).

2 Die Mathematik in Karlsruhe

Die Mathematik in der Anfangszeit der Polytechnischen Schule war ganz auf die praktischen Bedürfnisse der Ingenieure und Architekten ausgerichtet. Daher kam naturgemäß der Darstellenden Geometrie eine besondere Bedeutung zu. Der erste Lehrer der Geometrie war Guido Schreiber, ein ehemaliger Offizier in der Großherzoglich–Badischen Artillerie. Sein Nachfolger wurde Christian Wiener, der die Geometrie in Karlsruhe fast ein halbes Jahrhundert lang hervorragend vertrat. Schreiber und Wiener wurden beide als Verfasser wichtiger Lehrbücher über Darstellende Geometrie bekannt.

Die ersten beiden bedeutenden Lehrer auf den mathematischen Lehrstühlen (der zweite wurde 1876 neu geschaffen) waren von 1868–1880 Jacob

Lüroth und von 1876–1902 Ernst Schröder. Lüroths Hauptarbeitsgebiet war die Geometrie, einschließlich der Differentialgeometrie und Analysis situs. Schröder war ein Pionier der Logik und brachte in seinem Buch "Der Operationskreis des Logikkalküls" (Karlsruhe, 1877) eine elegante und axiomatische Darstellung der Booleschen Logik. Besonders bekannt geworden ist er jedoch durch sein dreibändiges Werk "Algebra der Logik" (Leipzig, 1890, 1891, 1895), das zu seiner Zeit ein Standardwerk der formalen Logik war, jedoch schon zu Beginn des 20. Jahrhunderts schnell an Aktualität verlor.

Neben dem Lehrstuhl für Geometrie und den beiden mathematischen Lehrstühlen gab es noch einen Lehrstuhl für Mechanik und Synthetische Geometrie (ab 1902: Theoretische Mechanik, ab 1923: Mechanik und Angewandte Mathematik). Der erste bedeutende Inhaber war von 1858–1863 Alfred Clebsch; er kam aus der Königsberger Schule von Franz Neumann. Von Königsberg brachte er viele Neuerungen mit, u.a. die Einrichtung des mathematischen Kolloquiums. Aus seiner kurzen Wirkungszeit in Karlsruhe stammt das Buch "Theorie der Elasticität fester Körper" (Leipzig, 1862). Der Nachfolger von Clebsch auf dem Lehrstuhl für Mechanik in Karlsruhe war Wilhelm Schell, der gut 40 Jahre hier wirkte. Von ihm stammt das erste ausführliche Lehrbuch der Mechanik in deutscher Sprache mit dem Titel "Theorie der Bewegung und der Kräfte" (Leipzig, 1870).

Während im 19. Jahrhundert die Berufungspolitik hauptsächlich auf die Bedürfnisse der technischen Fächer ausgerichtet war (insbesondere durch die Bedeutung der Geometrie), wurden ab der Jahrhundertwende mit F. Schur, Krazer, Stäckel, Fueter und Böhm reine Mathematiker berufen, deren Lehr- und Forschungsgebiete auch an eine Universität gepaßt hätten. Etwa zwanzig Jahre lang war K. Heun auf dem Lehrstuhl für Theoretische Mechanik der einzige Vertreter der angewandten Richtungen. Er hat es besonders verstanden, junge Talente von anderen Universitäten an seinen Lehrstuhl als Assistenten zu ziehen. So waren Georg Hamel von 1902–1905 und Fritz Noether, der Bruder von Emmy Noether, von 1909–1917 Assistenten bei Heun. Ab den dreißiger Jahren änderte sich die Situation wieder durch die Berufung von Haenzel und v. Sanden, die beide ursprünglich Ingenieure gewesen waren. Haenzel war zuvor Privatdozent an der TH Berlin und hatte dort auch zum Dr. Ing. promoviert. Die mathematische Promotion holte er, nachdem er schon lange Jahre ordentlicher Professor der Geometrie war, 1940 bei Süß in Freiburg nach. 1943 erhielt Haenzel einen Ruf nach Münster, den er zwar annahm, dem er aber nicht mehr folgen konnte, da er 1944 durch Denunziation in den Freitod getrieben wurde.

Der Lehrstuhl für Theoretische Mechanik wurde 1923 umbenannt in
"Lehrstuhl für Mechanik und Angewandte Mathematik" und mit Kurt von
Sanden besetzt, der zuvor Entwicklungsingenieur bei der Friedrich–Krupp–
Germania–Werft in Kiel war und in Karlsruhe auch regelmäßige Vorlesun-
gen über Dieselmaschinen abhielt. 1927 wechselte v. Sanden dann auf den
Lehrstuhl von Krazer, der den Namen "Lehrstuhl für Mathematik und Ma-
thematische Technik" erhielt. 1936 verließ v. Sanden die Hochschule und
ging an seine alte Werft, da er jetzt offensichtlich als Experte für den U–
Bootbau wichtiger geworden war. Auf den Mechanik–Lehrstuhl kam von
1928–1937 Theodor Pöschl; er wurde 1937 aus politischen Gründen in den
Ruhestand versetzt, übernahm jedoch nach dem 2. Weltkrieg sein altes Amt
wieder.

3 Professoren

Lehrstuhl für Geometrie

1826–1852   **Schreiber**, Guido (1799–1871)

1852–1896   **Wiener**, Christian (1826–1896)
vorher PDoz. Gießen

1897–1909   **Schur**, Friedrich (1856-1932)
vorher Leipzig, nachher Straßburg

1909–1917   **Disteli**, Martin (1862-1923)
vorher Dresden, nachher Zürich

1917–1919   **Mohrmann**, Hans (1881–1941)
vorher Clausthal, nachher Basel

1919–1932   **Baldus**, Richard (1885-1945)
vorher ao. Prof. Erlangen, nachher TH München

1933–1937   **Haenzel**, Gerhard (1898–1944)
vorher PDoz. TH Berlin, nachher Lehrstuhl für Mathematik
(s.u.)

1937–1944   **Haack**, Wolfgang (geb. 1902)
vorher Dozent TH Berlin, nachher TH Berlin

Lehrstuhl für Mathematik

1825–1850 **Ladomus**, Johann Friedrich (1783–1854)

1850–1868 **Dienger**, Josef (1818–1894)
vorher verschiedene höhere Bürgerschulen in Baden, 1868 im Ruhestand, tätig bei der Allg. Versorgungsanstalt in Karlsruhe

1868–1880 **Lüroth**, Jakob (1844–1910)
nachher TH München

1880–1907 **Wedekind**, Ludwig (1843–1908)
vorher PDoz., 1880 etatm. ao. Prof., 1883 o. Prof.

1908–1913 **Stäckel**, Paul (1862–1919)
vorher Hannover, nachher Heidelberg

1913–1916 **Fueter**, Rudolf (1880–1950)
vorher Basel, nachher Univ. Zürich

1917–1936 **Boehm**, Karl (1873–1958)
vorher Königsberg, 1936 vorzeitig em.

Zweiter Lehrstuhl für Mathematik

(ab 1927 Lehrstuhl für Mathematik und Mathematische Technik)

1876–1902 **Schröder**, Ernst (1841–1902)
vorher o. Prof. Darmstadt

1902–1926 **Krazer**, Adolf (1858–1926)
vorher ao. Prof. Straßburg

1927–1936 **Sanden**, Kurt v. (1885–1976)
vorher Lehrstuhl für Mechanik und Angewandte Mathematik (s.u.), nachher Industrie

1937–1943 **Haenzel**, G.
vorher Lehrstuhl für Geometrie (s.o.), 1943 Ruf nach Münster

Lehrstuhl für Mechanik und Synthetische Geometrie

(ab 1902 für Theoretische Mechanik, ab 1923 für Mechanik und Angewandte Mathematik)

1825–1858   **Kayser**, C. H. A. (?–?)

1858–1863   **Clebsch**, Alfred (1833–1872)
                 vorher PDoz. Berlin, nachher Gießen

1863–1901   **Schell**, Wilhelm (1826–1904)
                 vorher ao. Prof. Marburg

1902–1923   **Heun**, Karl (1859–1929)
                 vorher Gymnasiallehrer, 1923 em.

1923–1927   **Sanden**, K. v.
                 vorher Industrie, nachher Lehrstuhl für Mathematik und Mathematische Technik (s.o.)

1928–1937   **Pöschl**, Theodor (1882–1955)
                 vorher TH Prag, 1937 aus politischen Gründen in den Ruhestand versetzt

4 Habilitationen, Privatdozenten, Lehraufträge, außerordentliche Professoren

Hierholzer, Carl (?–1871); 1870 Habil., dann PDoz.

Wedekind, L.; 1876 Habil., dann PDoz., später ao. und o. Prof. Karlsruhe

Schilling, F.; 1897–1899 ao. Prof., dann Göttingen

Disteli, M.; 1899 PDoz. (wohl Umhabil. von Zürich), 1900–1902 ao. Prof., dann Straßburg

Haussner, R.; 1902–1905 (wohl pers.) o. Prof. (ohne Lehrstuhl), dann Jena

Hamel, G.; 1903 Habil., bis 1905 PDoz., dann o. Prof. Brünn, 1912 Aachen

Ludwig, W.; 1904 Habil., dann PDoz., 1907 o. Prof. Braunschweig

Faber, G.; 1905 Habil., dann PDoz., 1909 ao. Prof. Tübingen

Winkelmann, M.; 1907 Habil., dann PDoz., 1911 ao. Prof. Jena

Vogt, Wolfgang; 1909 Habil., dann PDoz., im 1. Weltkrieg gefallen

Mohrmann, Hans; 1910 Habil., dann PDoz., 1913 o. Prof. Clausthal

Noether, F.; 1911 Habil., dann PDoz., 1918 etatm. ao. Prof. Karlsruhe, 1922 o. Prof. TH Breslau

Haupt, O.; 1913 Habil., dann PDoz., 1920 o. Prof. Rostock

Brandt, H.; 1918 Habil., dann PDoz., seit 1921 o. Prof. Aachen

Breuer, Samson; 1921 Habil., dann PDoz., 1925 nb. ao. Prof., Lehrauftrag in Frankfurt, 1933 nach Israel ausgewandert

Wintz, Willibald; 1922 Habil., später im Schuldienst

Wellstein, J.; 1923 Habil., dann PDoz., 1927–1936 ao. Prof., 1936 o. Prof. Würzburg

Graf, H.; 1927 Habil., dann PDoz., 1930 ao. Prof. Aachen, 1932 o. Prof. Darmstadt

Klotter, Karl; 1932 Habil., bis 1935 PDoz., nach dem Krieg o. Prof. Karlsruhe

Quade, Wilhelm; 1933 Habil., dann PDoz., 1938–1944 ao. Prof.

Roßbach, Heinrich; 1937 Habil., bis 1944 PDoz., dann ao. Prof., 1944 gefallen

Collatz, L.; 1938 Habil., dann PDoz., ab 1943 o. Prof. Hannover

Reutter, Fritz; 1940 Habil., 1943–1947 PDoz.

Literatur

Die Entwicklung der TH von der Gründung bis zur Gegenwart 1825–1892, in: Festgabe der TH Karlsruhe zum Jubiläum der 40jährigen Regierung des Großherzogs Friedrich von Baden. Karlsruhe 1892

Die Großherzogliche Technische Hochschule Karlsruhe, Festschrift zur Einweihung der Neubauten im Mai 1899. Karlsruhe 1899

Festschrift anläßlich des 100jährigen Bestehens der Technischen Hochschule Fridericiana zu Karlsruhe. Karlsruhe 1925

Die Technische Hochschule Fridericiana Karlsruhe. Festschrift zur 125–Jahrfeier Karlsruhe 1950

W. Lorey: Karlsruher Mathematiker vor 1914 und ihre heutige Nachwirkung. ZAMM 25/27 (1947), 142–144

J. Holtz: Kleine Geschichte der Universität Fridericiana Karlsruhe (Technische Hochschule). Karlsruhe 1975

Kiel, Universität

1 Universitätsgeschichte

1652	Kaiser Ferdinand III. verlieh Herzog Friedrich III. das Recht, in seinem Herzogtum Schleswig–Holstein–Gottorf eine Universität zu errichten.
1665	Herzog Christian Albrecht eröffnete die Universität. In ihrem Aufbau entsprach sie noch ganz der mittelalterlichen Universität mit der niederen philosophischen und den drei höheren Fakultäten. In erster Linie sollten Beamte für den Gottorfer Staat ausgebildet werden. Es wurden zunächst sechzehn Professoren berufen; im ersten Semester immatrikulierten sich 140 Studenten.
1713	Kiel wurde von dänischen Truppen besetzt; die Zahl der Studenten ging zurück.
1773	Nach Auflösung des Gottorfer Kleinstaates wurde die Christiana–Albertina die Universität für Schleswig–Holstein, das ein Teil des dänischen Gesamtstaates war. Dementsprechend wirkten auch eine Reihe von Dänen als Professoren.
1852	Nach der erfolglosen schleswig–holsteinischen Erhebung und der anschließenden Wiedereingliederung der beiden Herzogtümer in den dänischen Staat wurde eine ganze Reihe prodeutscher Professoren – u.a. der Mathematiker Scherk – von ihren Ämtern entlassen.
1867	Mit der Errichtung der preußischen Provinz Schleswig–Holstein wurde aus der Landesuniversität eine preußische Hochschule. In ihrer Struktur wurde sie reformiert und den anderen Universitäten angeglichen.
ab 1933	Nach der Machtergreifung der Nationalsozialisten kam es zu einem jähen Niedergang des gesamten Lehr- und Forschungsbetriebes. Die Zahl der Studenten sank von über 3000 im

Jahr 1933 auf 1768 im Jahr 1935 und nur noch 781 im Jahr 1939. Im Krieg wurden die Universitätsgebäude fast gänzlich zerstört, seit 1943 ruhten die Vorlesungen.

2 Die Mathematik in Kiel

Seit dem Gründungsjahr 1665 war die Mathematik an der Christian–Albrechts–Universität mit zunächst einem Lehrstuhl vertreten. Dieser gehörte der philosophischen Fakultät an, die weitgehend die Aufgaben der "unteren" Artistenfakultät zu erfüllen hatte. Die ersten Mathematiker waren die Universalgelehrten Samuel Reyher (1635–1714) und Friedrich Kols (1684–1766), die beide jeweils ein halbes Jahrhundert in Kiel wirkten und neben anderen Fächern vor allem auch praktisch–ingenieurwissenschaftliche Disziplinen vertraten. Als bedeutendster Mathematiker in den ersten zwei Jahrhunderten ist wohl H.F. Scherk anzusehen, der bei Bessel in Königsberg (1820) und anschließend ein Jahr bei Gauß in Göttingen studiert hatte. Bei seiner Berufung nach Kiel 1833 wurde er dem ebenfalls vorgeschlagenen Dirichlet vorgezogen.

Nachdem 1867 Schleswig–Holstein in das Königreich Preußen eingegliedert wurde, begann mit der Gründung des Mathematischen Seminars 1877 und der Berufung Pochhammers eine neue Entwicklung. Entsprechend dem "Reglement für das mathematische Seminar an der Königlichen Universität in Kiel" vom 22. 5. 1877 wurden nun regelmäßig Übungsstunden und Seminare abgehalten. Pochhammer wurde 1874 zum außerordentlichen Professor ernannt. Mit seiner Beförderung zum Ordinarius erhielt die Kieler Universität einen zweiten Lehrstuhl für Mathematik. Pochhammer hielt Vorlesungen über fast alle Gebiete der damaligen Mathematik. Neben Pochhammer wurde ab 1899 Stäckel Direktor des Mathematischen Seminars. Wie Pochhammer und später Heffter, Landsberg und Jung kam Stäckel als Schüler von H.A. Schwarz aus der "Berliner Schule". 1908 wurde neben den beiden Ordinariaten ein etatmäßiges Extraordinariat eingerichtet, das zunächst von dem Algebraiker Landsberg und später von Dehn übernommen wurde. Bei dieser Personalausstattung blieb es bis zum Ende des zweiten Weltkrieges.

Die angewandte Mathematik (darstellende Geometrie, graphische Statik und technische Mechanik) wurde z.T. durch die Lehrer der Kaiserlichen Marineakademie, z.B. Weinnoldt vertreten. Besonders gepflegt wur-

den auch Randgebiete, z.B. Geschichte der Mathematik durch Stäckel und
später Toeplitz und H. Scholz, Didaktik (ebenfalls durch Toeplitz) und
mathematische Grundlagenforschung durch Fraenkel und den Philosophen
Heinrich Scholz (1884–1956). Dieser war ursprünglich in Breslau Professor
für Religionsphilosophie und systematische Theologie gewesen, war 1919
als Ordinarius für Philosophie nach Kiel gekommen und wandte sich hier
unter dem Einfluß von Toeplitz und Hasse den exakten Wissenschaften,
insbesondere der Grundlagenforschung, zu.

3 Professoren

Erster Lehrstuhl

1800–1832   **Reimer**, Nikolaus Theodor (1772–1832)
       o. Prof. ab 1810

1833–1852   **Scherk**, Heinrich Ferdinand (1789–1885)
       vorher Halle, 1852 entlassen

1852–1896   **Weyer**, Georg Daniel Eduard (1818–1896)
       1852 Habil. Kiel

1897–1905   **Stäckel**, Paul Gustav (1862–1919)
       vorher Königsberg, bis 1899 ao. Prof., nachher Hannover

1905–1911   **Heffter**, Lothar Wilhelm Julius (1862–1962)
       vorher Bonn und Aachen, nachher Freiburg

1911–1912   **Landsberg**, Georg (1865–1912)
       vorher ao. Prof.

1913–1918   **Jung**, Heinrich Wilhelm Ewald (1876–1953)
       Habil. Marburg, dann Oberlehrer Hamburg, nachher Dorpat
       und Halle

1920–1928   **Steinitz**, Ernst (1871–1928)
       vorher TH Breslau

1929–1935   **Kaluza**, Theodor (1885–1954)
       vorher Königsberg, nachher Göttingen

1935–1941   **Hammerstein**, Adolf (1888–1941)
            vorher nb. ao. Prof. Berlin

1942–1977   **Weise**, Karl Heinrich (geb. 1909)
            vorher PDoz. Jena

Zweiter Lehrstuhl

1874–1919   **Pochhammer**, Leo (1841–1920)
            vorher PDoz. Univ. Berlin, ab 1877 o. Prof.

1920–1928   **Toeplitz**, Otto (1881–1940)
            vorher ao. Prof., nachher Bonn

1928–1933   **Fraenkel**, Abraham Adolf (1891–1965)
            vorher ao. Prof. Marburg, 1. 10. 29 – 1. 10. 31 in Jerusalem,
            1933 zwangsweise in den Ruhestand versetzt und nach Jeru-
            salem emigriert

1937–1948   **Lettenmeyer**, Fritz (1891–1953)
            vorher apl. ao. Prof. München

Planmäßiges Extraordinariat

(ab 1921 waren die Inhaber nicht beamtet)

1906–1911   **Landsberg**, G.
            vorher Univ. Breslau, nachher o. Prof.

1911–1913   **Dehn**, M.
            vorher Münster, nachher TH Breslau

1913–1920   **Toeplitz**, O.
            vorher PDoz. Göttingen. nachher o. Prof.

1921–1928   **Neuendorff**, Richard (1877–1935)
            1910 Habil., Oberlehrer an der Marineschule, später Studien-
            rat Frankfurt/Main

1930–1939   **Schmidt**, R.
            vorher PDoz., nachher TH München

4 Habilitationen, Privatdozenten, Lehraufträge

Buttel, Paul (1826–1904); PDoz. 1854–1857, dann Lehrer in Rendsburg und Segeberg

Mathiessen, L.; PDoz. 1857–1859, dann Lehrer, später o. Prof. Rostock

Henrici, Olaus (1840–1918); PDoz. 1865/66, dann nach England ausgewandert, später Prof. London

Braasch, Johannes Heinrich (1845–1917); PDoz. 1869/70, dann Lehrer in Hamburg und Altona

Fricke, R.; 1891 Habil., 1892 Umhabil. nach Göttingen, später o. Prof. Braunschweig

Weinnoldt, Ernst (1863–1944); 1901–1910 Lehraufträge für Darstellende Geometrie, Statik, Technische Mechanik, gleichzeitig Prof. an der Marineakademie, später Höhere Handelsschule Hannover

Neuendorff, R.; 1910 Habil., dann PDoz., Vorlesungen über angew. Math. und synthetische Geometrie, 1921 ao. Prof.

Schmeidler, W.; 1920 Umhabil. von Göttingen, 1921 o. Prof. TH Breslau

Hasse, H.; 1922 Umhabil. von Marburg, Lehrauftrag für Geometrie, 1925 o. Prof. Halle

Schmidt, R.; 1925 Umhabil. von Königsberg, bis 1930 PDoz., dann ao. Prof.

Feller, Willy (geb. 1906); 1928 Lehrauftrag für angew. Math., 1929 Habil., 1933 zwangsweise entlassen, dann in Kopenhagen, später Prof. Princeton

Tornier, E.; 1929–1931 Vertretung des Lehrstuhles von Fraenkel, 1932 Umhabil. von Halle, 1934 o. Prof. Göttingen

Scholz, Arnold (1904–1942); 1935 Umhabil. von Freiburg, dann PDoz., 1940 Lehrer an der Marineschule Mürwick

Literatur

K. Jordan: Christian–Albrechts–Universität Kiel (1665–1965), Neumünster 1965

J. Schönbeck: Mathematik. Geschichte der Christian–Albrechts–Universität Kiel 1665–1965, Band 6. Herausgegeben von K. Jordan, Neumünster 1968

F. Vollbehr, R. Weyl: Professoren und Dozenten der Christian–Albrechts–Universität zu Kiel. Kiel 1956

Köln, Universität

1 Universitätsgeschichte

1388   Papst Urban VI stellte die Stiftungsurkunde für die Universität zu Köln aus: ”... haben wir angeordnet, daß in der Stadt Köln fortan eine Universität sein soll, nach dem Muster der Universität Paris, und für immer dort bleiben soll.” Am 22.12.1388 Gründung der Universität zu Köln durch den Rat der Stadt. Bereits im Gründungsjahr unterrichteten 21 Professoren 609 Studenten in vier Fakultäten (Theologie, Recht, Medizin, Künste). Drei Viertel der ersten Kölner Professoren hatten zuvor in Paris gelehrt; ferner bot Köln den wegen der Pest 1388 aus Heidelberg geflohenen Magistri eine neue Wirkungsstätte.

1794   Besetzung der Freien Reichsstadt Köln durch die Franzosen. Rektor F. F. Wallraf und die vier Dekane der Universität verweigerten 1797 den verlangten Eid auf die französische Republik. Sie wurden ihrer Ämter enthoben.

1798   Auflösung der Universität zu Köln und ihre Degradierung zur ”Zentralschule” im Zuge der französischen Unterrichtsreform.

1814   Abzug der französischen Truppen aus Köln.

1815   Wiener Kongreß: Angliederung der Rheinlande an Preußen. Der ehemalige Rektor F. F. Wallraff und S. Boisserée (beide bekannt als bedeutende Sammler von Kunstwerken) trugen der preußischen Regierung Kölner Pläne für die Wiedergründung einer Universität vor. Auch Bonn bewarb sich in Berlin um eine solche.

1818   Die preußische Kabinettsorder vom 26.5.1818 entschied für die Gründung einer rheinischen Universität in Bonn; möglicherweise waren konfessionelle Gründe ausschlaggebend. Köln fehlte im wissenschaftlich so bedeutsamen 19. Jahrhundert seine Universität.

1908
Hermann Minkowski hielt in Köln seinen berühmten Vortrag "Raum und Zeit", mit dem er Einsteins Spezielle Relativitätstheorie vertiefte und mathematisch erhellte, auf der Versammlung Deutscher Naturforscher und Ärzte.

1919
Am 20.3.1919 nahm die Kölner Stadtverordnetenversammlung nach einem Plädoyer des Oberbürgermeisters Konrad Adenauer den Gründungsvorschlag zu einer Universität an, deren Kosten allein von der Stadt getragen werden sollten. Die Neugründung stützte sich dabei auf die 1901 gegründete Handelshochschule (die erste ihrer Art in Deutschland), die 1904 eröffnete Akademie für Praktische Medizin und die 1912 errichtete Hochschule für Kommunale und Soziale Verwaltung.

1919
91 Lehrkräfte, davon 32 o. Professoren, 1299 Studenten.

1920
Am 1.4.1920 wurde die Philosophische Fakultät eigenständig. (Zuvor wurden deren Fächer in der wirtschafts– und sozialwissenschaftlichen Fakultät betreut.)

1928/29
216 Lehrkräfte, davon 65 o. Professoren, 5565 Studenten.

1935
Köln erhielt von den Nationalsozialisten nur eine Höchstzahl von 2300 Studenten zugebilligt.

bis 1945
Schwere Zerstörungen an den Universitätsgebäuden durch Luftangriffe während des zweiten Weltkrieges.

2 Die Mathematik in Köln

Ab 1920 hatte die 1919 wiedergegründete Universität zu Köln ein Mathematisches Seminar und zunächst nur einen Lehrstuhl, auf den E. S. Fischer berufen wurde. Das Vorlesungsprogramm wurde anfangs allein von ihm bestritten und dem Privatdozenten Joseph Druxes, der von 1920 bis 1942 an der Phil. Fakultät Vorlesungen über Versicherungsmathematik, Finanz–Mathematik ("Politische Arithmetik") und Mathematik für Naturwissenschaftler sowie didaktische Seminare anbot. Seit 1922 wurde Fischer nicht nur bei den Übungen, sondern auch bei den Kursvorlesungen durch seinen Assistenten Paul Finsler entlastet. Finsler habilitierte sich 1922 in Köln, und ab 1923 übte er eine eigenständige Vorlesungstätigkeit aus.

Ab dem Sommersemester 1924 erhielt das Mathematische Seminar einen zweiten Lehrstuhl, auf den H. L. Hamburger berufen wurde. Das für die Mathematik–Ausbildung notwendige Vorlesungs– und Übungs–Programm konnte – trotz dieser personellen Verstärkung – in dieser Anfangsphase teilweise nur durch Mitwirkung des Privatdozenten der Theoretischen Physik Falkenhagen gesichert werden. Im Lehrangebot für Fortgeschrittene vertrat Fischer mehr die Algebra und Zahlentheorie, Hamburger mehr die Analysis und Geometrie. 1926 habilitierte sich Karl Dörge, der Hamburger aus Berlin gefolgt war.

Nach der Fortberufung von Finsler im Jahre 1927 als außerordentlicher Professor an die Universität Zürich wurde der in Berlin habilitierte Karl Löwner im Januar 1928 durch Umhabilitation für Köln gewonnen. Seine noch von der Berliner Fakultät beantragte Ernennung zum (nichtbeamteten) ao. Professor wurde vom Minister im Juni 1928 für Köln wirksam gemacht. Neben der Übernahme von Grundvorlesungen trug Löwner ab dem Sommersemester (z.B. durch Vorlesungen über Mehrdimensionale Differentialgeometrie und ihre Anwendungen in der Relativitätstheorie, Konforme Abbildungen, Partielle Differentialgleichungen) zu einer Bereicherung des Angebots an höheren Vorlesungen bei. 1929 erhielt Löwner einen Ruf an die Deutsche Universität Prag. Ein Vorstoß der Kölner Fakultät beim Minister, Löwner durch Ernennung zum persönlichen Ordinarius in Köln zu halten, hatte keinen Erfolg. Ab dem Wintersemester 1930/31 erhielt daraufhin der 1929 in Göttingen habilitierte S. Cohn–Vossen einen vergüteten Lehrauftrag für Geometrie und geometrische Analysis in Köln. Er begann sofort mit zwei 4– bzw. 3–stündigen Vorlesungen über Differentialgeometrie II (Riemannsche Geometrie, Relativitätstheorie und Probleme im Großen) bzw. Liniengeometrie und Kinematik. Im Juli 1931 habilitierte sich H. Cremer, der 1927 in Berlin promoviert hatte, in Köln. Hier wirkte er (zunächst als Privatdozent und ab 1938 als außerplanmäßiger Professor) bis zu seiner Berufung im Jahre 1940 auf ein Ordinariat an der Technischen Hochschule in Breslau.

Die Machtübernahme der Nationalsozialisten brachte einschneidende Veränderungen für die Mathematik in Köln: Am 29.4.1933 wurde Cohn–Vossen als jüdischer Hochschullehrer beurlaubt. Er ging zunächst in die

Schweiz und nahm nach dem Entzug der Lehrbefugnis für Köln 1934 eine ihm angebotene Professur an der Akademie der Wissenschaften der UdSSR in Moskau an. (Er starb dort 34–jährig am 26.6.1936 an einer Lungenentzündung.) Ende 1935 wurde Hamburger (46–jährig) aus "rassischen Gründen" zwangsweise in den Ruhestand versetzt. Er emigrierte 1939 nach England; von 1941 bis 1947 lehrte er am University College Southampton, von 1947 bis 1953 an der Universität Ankara. 1953 kehrte er als Ordinarius an das Mathematische Institut nach Köln zurück. K. Dörge, der bereits ab Dezember 1935 Hamburgers Vorlesungen übernommen hatte, wurde zunächst mit der Vertretung des Lehrstuhls von Hamburger beauftragt. Am 23.12.1936 erfolgte seine Ernennung zum ordentlichen Professor auf diesem Lehrstuhl, den er bis zu seiner Emeritierung (1968) innehatte. Im Jahre 1938 wurde Fischer, als "Halbjuden" vom Reichsminister "nahegelegt", selbst einen Antrag auf vorzeitige Emeritierung zu stellen, die am 16.5.1938 erfolgte. Hoheisel wurde ab 14.11.1938 mit der Vertretung des Lehrstuhls von Fischer beauftragt und am 1.9.1939 zum ordentlichen Professor auf dieser Stelle ernannt. In dieser Position wirkte Hoheisel bis zu seiner Emeritierung im Jahre 1962.

3 Professoren

Erster Lehrstuhl

1920-1938   **Fischer**, Ernst Sigismund (1875–1954)
             vorher o. Prof. Erlangen

1939-1972   **Hoheisel**, Guido (1894–1968)
             vorher ao. Prof. Greifswald

Zweiter Lehrstuhl

1924–1935   **Hamburger**, Hans Ludwig (1889–1956)
             vorher ao. Prof. Berlin, 1935 entlassen, 1939 emigriert

1936–1968   **Dörge**, Karl (1899–1975)
             vorher ao. Prof. Köln

Extraordinariat

1928–1930   **Löwner**, Karl (1893-1968)

1923 Habil. Berlin, nachher ao. und o. Prof Prag, 1939 in die USA emigriert

1932–1936 **Dörge**, Karl
1926 Habil. in Köln, dann o. Prof.

1938–1940 **Cremer**, Hubert (1897–1983)
1931 Habil. Köln, 1938-1940 apl. Prof. Köln, dann o. Prof. TH Breslau

4 Habilitationen, Privatdozenten, Lehraufträge

Druxes, Joseph (1874–1951); 1919 Habil. Handelshochschule Köln, 1920–1947 PDoz. der Philosophischen Fakultät, zugleich Studienrat am Schiller–Gymnasium Köln-Ehrenfeld

Finsler, Paul (1894–1970); 1922 Habil., bis 1927 PDoz., 1927 ao. Prof. Universität Zürich, später dort o. Prof.

Dörge, Karl; 1926 Habil., dann PDoz., ab 1932 ao. Prof.

Cohn–Vossen, Stefan (1902–1936); 1930 Umhabil. von Göttingen nach Köln, besoldeter Lehrauftrag für "die Geometrie und die geometrische Analysis", 1933 zwangsweise beurlaubt, Emigration in die UdSSR

Cremer, Hubert; 1931 Habil., 1938 ao. Prof.

Neuhaus, Friedrich Wilhelm (1899–1983); 1939 Habil., dann PDoz., ab 1949 apl. Prof. Köln

Literatur

G. Binding: Aus der Geschichte der Kölner Universität. Köln, Pressestelle der Universität, 1983

E. Meuthen: Kölner Universitätsgeschichte, Band 1: Die alte Universität. Köln–Wien, Böhlau 1988

Königsberg, Universität

1 Universitätsgeschichte

1525   Preußen wurde aus einem Ordensstaat zu einem Fürstenstaat, wodurch die politischen Voraussetzungen für die Gründung der Universität geschaffen wurden.

1541   Beraten durch Ph. Melanchthon gründete Herzog Albrecht zunächst ein "Partikular", eine Universität im Kleinen.

1544   Feierliche Gründung der Universität, deren Hauptaufgabe die Sicherung der Reformation im Osten war. Am stiftungsgemäßen evangelischen Charakter der Hochschule wurde bis in das 20. Jahrhundert festgehalten. Die Universität nahm zunächst einen beachtlichen Aufschwung, sank jedoch im Laufe der folgenden zwei Jahrhunderte zeitweise zu einer Provinzhochschule herab, die kaum über Ostpreußen hinauswirkte.

Mitte 16. bis Mitte 18. Jahrhunderts. In den ersten zweihundert Jahren ihres Bestehens bestimmte die Theologie die geistige und wissenschaftliche Ausrichtung der Universität; dadurch wurde sie — wie manche andere auch — von Anfang an in die heftigen Streitigkeiten zwischen den verschiedenen protestantischen Richtungen hineingezogen.

1744   Zur Zweihundertjahr–Feier waren 1032 Studenten eingeschrieben, über die Hälfte aus Ost– und Westpreußen, über ein Drittel Ausländer, vor allem aus Polen, Litauen und den baltischen Staaten, der Rest aus den anderen deutschen Staaten.

1755–1804   Immanuel Kant (1724–1804) lehrte in Königsberg. Durch sein Wirken, zunächst als Geograph, Mathematiker und Naturwissenschaftler, dann als Philosoph, gelangte die Universität zu europäischem Ansehen.

1810–1840	Ausgelöst durch den Zusammenbruch und die Wiederentstehung des preußischen Staates in den napoleonischen und Befreiungskriegen setzte die preußische Universitätsreform ein. Wichtigste Aufgabe der Hochschulen wurde die Ausbildung qualifizierter Lehrer, Juristen und Verwaltungsbeamter für den preußischen Staat. Früher als die später dominierende Universität in Berlin wurde Königsberg zum Modellfall dieser Reformen, die das gesamte spätere Hochschulsystem (auch vieler anderer Länder) maßgeblich beeinflußten. Organisatorisch kamen die Reformen z.B. in der Gründung zahlreicher Seminare zum Ausdruck. Durch die Tätigkeit von drei Wissenschaftlern, die der Mathematik aufs engste verbunden waren — Bessel, Neumann und Jacobi — wurde die Universität führend in Preußen, vielleicht sogar im gesamten deutschsprachigen Raum (mehr im Abschnitt 2). Als weitere bedeutende Naturwissenschaftler sind vor allem der Zoologe v. Baer und später v. Helmholtz, der von 1845 bis 1855 in Königsberg lehrte, zu nennen.
1844	Zur dritten Jahrhundert–Feier Grundsteinlegung für den Universitätsneubau durch den König.
1907	Errichtung der Handelshochschule, die 1930 Promotions- und Habilitationsrecht erhielt und in engem Kontakt mit der Universität stand.
1944	Vierhundertjahr–Feier und kurz darauf weitgehende Zerstörung der Stadt und Universität, die nach dem Kriege zunächst nicht wiedererrichtet wurde.

2 Die Mathematik in Königsberg

Wie fast überall im deutschsprachigen Raum wurde bis zum Beginn des 19. Jahrhunderts das Werk der großen Mathematiker jener Zeit — von Descartes, Newton, Leibniz, bis zu den Bernoullis, Euler und Lagrange — auch an der Universität Königsberg praktisch nicht zur Kenntnis genommen. Dies ist insofern bemerkenswert als die philosophischen und naturphilosophischen Anschauungen dieser Gelehrten durchaus große Wirkung entfalteten.

Die Universitätsmathematiker dieser Zeit beschäftigten sich mit Kalender-
berechnungen, Berechnungen von Finsternissen oder dem Erscheinen von
Kometen und oft mit praktisch–technischen Angelegenheiten wie Festungs-
bau oder Planungen z.B. von Universitätsgebäuden. Dies war im wesentlichen auch die Situation in Königsberg; und es ist ganz bezeichnend, daß
auch die mathematischen Vorlesungen Kants ganz elementare Dinge behan-
delten, während seine naturhistorischen Kollegien auf viel höherem Niveau
standen (von der Philosophie ganz zu schweigen). So ist es auch natürlich,
daß die Naturwissenschaftler und Mathematiker, die in der ersten Hälfte
des 19. Jahrhunderts ihre Disziplinen zu europäischem Ansehen erhoben,
oft zwar ein traditionelles Universitätsstudium hinter sich gebracht hatten,
in ihren eigenen Fächern aber im wesentlichen Autodidakten waren, die
ihre Bildung dem Selbststudium der Klassiker verdankten. Dies gilt auch
für die drei schon genannten überragenden Königsberger Gelehrten, den
Astronomen und Mathematiker F.W. Bessel (1784–1846), den Mineralo-
gen und mathematischen Physiker Franz Neumann (1798–1895) und den
Mathematiker Gustav Jacobi (1804–1851).

Bei Jacobi und dem gleichzeitig schon in Berlin lehrenden Dirichlet
sind praktisch alle Mathematiker der folgenden Generation in die Schule
gegangen. Sie waren die ersten, die den mathematischen Unterricht an den
Universitäten an den aktuellen Stand der Forschung — insbesondere ihrer
eigenen — heranführten und das Prinzip der Einheit von Forschung und
Lehre verwirklichten. Ein wesentlicher Schritt zur Anhebung des Niveaus
war auch die 1834 erfolgte Gründung des mathematisch–physikalischen Seminars durch Jacobi und Neumann. Es war das erste seiner Art in Deutschland und Vorbild für die in den nächsten 40 Jahren folgenden ähnlichen
Gründungen an allen anderen deutschen Universitäten. F. Neumann hielt
fast als erster in ganz Europa Vorlesungen über theoretische und mathematische Physik und wurde so ebenfalls zum Begründer einer großen und
berühmten Schule.

Auch nach dem Weggang Jacobis nach Berlin blieb die Universität in
der Mathematik eine der führenden in Deutschland; mit Richelot, H. Weber
und Lindemann wurde das Ordinariat immer wieder ausgezeichnet besetzt.
Die 1883 erfolgte Berufung Lindemanns war die erste eines Vertreters der
geometrischen Schule Clebsch – Klein an eine preußische Universität. Zu
einem erneuten Höhepunkt kam es gegen Ende des Jahrhunderts, als gleichzeitig Hurwitz, Hilbert und Minkowski in Königsberg waren.

Um die Jahrhundertwende wurde ein zweiter Lehrstuhl eingerichtet; außerdem gab es ein bis zwei Extraordinariate. Bei dieser Ausstattung blieb es bis zur weitgehenden Zerstörung des mathematischen Seminars im Jahre 1943.

3 Professoren

Erster Lehrstuhl

1806–1826   **Wrede**, K.F. (1766–1826)

1827–1844   **Jacobi**, Carl Gustav Jacob (1804–1851)
vorher PDoz., 1827 ao. Prof., 1829 o.Prof., nachher Berlin

1844–1875   **Richelot**, Friedrich Julius (1808–1875)
vorher ao. Prof.

1875–1883   **Weber**, Heinrich (1842–1913)
vorher ETH Zürich, nachher TH Berlin

1883–1893   **v. Lindemann**, Ferdinand (1852–1939)
vorher Freiburg, nachher München

1893–1895   **Hilbert**, David (1862–1943)
vorher ao. Prof., nachher Göttingen

1895–1896   **Minkowski**, Hermann (1864–1909)
vorher Bonn, nachher Göttingen

1896–1899   **Hölder**, Otto (1859–1937)
vorher ao. Prof. Tübingen, nachher Leipzig

1899–1924   **Meyer**, Wilhelm Franz (1856–1934)
vorher Clausthal, 1897–99 pers. Ordinariat in Königsberg, 1924 em.

1925–1933   **Reidemeister**, Kurt (1893–1971)
vorher Wien, nachher Marburg

1934–1943   **Sperner**, Emanuel (1905–1974)
1932 Habil. Hamburg, dann National Univ. Peking, nachher Straßburg

1944   **Magnus**, Wilhelm (geb. 1907)
vorher TH Berlin

Zweiter Lehrstuhl

1899–1911   **Schoenflies**, Arthur Moritz (1853–1928)
vorher Göttingen, nachher Frankfurt

1912–1913   **Faber**, Georg (1877–1966)
vorher Stuttgart, nachher Straßburg

1914–1917   **Boehm**, Karl (1873–1958)
vorher ao. Prof. Heidelberg, nachher TH Karlsruhe

1917–1919   **Blaschke**, Wilhelm (1885–1962)
vorher Leipzig, nachher Tübingen und Hamburg

1920–1926   **Knopp**, Konrad (1882–1957)
vorher ao. Prof., nachher Tübingen

1926–1935   **Szegö**, Gabor (1895–)
vorher nichtbeam. ao. Prof. Berlin, nachher Washington U
in St. Louis

Planmäßiges Extraordinariat

1832–1843   **Richelot**, F.J.
1831 PDoz., nachher o. Prof.

1847–1856   **Hesse**, Ludwig Otto
vorher PDoz., nachher Heidelberg

1857–1886   **Rosenhain**, Johann Georg (1816–1887)
vorher PDoz. Breslau und Wien

1884–1892   **Hurwitz**, Adolf (1859–1919)
vorher PDoz. Göttingen, nachher ETH Zürich

1892–1893   **Hilbert**, D.
vorher PDoz., anschließend o. Prof.

1895–1897   **Stäckel**, P. G.
vorher PDoz. Halle, nachher Kiel

1922–1929   **Kaluza**, Theodor
vorher PDoz., nachher Kiel

1925–1926   **Szegö**, G.
anschließend o. Prof.

4 Habilitationen, Privatdozenten, Lehraufträge

(Die folgende Aufstellung ist mangels Unterlagen und Literatur vermutlich ziemlich unvollständig.)

Scherk, H. F.; 1823–26 PDoz., dann ao. Prof. Halle

Jacobi, C. G. J.; 1826 PDoz., ab 1827 ao. und o. Prof.

Richelot, F. J.; 1831 PDoz., ab 1832 ao. Prof.

Sohncke, L. A.; 1833 Habil., bis 1835 PDoz., dann ao. Prof. Halle

Hesse, L. O.; 1840 Habil., bis 1847 PDoz., dann ao. Prof.

Sohnke, L.; 1869 Habil., bis 1871 PDoz., dann Prof. TH Karlsruhe

Saalschütz, Louis (1835–1913); 1871 Habil., bis 1875 PDoz., dann nb. (?) ao. Prof.

Hilbert, D.; 1886 Habil., bis 1892 PDoz., dann ao. Prof.

Eberhard, V.; 1888 Habil., bis 1895 PDoz., dann ao. Prof. Halle

Vahlen, Th.; 1897 Habil., bis 1904 PDoz., dann ao. Prof. Greifswald

Müller, Emil (1861– ?); 1898 Habil., bis 1902 PDoz., dann o. Prof. TH Wien

Kaluza, Th.; 1909 Habil., bis 1922 PDoz., dann ao. Prof., 1929 o. Prof. Kiel

Bieberbach, L.; 1910 Habil., dann PDoz., 1913 o. Prof. Basel, später Frankfurt

Falckenberg, H.; 1919 Umhabil. von Braunschweig, bis 1922 PDoz., dann Gießen

Schmidt, R.; 1925 Habil., dann PDoz., 1925 Kiel

Brauer, Richard (1901–1977); 1927 Habil., dann PDoz., 1933 Emigration in die USA

Literatur

W. Hubatsch (Hrsg): Deutsche Universitäten und Hochschulen im Osten. Westdeutscher Verlag Köln u. Opladen 1964

H. Siebert: Leben und Werk der Königsberger Mathematiker. In: Jahrb. der Albertus-Universität zu Königsberg/Pr., Bd. 16, S. 137–170 (1966)

O. Volk: Die Albertus-Universität in Königsberg und die exakten Naturwissenschaften im 18. und 19. Jahrhundert. In: F. Mayer (Hrsg): Staat und Gesellschaft. Festgabe für Günther Küchenhoff. Verlag Otto Schwartz, Göttingen 1967

Leipzig, Universität

1 Universitätsgeschichte

1409
: Gründung der Universität durch den Markgrafen von Meißen Friedrich der Streitbare auf Grund eines Privilegs des Papstes Alexander V. Magister und Studenten kamen zunächst hauptsächlich von der Universität Prag, die sie aus politischen Gründen verließen. Wie an den meisten mittelalterlichen Universitäten bestanden die theologische, die juristische und die medizinische Fakultät sowie als Vorstufe die sogenannte Artistenfakultät. Mehr als 100 Jahre lang blieb das wissenschaftliche Niveau gering.

ab 1539
: Reformbemühungen und Anhebung des Niveaus. Es dominierte lange Zeit ein Protestantismus mehr oder weniger orthodoxer Ausprägung an der Universität.

1. Hälfte des 17. Jahrhunderts. Niedergang der Universität infolge des dreißigjährigen Krieges.

1661–64
: Leibniz als Student in Leipzig.

1682
: Gründung der ersten wissenschaftlichen Zeitschrift Deutschlands, der "Acta Eruditorum Lipsiensium".

1687
: Der Jurist Thomasius kündigte erstmals eine Vorlesung in deutscher Sprache an, ein "nie erhörtes Crimen".

18. Jahrh.
: Durchsetzung aufklärerischen Gedankengutes, zunächst gegen heftige Widerstände.

1791
: Gründung der Universitätssternwarte.

1796
: 58 ordentliche und außerordentliche Professoren lehrten in Leipzig; damit stand die Universität an erster Stelle in Deutschland.

1830	Erlaß einer neuen Universitätsverfassung, die die völlig veraltete mittelalterliche ersetzte.
ab 1830	Wie an den meisten deutschen Hochschulen im Zusammenhang mit den allgemeinen Schul– und Hochschulreformen Ausbau der Universität, Zunahme des Personals und der Studentenzahlen, Schaffung neuer Lehrstühle durch Aufteilung herkömmlicher Lehrgebiete.
1872–78	Leipzig war die am stärksten besuchte Universität Deutschlands; knapp 200 Mathematikstudenten. Förderung der Mathematik an den sächsischen Universitäten durch den Mathematiker O. X. Schlömilch, der von 1874–1885 als "vortragender Rath" im sächsischen Kultusministerium tätig war.
1881	Auf Initiative von F. Klein wurde das Mathematische Seminar gegründet, als letztes an einer deutschen Universität.
1909	Zu ihrer 500–Jahr Feier stand die Universität auf dem Höhepunkt ihres Ansehens; es lehrten 165 ordentliche und außerordentliche Professoren, davon 99 an der philosophischen Fakultät.
ab 1914	Mit Beginn des Krieges personelle und finanzielle Einschränkungen und Abbruch vieler wissenschaftlicher Auslandsbeziehungen; danach noch eine kurze Blütezeit (z.B. in der Physik mit den Nobelpreisträgern Debye und Heisenberg).
ab 1933	Vertreibung von über 20 Professoren und Dozenten durch die Nationalsozialisten, unter ihnen der Mathematiker Levi. Nach Kriegsbeginn weitere erhebliche Einschränkungen des Universitätsbetriebes.
1944/45	Weitgehende Zerstörung der Universität (zwei Drittel aller Gebäude und Einrichtungen).

2 Die Mathematik in Leipzig

Wie an allen deutschen Universitäten war bis in das beginnende 19. Jahrhundert das Niveau der Mathematik in Leipzig recht dürftig. Immerhin sind einige der wenigen etwas bekannteren deutschen Mathematiker aus der Zeit zwischen 1400 und 1800 in irgendeiner Weise mit Leipzig verbunden: Johannes Müller (gen. Regiomontanus)(1436–1476) studierte von 1447–1450 in Leipzig, wo er als 14-jähriger wesentlich verbesserte Planetentafeln berechnete. Gegen Ende des 15. Jahrhunderts wirkte Johannes Widmann (ca. 1460 – nach 1498) als Magister; von ihm stammt ein populäres Algebra-Lehrbuch mit der ersten gedruckten Einmaleins-Tafel, Benutzung der Rechenzeichen + und −, usw. Nach der Universitätsreform wurde 1542 Georg Joachim Rhaeticus (1514–1574) berufen, der hier in zwölfjähriger Arbeit seine zehnstelligen trigonometrischen Tafeln berechnen ließ. Von 1661 bis 1666 studierte Gottfried Wilhelm Leibniz (1646–1716) in Leipzig, allerdings hauptsächlich Philosophie und Rechtswissenschaften und nur nebenbei Mathematik. Zu einer ersten bescheidenen Anhebung des Niveaus kam es durch die Lehrtätigkeit Abraham Gotthelf Kästners (1719–1800) von 1739 bis zu seinem Ruf nach Göttingen im Jahr 1756. Georg Heinrich Borz (1714–1799) hielt dann als erster Vorlesungen über Infinitesimalrechnung, und Hindenburg, Begründer der bekannten kombinatorischen Schule, trug als erster über eigene Forschungsergebnisse vor und gab erstmals in Deutschland allerdings nur kurzlebige mathematische Fachzeitschriften heraus.

Der erste Leipziger Mathematiker von internationalem Rang war Möbius, der das mathematische Leben in Leipzig in der ersten Hälfte des 19. Jahrhunderts wesentlich bestimmte, obwohl er an sich das Fach Astronomie vertrat. Seine Kollegen Mollweide und Drobisch hatten noch die herkömmliche Ausbildung erhalten, aber die Mathematiker der folgenden Generation hatten schon in den führenden mathematischen Zentren, Berlin, Göttingen und Königsberg, studiert. Von dieser Zeit bis zum 2. Weltkrieg wirkten durchweg ganz ausgezeichnete Mathematiker in Leipzig, und das mathematische Institut war zweifellos eines der führenden in Deutschland, wenn auch das Niveau von Berlin und Göttingen nicht erreicht wurde. Wesentlichen Anteil an dieser Entwicklung hatte F. Klein, der zwar nur etwa sechs Jahre in Leipzig war, in dieser Zeit aber bedeutsame organisatorische Maßnahmen durchsetzte, z. B. die Gründung des mathematischen Seminars und später des mathematischen Institutes. Außerdem war er wesentlich an der Berufung des Norwegers Lie zu seinem Nachfolger beteiligt, womit gesichert war, daß weiterhin ein Mathematiker ersten Ranges in Leipzig wirkte. Dieser qualitative Aufschwung ging einher mit einer wesentlichen Vermehrung des Personals (zeitweise lehrten fünf ordentliche Professoren gleichzeitig), einer Verbesserung des Etats und der Bibliothek und einer beachtlichen Zunahme der Zahl der Studenten (unter ihnen nicht wenige ausländische).

Trotz der Größe und der Bedeutung des Instituts wurden bis zum Ende des 2. Weltkrieges in Leipzig keine Stellen für angewandte Mathematik eingeführt. Dies war vielleicht auch kaum nötig, weil insgesamt eine sehr ausgewogene Berufungspolitik betrieben wurde und insbesondere sehr darauf geachtet wurde, daß die große von C. Neumann begründete Tradition auf dem Gebiete der mathematischen Physik fortgeführt wurde. Dies kam insbesondere durch die Berufungen von Herglotz, Lichtenstein und E. Hopf zum Ausdruck. Von der nationalsozialistischen Zeit war das Institut insgesamt weniger betroffen als manches andere, denn mit Koebe, v.d. Waerden und Hopf blieben bis Kriegsende ausgezeichnete Mathematiker in Leipzig. Nach 1945 wurde jedoch nach dem Tod von Koebe und dem Weggang der beiden anderen Lehrstuhlinhaber ein fast völliger Neubeginn notwendig.

3 Professoren

Erster Lehrstuhl

1800–1814   **Prasse**, Moritz v. (1769–1814)

1814–1825   **Mollweide**, Karl (1774–1825)

1826–1868   **Drobisch**, Moritz Wilhelm (1802–1896)
                ab 1868 auf einem Lehrstuhl für Philosophie

1868–1908   **Scheibner**, Wilhelm (1826–1908)
                vorher ao. Prof., 1908 em.

1909–1925   **Herglotz**, Gustav (1881–1953)
                vorher TH Wien, nachher Göttingen

1926–1945   **Koebe**, Paul (1882-1945)
                vorher U Berlin

Mathematiker auf weiteren Lehrstühlen

1786–1808   **Hindenburg**, Karl (1739–1808)
                1771 Habil., 1781 ao. Prof. für Philosophie, 1786 o. Prof. für
                Physik

1816–1868 Möbius, August Ferdinand (1790–1868)
1816 ao. Prof., 1868 o. Prof. für Astronomie

Möbius hielt hauptsächlich mathematische Vorlesungen. De facto war C. Neumann sein Nachfolger.

1868–1911 Neumann, Carl (1832–1925)
vorher Tübingen, 1911 em., die Stelle wurde in ein planmäßiges Extraordinariat (für Koebe) umgewandelt.

Zweiter Lehrstuhl (für Geometrie)

1880–1885 Klein, Felix (1849–1925)
vorher TH München, nachher Göttingen

1886–1898 Lie, Sophus (1842–1899)
vorher und nachher Kristiania (= Oslo), Norwegen

1899–1928 Hölder, Otto (1859–1937)
vorher Königsberg, 1928 em.

1931–1945 Waerden, Bartel van der (geb. 1903)
vorher Groningen, nachher Amsterdam, ETH Zürich

Dritter Lehrstuhl

1890–1900 Mayer, Adolph (1839–1908)
vorher ao. Prof., 1900 für dauernd beurlaubt; er stellte sein Honorar für Engel zur Verfügung.

1904–1920 Rohn, Karl (1855–1920)
vorher TH Dresden

1922–1933 Lichtenstein, Leon (1878–1933)
vorher Münster

1937–1944 Hopf, Eberhard (geb. 1902)
vorher Mass. Inst. Tech., nachher U München

Extraordinariate

Es existierten jeweils ein bis zwei Extraordinariate gleichzeitig. Eines war
in folgender Reihenfolge besetzt: Rohn, Schur, Engel, Liebmann, Koebe,
Blaschke, Schnee. Die anderen existierten nur zeitweise.

1849– ?   **Marbach**, Gotthard Oswald (1810–1890)

1856–1867   **Scheibner**, Wilhelm
               1853 Habil., dann PDoz., später o. Prof.

1867   **Hankel**, Hermann (1839–1873)
               1863 Habil., dann PDoz., nachher Erlangen

1872–1890   **Mayer**, Adolph
               1866 Habil., dann PDoz., ab 1881 o. Honorarprof., ab 1890 o.
               Prof.

1872–1889   **Mühll**, Karl v. d. (1841–1912)
               1867 Habil., dann PDoz., nachher Basel

1884   **Rohn**, Karl
               1879 Habil., dann PDoz., nachher TH Dresden

1885–1888   **Schur**, Friedrich (1856–1932)
               1881 Habil., dann PDoz., nachher o. Prof. Dorpat, TH Aachen

1890–1904   **Engel**, Friedrich (1861–1941)
               1885 Habil., dann PDoz., ab 1899 o. Honorarprof., nachher
               Greifswald

1905–1910   **Liebmann**, Heinrich (1874–1939)
               1899 Habil., dann PDoz., nachher TH München

1901–1910   **Hausdorff**, Felix (1868–1942)
               1895 Habil., dann PDoz., vorher Greifswald, nachher ao. Prof.
               Bonn

1911–1914   **Koebe**, Paul
               vorher PDoz. Göttingen, nachher o. Prof. Jena und Leipzig

1915–1917   **Blaschke**, Wilhelm (1885–1962)
               vorher Greifswald, TH Prag, nachher Jena

1917–1954   **Schnee**, Walter (1885–1958)
1910 Habil. U Breslau, Assistent TH Breslau, 1954 em.

1923–1935   **Levi**, Friedrich Wilhelm (1888–1966)
1919 Habil., dann PDoz., 1935 Entzug der Lehrerlaubnis, Emigration nach Indien

1924–1926   **Neder**, Ludwig (1890–1960)
vorher Göttingen, nachher Tübingen

4 Habilitationen, Privatdozenten, Lehraufträge

(Die folgende Liste von Habilitationen ist möglicherweise ziemlich unvollständig.)

Möbius, A.F.; 1815 Habil., 1816 ao. Prof.

Drobisch, M.W.; 1824 Habil., 1826 o. Prof.

Scheibner, W.; 1853 Habil., dann PDoz., 1855 ao. Prof.

Hankel, H.; 1963 Habil., dann PDoz., 1867 ao. Prof.

Mühll, K. v.d.; 1867 Habil., dann PDoz., 1872 ao. Prof.

Harnack, A.; 1876 Habil., dann PDoz., 1876 o. Prof. Darmstadt

Rohn, K.; 1879 Habil., dann PDoz., 1884 ao. Prof.

Schur, F.; 1881 Habil., dann PDoz., 1885 ao. Prof.

Dyck, W. v.; 1882 Habil., dann PDoz., 1884 o. Prof. TH München

Study, E.; 1885 Habil., dann PDoz., 1893 ao. Prof. Marburg

Engel, F.; 1885 Habil., dann PDoz., 1890 ao. Prof.

Scheffers, G.W.; 1891 Habil., dann PDoz., 1896 Damstadt

Fischer, O.; 1893 Habil., dann PDoz., 1896 ao. Prof. an der Mediz. Fak.

Hausdorff, F.; 1895 Habil., dann PDoz., 1910 ao. Prof. Bonn

Kowalewski, G.; 1899 Habil., dann PDoz., 1901 ao. Prof. Greifswald

Liebmann, H.; 1899 Habil., dann PDoz., 1904 ao. Prof.

König, R.; 1911 Habil., dann Assistent und PDoz., 1914 ao. Prof. Tübingen

Levi, F.W.; 1919 Habil., dann PDoz., 1923 ao. Prof.

Neder, L.; 1922 Umhabil. von Göttingen, dann PDoz., 1924 ao. Prof.

Schmidt, Harry (1894– ?); 1926 Habil., 1933 o. Prof. für Physik

Hölder, Ernst (geb. 1901); 1929 Habil., dann Assistent, PDoz. und Dozent

Reichardt, H.; 1939 Habil., ab 1940 Dozent

Richter, Hans (1912–1978); 1940 Habil., 1941 Doz., 1944 ao. Prof. und
Vertretung des Lehrstuhls für Versicherungsmathem.

Literatur

100 Jahre mathematisches Seminar der Karl–Marx–Universität Leipzig (Hrsg. H.
Beckert, H. Schumann), Berlin 1981

Marburg, Universität

1 Universitätsgeschichte

| 1527 | Gründung als erste protestantische Universität ohne päpstliche und kaiserliche Privilegien. Sie war von Anfang an mit den vier klassischen Fakultäten ausgestattet. |

1527   Gründung als erste protestantische Universität ohne päpstliche und kaiserliche Privilegien. Sie war von Anfang an mit den vier klassischen Fakultäten ausgestattet.

1541   Kaiserliche Bestätigung der Universität auf dem Regensburger Reichstag.

1605   Entlassung von Professoren der Universität Marburg durch Landgraf Moritz von Hessen–Kassel. Die Universität Marburg wurde zur reformierten Universität ohne lutherische Professoren.

1605   Eröffnung eines fürstlichen Gymnasiums in Gießen mit dem aus Marburg entlassenen Theologen Winckelmann als Rektor; es erhielt 1607 das Privilegium zur Umwandlung in eine Universität. Während des Hessischen Erbfolgekrieges und des dreißigjährigen Krieges ging die Universität fast zugrunde. 1650 wanderten die letzten Professoren an die Nachbaruniversität Gießen ab.

1653   Neukonstituierung der Universität.

1723–40   Der Philosoph der Aufklärung Christian Wolff wirkte nach seiner Vertreibung aus Halle in Marburg. Seine Lehrtätigkeit gab der Universität großen Auftrieb. Er förderte auch die Mathematik durch die Herausgabe von Lehrbüchern, Lexika und Handbüchern.

1740–1790   Weitgehender Verfall der Universität; manche Fakultäten hatten zeitweise überhaupt keinen oder nur einen Professor.

um 1790   Versetzung mehrerer Professoren vom Carolinum in Kassel nach Marburg, wodurch die Universität einen bescheidenen

Aufschwung nahm. Gründung der ersten medizinischen und naturwissenschaftlichen Institute.

1807–1813   Während der Zeit des Königreiches Westfalen wurden die Universitäten Rinteln und Helmstedt (und andere Schulen) aufgehoben und dadurch die Existenz der Marburger Universität gesichert.

1814–1866   In der letzten kurfürstlichen Periode gehörte die Universität zu den kleinsten Deutschlands mit Studentenzahlen bis knapp über 200. Entscheidende Reformen blieben immer noch aus.

ab 1866   Mit Beginn der preußischen Herrschaft kam es zu Reformen, zur Neugründung von Instituten und zu einer regen Bautätigkeit.

1887   Erstmals mehr als 1000 Studenten (einschließlich Gasthörer).

um 1900   Die Medizinische Fakultät, an der v. Behring über 20 Jahre wirkte, hatte einen hervorragenden Ruf.

2 Die Mathematik in Marburg

In den ersten beiden Jahrhunderten nach der Gründung der Universität wurde die Professur für Mathematik häufig mit anderen Professuren zusammen wahrgenommen. Auch wechselten die Inhaber vielfach das Fachgebiet und gaben die Mathematik auf, vorzugsweise zugunsten der Medizin. Im 18. Jahrhundert war vor allem der Philosoph Christian Wolff von Bedeutung, der als ausgezeichneter Redner viele Studenten anzog. Er begann 1710 mit der Herausgabe der "Anfangsgründe der Mathematischen Wissenschaften" in vier Teilen auf deutsch und publizierte später seine "Elementa Matheseos Universae" in fünf Bänden, die er in seiner Marburger Zeit wesentlich erweiterte.

Nach der Aufhebung von anderen Lehranstalten in der napoleonischen Zeit kamen 1808 Johannes Gundlach von Kassel und 1810 Georg Wilhelm Muncke vom Gregorianum aus Hannover nach Marburg, so daß Marburg jetzt zwei Professoren der Mathematik und Physik hatte. Dies führte zu Schwierigkeiten, und es wurde für Gundlach ein eigenes mathematisches Institut abgetrennt, das bis zu seinem Tod 1819 bestand.

1817 änderten sich die Marburger Verhältnisse durch die Berufung des Gauß–Schülers Christian Ludwig Gerling als Professor der Mathematik, Physik und Astronomie. Er war der Begründer des Physikalischen Institutes, das bis Anfang dieses Jahrhunderts noch Mathematisch–Physikalisches Institut hieß. Er pflegte Physik, Astronomie und Anwendungen der Mathematik. Bedeutend war seine Mitarbeit bei der kurhessischen Landesvermessung. Die reine Mathematik spielte im ganzen gesehen nur eine Nebenrolle. Aus der Begründung eines Fakultätsantrages aus dem Jahre 1883 geht hervor, daß das mathematisch–physikalische Institut jedenfalls zu dem Zeitpunkt in Wirklichkeit nur ein physikalisches Institut war. Die reine Mathematik bekam erst mehr Gewicht, als 1848 Friedrich Ludwig Stegmann zum ordentlichen Professor der Mathematik (jetzt ohne zusätzliche Fächer) ernannt wurde.

Die steigenden Studentenzahlen ab den sechziger Jahren führten zum Ausbau der Universität. Schon 1870 wies die Fakultät auf die Notwendigkeit einer zweiten mathematischen Professur hin, die schließlich 1884 bewilligt wurde. Es wurde Heinrich Weber berufen, der sogleich ein Mathematisches Seminar mit einer oberen und unteren Abteilung gründete – letztere unter Leitung des Extraordinarius Heß. Erst mit der Berufung Webers fand die Mathematik in Marburg Anschluß an das inzwischen fast überall erreichte Niveau. Als Weber 1892 nach Göttingen ging, wurde Schottky sein Nachfolger. In dieser Zeit sanken die Studentenzahlen rapide, da insbesondere die Kandidaten des höheren Lehramtes wegen der Stellenknappheit im Schuldienst kaum noch Einstellungschancen hatten.

1902 ging Schottky nach Berlin; zu seinem Nachfolger wurde der Zahlentheoretiker Hensel berufen. Etwas später kam Ernst Neumann nach Marburg, der vor allem die Verbindungen zur Physik pflegte, z.B. sehr frühzeitig schon Vorlesungen über Relativitätstheorie hielt. Die fast drei Jahrzehnte, die Hensel in Marburg aktiv wirkte, waren mit Ausnahme der Kriegszeit eine Blütezeit der reinen Mathematik am Mathematischen Seminar. Zunächst einmal stiegen die Studentenzahlen nach der Jahrhundertwende wieder stark an; im Sommersemester 1904 waren es bereits 75 Seminarteilnehmer. Auch nach der Zäsur des ersten Weltkrieges bestimmten hohe Studentenzahlen das Bild. 1928 hatte das Seminar bereits 230 eingeschriebene Mitglieder. Eine Reihe guter Studenten wurde durch Hensel angezogen und verschiedene bedeutende Mathematiker wirkten in ihren jungen Jahren als Privatdozenten in Marburg. Es sei nur auf Helmut Hasse verwiesen, der

1921 in Marburg bei Hensel promovierte.

Ein schwieriges Problem blieb während der ganzen Zeit die Vertretung der angewandten Mathematik. Wiederholte Anträge zur Errichtung eines Extraordinariats für dieses Fach wurden abgelehnt. Auch nach dem ersten Weltkrieg trat keine Besserung ein, obwohl Hensel 1928 darauf hinwies, daß die Teilnehmerzahlen an den Übungen zur Darstellenden Geometrie inzwischen auf 70 angewachsen wären und daß insgesamt 423 Studenten der Mathematik und Naturwissenschaften versorgt werden müßten, wozu noch 73 Chemiestudenten kämen, die auch Mathematik hören müßten. 1932 beantragte Maximilian Krafft, der damals die angewandte Mathematik vertrat, wegen der fehlenden Ausbildungsmöglichkeiten in geodätischen und astronomischen Beobachtungsmethoden Mittel für die Instandsetzung einiger älterer Instrumente, die größtenteils noch aus kurhessischer Zeit stammten. Die Überlastung durch die hohen Studentenzahlen führte dazu, daß man sich 1928 zum ersten Mal entschloß, die Anstellung eines älteren Studenten für Korrekturen bei einer Bezahlung von 10 Reichsmark pro Woche zu beantragen.

Durch die Berufung von Hasse 1930 als Nachfolger von Hensel schienen die Voraussetzungen für eine gedeihliche Weiterentwicklung des Mathematischen Seminars gegeben zu sein. Hasse wechselte aber schon zum Sommersemester 1934 nach Göttingen über. Dieser Zeitpunkt markiert auch einen tiefen Einschnitt in die Seminararbeit. 1933 hatten die Nationalsozialisten die Macht übernommen und gingen unverzüglich daran, die Universität nach ihren Vorstellungen umzugestalten. Zum Glück für das Seminar wurde als Nachfolger von Hasse zum Wintersemester 1934/35 Kurt Reidemeister von Königsberg nach Marburg versetzt. Reidemeister war 1933 wegen seiner Kritik an den vom NS–Studentenbund organisierten Demonstrationen und Vorlesungsstörungen zeitweise seines Amtes enthoben worden. Bei rapide sinkenden Studentenzahlen in Marburg wie auch anderwärts (die Teilnehmerzahl in den Seminarveranstaltungen ging auf drei bis fünf zurück, falls die Seminare überhaupt zustande kamen) zeigten auch die verbliebenen Studenten der Mathematik keinen besonderen Eifer im Sinne der Partei. Auf Grund der nationalsozialistischen Rassengesetze ersuchte der Rektor am Ende des Sommersemesters 1935 den Emeritus Hensel, von der Ankündigung von Vorlesungen Abstand zu nehmen. Glücklicherweise blieb er aber danach bis zu seinem Tode 1941 ziemlich unbehelligt.

Erstaunlicherweise wurde die personelle Ausstattung trotz der zurückgehenden Studentenzahlen weiter verbessert. Eine außerplanmäßige Assistentenstelle wurde in eine Planstelle umgewandelt, Arnold Schmidt erhielt 1939 eine neu eingerichtete Dozentur für Mathematik und mathematische Logik, und wissenschaftliche Hilfskräfte konnten beschäftigt werden. So waren in den dreißiger Jahren bis zum Kriegsende mit teilweise kriegsbedingter Abwesenheit eine ganze Reihe von Mathematikern in den verschiedensten Stellungen in Marburg tätig. Nach vergleichsweise geringen Kriegsschäden wurde das Institut im Herbst 1945 wiedereröffnet.

3 Professoren

Erster Lehrstuhl

1848–1891   **Stegmann**, Friedrich (1813–1891)
vorher PDoz. und ao. Prof.

1892–1903   **Heß**, Edmund (1843–1903)
persönliches Ordinariat, vorher PDoz. und ao. Prof.

1905–1946   **Neumann**, Ernst (1875–1955)
vorher PDoz. Halle, 1905 ao. Prof., 1908 o. Prof.

Zweiter Lehrstuhl

1884–1892   **Weber**, Heinrich (1842–1913)
vorher TH Berlin, nachher Göttingen

1892–1902   **Schottky**, Friedrich (1851–1935)
vorher Polytechikum Zürich, nachher Univ. Berlin

1902–1929   **Hensel**, Kurt (1861–1941)
vorher ao. Prof. Berlin, 1929 em.

1930–1934   **Hasse**, Helmut (1898–1979)
vorher Halle, nachher Göttingen

1934–1955   **Reidemeister**, Kurt (1893–1971)
vorher Königsberg, nachher Göttingen

Außerordentliche Professoren

1872-1895　　**v. Drach**, Alhard (1839–1915)
　　　　　　　ab 1864 PDoz., später kunsthistorische Studien und Lehrstuhl
　　　　　　　für Kunstgeschichte in Marburg

1877–1892　　**Heß**, E.
　　　　　　　vorher PDoz., nachher o. Prof.

1890–1891　　**Klein**, Benno (1846–1891)
　　　　　　　vorher PDoz.

1893–1894　　**Study**, Eduard (1862–1930)
　　　　　　　vorher PDoz. Leipzig, nachher John Hopkins U., ao. Prof.
　　　　　　　Bonn

1922–1928　　**Fraenkel**, Abraham (1891–1965)
　　　　　　　vorher PDoz., nachher Kiel

1839–1940　　**Rellich**, Franz (1906–1955)

4 Habilitationen, Privatdozenten, Lehraufträge

Kneser, A.; 1884 Habil., 1886 PDoz. Uni. Breslau

Dalwigk, Friedrich von (1864–1943); 1897 Habil., dann PDoz., 1907 Professoren–Titel, Vorlesungen über angewandte Mathematik, 1922 ans geodätische Institut Potsdam

Jung, H.; 1902 Habil., dann PDoz., 1908 Oberlehrer Hamburg

Fueter, R.; 1905 Habil., 1908 o. Prof. Basel, 1913 Karlsruhe

Hellinger, E.; 1909 Habil., dann PDoz., 1914 ao. Prof. Frankfurt

Fraenkel, A.; 1916 Habil., dann PDoz., 1922 ao. Prof.

Hasse, H.; 1922 Habil., 1922 Umhabilitation nach Kiel

Krafft, Maximilian (1889–1972); 1923 Habil. Münster, ab 1927 nb. ao. Prof., vertrat zeitweise die angewandte Mathematik, 1940 apl. Prof., 1956 pensioniert

Ullrich, E.; 1930 Habil., dann PDoz., 1934 Dozent Göttingen

Franz, W.; 1937 Habil., 1937 Dozent Gießen

Schmidt, Arnold (1902–1967); 1937 Habil., 1939–1945 Dozent für Mathematik und mathematische Logik

Bachmann, Friedrich (1909–1982); 1939 Habil.

Wecken, Franz (geb. 1912); 1940 Habil., 1941 nach Frankfurt

Zühlke, Paul (1877–1957); Oberschulrat in Kassel, seit 1923 Lehrauftrag für Didaktik, 1926 Honorarprofessor

Literatur

Die Philipps–Universität zu Marburg 1527–1927. 2. Auflage, unveränderter Nachdruck der 1. Auflage von 1927, Marburg 1977

Catalogus professorum academiae Marburgensis 1527–1910 (bearb. von Franz Gundlach). Veröffentlichungen der Historischen Kommission für Hessen, Band 15, Marburg 1927

Catalogus professorum academiae Marburgensis, 2. Band. Veröffentlichungen der Historischen Kommission für Hessen, Band 15, Marburg 1979

Chronik der königlichen Universität Marburg (später Chronik der Philipps–Universität). Ab Jahrgang 1, 1887/88 in Jahresbänden bis 1940, dann in unregelmäßiger Folge

A. Fraenkel: Lebenskreise. Stuttgart 1967

K.-B. Gundlach: 100 Jahre Mathematisches Seminar, ein Rückblick auf die Mathematik in Marburg. Fachbereich Mathematik der Universität Marburg 1986

München, Technische Hochschule

1 Hochschulgeschichte

1794	Gründung der École Polytechnique in Paris, die beispielgebend für die Entwicklung der Techn. Hochschulen wurde.
1823	Georg v. Reichenbach und Joseph v. Fraunhofer forderten namens einer staatlichen Kommission die Errichtung einer polytechnischen Schule. Vorschläge, eine der Landesuniversitäten zu deren Gunsten aufzuheben, ließen sich nicht durchsetzen.
1827	Gründung der "Polytechnischen Zentralschule in München".
1833	Auflösung derselben wegen "mangelhafter Ausrichtung" und Gründung einer "Technischen Hochschule", die der Kameralistischen Fakultät der Universität angegliedert war. Neugründung von Polytechnischen Schulen in München, Nürnberg und Augsburg.
1840	Aufhebung der Technischen Hochschule und Angliederung an die Münchner Polytechnische Schule. Hier wirkte bereits Carl Maximilian v. Bauernfeind (1818–1894), der herausragende Initiator und Organisator der späteren TH.
1848	Das Handelsministerium wurde anstelle des Kultusministeriums für das technische Unterrichtswesen verantwortlich, womit sich die ständigen Finanzprobleme entspannten.
1864	Schaffung der Realgymnasien in Bayern, die den späteren Studenten die bisher fehlende Qualifikation vermittelten.
1868	Gründung der "Königlich Polytechnischen Schule zu München". Bei ihrer Gründung gliederte sich die Polytechnische Schule in fünf Abteilungen: die Allgemeine Abteilung und die Abteilungen der Bauingenieure, Architekten, Maschineningenieure und Chemiker.

1873	Gründung der landwirtschaftlichen Abteilung.
1877	Umbenennung in Technische Hochschule und weitgehende Angleichung an die Universitäten. Die Hochschule unterstand zunächst dem Handelminister v. Schlör, der weitsichtig im Jahre 1877 als Kernsatz der späteren Verfassung die folgende Bestimmung erließ: "Die Polytechnische Schule in München ist eine Technische Hochschule und gewährt eine vollständige, theoretische Ausbildung für den technischen Beruf in den für eine Allgemeinbildung erforderlichen Kenntnissen und in denjenigen Disziplinen, welche auf den exakten Wissenschaften und zeichnenden Künsten beruhen."
1884–1933	Der Mathematiker v. Dyck prägte entscheidend die weitere Entwicklung der TH. Er wirkte allein 10 Jahre als Rektor und war in vieler Hinsicht auch Mitbegründer des Deutschen Museums.
1901	Verleihung des Promotionsrechtes.
1902	Rektoratsverfassung mit akademischer Selbstverwaltung (Senat) wie bei den Universitäten.
1930	Anschluß der Hochschule für Landwirtschaft und Brauerei, Weihenstephan.
1933	Neuordnung der Abteilungen in sechs Fakultäten: Allgemeine Wissenschaften, Bauwesen, Maschinenwesen, Chemie, Landwirtschaft, Brauerei.
bis 1945	Die Hochschule erlitt erhebliche Zerstörungen im zweiten Weltkrieg.

2 Die Mathematik an der TH München

Das Studium der Mathematik konnte an der neuen Technischen Hochschule von Anfang an in gleicher Weise wie an einer Universität betrieben und abgeschlossen werden – lange Zeit ein Novum für die Technischen Hochschulen in Deutschland. v. Bauernfeind wird viel Geschick und Erfolg bei der Durchführung der ersten Berufungen für die Hochschule (24 Professoren zu Anfang) zugeschrieben. So konnte er für die Allgemeine Abteilung, in der die Mathematik untergebracht war, Otto Hesse von der Universität Heidelberg als ordentlichen Professor gewinnen. Mit dieser Berufung war ein Anspruch gesetzt, an dem man sich im folgenden messen lassen mußte. Von den weiteren Mathematikern des Gründungsjahrs wirkten N. Bischoff in der Allgemeinen Abteilung und A. Klingenfeld in der Abteilung der Maschineningenieure.

Im Jahre 1875 gelang die Berufung von Felix Klein von der Universität Erlangen, der die Schaffung eines weiteren Lehrstuhls durchsetzte. Klein und v. Brill traten die Nachfolge des nach langer Krankheit verstorbenen Hesses als Direktoren des neugeschaffenen "Mathematischen Instituts" an. Beide betonten die didaktischen Anforderungen des Unterrichts mittels anschaulicher Methoden und waren sich einig in der Bedeutung des numerischen Rechnens. Das Problem, einer großen Zahl von Hörern unterschiedlicher Fachrichtungen eine solide mathematische Grundausbildung zu vermitteln, lösten sie durch Einführung des viersemestrigen Zyklus "Höhere Mathematik I–IV", der damals die Lehrpläne weitgehend prägte. Klein pflegte eine enge Zusammenarbeit mit Vertretern der Ingenieurwissenschaften, die später (1905) auch mit der Verleihung des Grades Dr. Ing. h.c. von der TH München gewürdigt wurde. Unter v. Brill wurde der Grundstock für eine umfangreiche Sammlung von geometrischen Gipsmodellen und graphischen Darstellungen für den mathematischen Unterricht an Hochschulen gelegt.

1884 kam mit v. Dyck ein Schüler von Felix Klein nach München zurück. Die weitere Entwicklung der TH bis 1934 wurde entscheidend von ihm mitgeprägt, allein 10 Jahre als Rektor. Er war langjähriger Mitherausgeber der Mathematischen Annalen und in vieler Hinsicht Mitbegründer des Deutschen Museums. 1893 organisierte er die Münchner DMV–Tagung. 100 Semester unterrichtete v. Dyck an der TH München. Wir verdanken seinen Aufzeichnungen tiefe Einblicke in die Jahre der Gründung der Hochschule. In einem Beitrag aus dem Jahre 1930 über die Geschichte der deutschen Hochschulen schrieb er:

"Die Richtung der mathematischen Forschung hatte gerade von der Mitte des vorigen Jahrhunderts an unter dem neugestaltenden Wirken von Gauß, nachmals von Riemann, von Weierstraß eine vorwiegend theoretische Richtung genommen und sich mehr und mehr von den Problemen der Anwendungen entfernt. ... So war eine Kluft entstanden zwischen dem

Lehrinhalt der theoretischen Vorstudien und den Forderungen, welche die technischen Fächer an das Anschauungsvermögen, an konstruktive Fertigkeit, an praktisch verwertbares Können stellen mußten. Da ist für unsere Hochschule das Wirken von Felix Klein entscheidend geworden, der hier von 1875 bis 1879 gelehrt hat. Er hat, im Zusammenwirken mit A. v. Brill, in lebhaftem Gedankenaustausch mit C. v. Linde den mathematischen Unterricht auf die besonderen Bedürfnisse des Technikers eingestellt: *Anschauliches Erfassen und wirkliche Durchführung der theoretisch gelösten Probleme nach Konstruktion und Rechnung bis zum vollen Abschluß, wie ihn der Techniker bedarf.* Diesen Absichten gerecht zu werden, entstanden im Mathematischen Institut der Hochschule zahlreiche Modelle und Apparate zur Versinnlichung geometrischer Sätze wie mechanischer Vorgänge und physikalischer Prozesse, die als Lehrmittel weite Verbreitung gefunden haben."

Neben v. Dyck trug auch S. Finsterwalder, Schüler v. Brills, über viele Jahre zur Etablierung der neuen Hochschule bei: Nach dem Weggang von Voss war er ab 1891 Inhaber des Hesse–Lehrstuhls; nach der Entpflichtung Burmesters wechselte er 1912 auf den Geometrie–Lehrstuhl, den er bis 1931 besetzte. Er ergänzte die Sammlung mathematischer Modelle und wirkte innerhalb der Bayerischen Akademie der Wissenschaften maßgeblich an der Landesvermessung in Bayern mit.

Nachdem schon Kutta als Privatdozent einige Jahre die angewandte Mathematik vertreten hatte, wurde ein Extraordinariat dafür geschaffen, das mit Liebmann und später Lense besetzt wurde; beide wurden zu persönlichen Ordinarien ernannt. Vorher wurden Gebiete der angewandten Mathematik (Ausgleichsrechnung, Methode der kleinsten Quadrate, Astronomie) durch Lehraufträge an Dozenten der Universität oder der Ingenieur-Abteilung abgedeckt.

3 Professoren

Die "Genealogie" der einzelnen Lehrstühle ist etwas unsicher, da mehrfach Professoren von einem auf den anderen wechselten (s.u.).

Lehrstuhl für Höhere Mathematik

1868–1874   **Hesse**, Otto Ludwig (1811–1874)
                vorher Heidelberg

Nach Hesses Tod wurde sein Lehrstuhl geteilt und mit Klein und v. Brill besetzt.

1875–1880   **Klein**, Felix (1849–1925)
vorher Erlangen, nachher Leipzig

1880–1883   **Lüroth**, Jacob (1844–1910)
vorher Karlsruhe, nachher Freiburg

1884–1933   **v. Dyck**, Walther (1856–1934)
vorher PDoz. Leipzig, 1933 em.

1934–1945   **Baldus**, Richard (1885–1945)
vorher Lehrstuhl für Geometrie (s.u.)

Zweiter Lehrstuhl für Höhere Mathematik

1875–1884   **v. Brill**, Alexander Wilhelm (1842–1935)
vorher Darmstadt, nachher Tübingen

1885–1891   **Voss**, Aurel Edmund (1845–1931)
vorher Dresden, nachher Tübingen

1891–1912   **Finsterwalder**, Sebastian (1862–1951)
vorher PDoz. TH München, 1912 Lehrst. für Geom. (s.u.)

1912–1914   **Burkhardt**, Heinrich (1861–1914)
vorher Lehrstuhl für Grundzüge der Höh. Math. (s.u.)

1916–1946   **Faber**, Georg (1877–1966)
vorher Straßburg, 1946 em.

Lehrstuhl für Darstellende Geometrie

1868–1880   **Klingenfeld**, Friedrich August (1817–1880)
vorher Polytechnische Schule Nürnberg

1880–1887   **Marx**, Walfried (1854–1887)
ao. Prof.

1887–1912   **Burmester**, Ludwig Ernst Hans (1840–1927)
vorher Dresden, 1912 em.

1912–1931 **Finsterwalder**, S.
vorher Hesse–Lehrstuhl (s.o.), 1931 em.

1932–1934 **Baldus**, Richard (1885–1945)
vorher Karlsruhe, nachher auf dem Dyck–Lehrstuhl

1934–1959 **Löbell**, Frank Richard (1893–1964)
vorher Stuttgart, 1959 em.

Lehrstuhl für Grundzüge der Höheren Mathematik

1868–1888 **Bischoff**, Johann Nicolaus (1827–1893)
vorher Gymnasiallehrer in Zweibrücken, 1888 im Ruhestand

1888-1908 **v. Braunmühl**, Anton (1853–1908)
bis 1892 ao. Prof., dann o. Prof.

1908–1912 **Burkhardt**, H.
vorher o. Prof. Univ. Zürich, nachher Brill–Lehrstuhl (s.o.)

1912–1926 **Doehlemann**, Karl (1864–1926)
vorher PDoz. und ao. Prof. U München

Extraordinariat für Angewandte Mathematik

1910–1920 **Liebmann**, Heinrich Karl Otto (1874–1939)
pers. Ordinariat, vorher ao. Prof. Leipzig, nachher Heidelberg

1927–1946 **Lense**, Josef (1890–1985)
pers. Ordinariat, vorher PDoz. Wien, 1946 Brill–Lehrstuhl

4 Habilitationen, Privatdozenten

Haase, Carl Friedrich; 1870 Habil., dann PDoz. bis 1886

Günther, Sigmund; 1874 Habil., dann PDoz. bis 1876, 1886 o. Prof. für
Erdkunde TH München

Schüler, Wilhelm; 1874 Habil., dann PDoz. bis 1878

Hess, Wilhelm; 1884 Habil.. dann PDoz. bis 1886

Braunmühl, A.v.; 1884 Habil., dann PDoz., 1888 ao. Prof.

Finsterwalder, S.; 1888 Habil., dann PDoz., 1891 o. Prof.

Kutta, M.W.; 1902 Habil., dann PDoz., 1909 ao. Prof. Jena

Lagally, M.; 1913 Habil., dann PDoz., 1920 o. Prof. Dresden

Deimler, Wilhelm; 1914 Habil., dann PDoz., 1914 gefallen

Sauer, Robert; 1926 Habil., dann PDoz., 1933 o. Prof. Aachen

Finsterwalder, Richard; 1930 Habil. in Photogrammetrie

Seebach, Karl; 1941 Habil., dann PDoz.

Heinhold, Josef; 1941 Habil., dann PDoz.

Literatur

W. v. Dyck: Alte und neue Wege und Ziele der Technischen Hochschule. Festschrift, TH München 1920

W. v. Dyck: Technische Hochschule München. In: Das Akademische Deutschland. Bd. 1: Die deutschen Hochschulen in ihrer Geschichte. Berlin: Weller 1930

J.O. Fleckenstein: Hundert Jahre Lehre und Forschung. In: TUM Jahrbuch 1868–1968. München: Oldenbourg 1968

J. Heinhold: Erinnerungen an eine Epoche Mathematik in München (1930–1960). In: Jahrbuch – Überblicke Mathematik 1984, 177–209, Mannheim: Bibliographisches Institut 1984

F. Klein: Göttinger Professoren (Lebensbilder von eigener Hand). Mitteilungen des Universitätsbundes Göttingen 5, 11–36 (1923)

H. Schallbroch: Die Technische Hochschule München. Zeitschrift d. Vereins dt. Ingenieure 88, 199–204 (1944)

P. Vachenauer: Chronik der Mathematiklehrstühle der TU München. Siehe: J. Heinhold

München, Universität

1 Universitätsgeschichte

1472	Stiftung der Universität in Ingolstadt durch Herzog Ludwig den Reichen (1417–1479) auf Grund eines Privilegs des Papstes (Pius II.). Vorbild war die 1365 gegründete Universität Wien. Am 17. 3. 1472 wurde die Universität durch Ernennung eines vorläufigen Rektors und den Beginn der Einschreibungen eröffnet. In den ersten Jahrzehnten humanistische Blütezeit mit rund 400 bis 600 Studenten und 40 bis 60 Dozenten.
ab ca. 1570	Die Geschicke der Universität wurden rund 200 Jahre lang maßgebend von Jesuiten gelenkt. Periode kirchen- und universitätspolitischer Auseinandersetzungen.
1588	Die Artistenfakultät, deren Vorlesungen für das Grundstudium obligatorisch waren, wurde von Jesuiten übernommen.
1610–1616	Der Astronom und Mathematiker Christoph Scheiner S.J. lehrte in Ingolstadt.
1634/35	Die Universität blieb auf Grund von Kriegswirren geschlossen.
	17. Jahrhundert und erste Hälfte des 18. Jahrhunderts: Keine nennenswerte wissenschaftliche Weiterentwicklung bis zur einsetzenden Aufklärung in der zweiten Hälfte des 18. Jahrhunderts.
1759	Gründung der Bayerischen Akademie der Wissenschaften in München durch Kurfürst Maximilian III. Joseph (1727-1777).
1767	Einrichtung einer Sternwarte durch Ignatius Rhomberg.
1773	Auflösung des Jesuitenordens; als Folge Lockerung der Zensur, beginnende Förderung der Naturwissenschaften, der Geschichte und Philologie.

1799   Einrichtung des Cameral–Instituts, der späteren staatswirt–
            schaftlichen Fakultät.

1800   Einmarsch der Franzosen. Die Universität wurde in die ehe-
            malige Residenzstadt Landshut verlegt. Rund 900 Studen-
            ten. Neuordnung unter napoleonischem Einfluß. Die Profes-
            soren galten nun als Staatsdiener, angehende Professoren
            als "Privatdocenten". Die Fakultäten wurden vorübergehend
            (bis 1826) aufgelöst und dafür acht (später fünf) Sektio-
            nen eingerichtet: Historische Wissenschaften, Mathematische
            Wissenschaften, Philosophische Wissenschaften, Physikali-
            sche Wissenschaften, Medizinische Wissenschaften, Positive
            Rechtswissenschaften, Positive Religionswissenschaften, Phi-
            lologie.

1802   Namensgebung "Ludwig–Maximilians–Universität" zu Ehren
            des Begründers Ludwig und des Neustifters Maximilian I. Jo-
            seph, des späteren Königs (1806–1825).

1826   Im Gefolge der epochalen Berliner Universitätsgründung und
            der neuhumanistischen Bildungspolitik Humboldts verlegte
            König Ludwig I. die Universität nach München an den Sitz
            der Akademie. Das kam einer Neugründung gleich. Der ein-
            setzende Aufschwung ließ die Universität auf über 1900 Stu-
            denten (1831) anwachsen. Im Gegensatz zu Preußen (dort
            erst ab 1841) war das Lehrpersonal konfessionell gemischt.

1826–1841   Friedrich Wilhelm Schelling (1775–1854) lehrte in München.

1847   Das zweijährige Grundstudium ("biennium philosophicum")
            wurde abgeschafft, die vorbereitende Allgemeinbildung ganz
            dem Gymnasium überlassen.

1852–1873   Justus von Liebig (1803–1873) lehrte Chemie.

1856   Einrichtung eines mathematisch–physikalischen Seminars zur
            Ausbildung von Lehrern an höheren Schulen durch L. Seidel
            und den Physiker G. v. Jolly.

1865	Teilung der Philosophischen Fakultät in eine philosophisch-historische und eine mathematisch–naturwissenschaftliche Sektion.
1879	Max Planck promovierte an der Universität und lehrte hier von 1880 bis 1885 als Privatdozent.
1888/89	In diesem Studienjahr verzeichnete die Philosophische Fakultät 44 Promotionen; zwei Jahrzehnte vorher waren es jährlich rund sieben.
ab 1891	Mit Ludwig Boltzmann, Arnold Sommerfeld, Wilhelm Röntgen, Wilhelm Wien und Werner Heisenberg wurde München im 20. Jahrhundert zu einem Zentrum physikalischer Forschungen.
1911	Rund 6700 Studenten und 270 Dozenten.
1923	Aufteilung des mathematisch–physikalischen Seminars.
1937	Bildung einer eigenständigen naturwissenschaftlichen Fakultät.

2 Die Mathematik an der Universität München

Im ersten Jahrhundert nach der Gründung in Ingolstadt bildete die Artistenfakultät, der auch die Mathematik angehörte, den Schwerpunkt der Universität. 1492 wurde ein Lehrstuhl für Mathematik und Astronomie eingerichtet. Der Theologe und Mathematiker Johann Stabius (ca. 1450–1522), der um 1500 in Ingolstadt wirkte, wird als eine der bedeutendsten Lehrkräfte jener Zeit angesehen. Peter Apian (1500–1552) lehrte als Professor der Mathematik 25 Jahre an der Universität und verfaßte neben Werken zur Astronomie und zur mathematischen Geographie ein mathematikhistorisch beachtenswertes Rechenbuch. 1552 übernahm sein Sohn Philipp (1531–1589) den Lehrstuhl. Dessen erstaunlich genaue Landkarte Bayerns war lange Zeit maßgebend.

Durch kirchenpolitische Kämpfe begünstigt, rückte in der zweiten Hälfte des 16. Jahrhunderts die theologische Fakultät in den Mittelpunkt. Christoph Scheiner (1575–1650), Professor für Hebräisch und Mathematik, war

an der Entwicklung des astronomischen Fernrohrs beteiligt, hat den sogenannten Storchenschnabel erfunden und beobachtete 1611 etwa gleichzeitig mit Fabricius und Galilei die Sonnenflecken. In der Folgezeit verlor die
Mathematik in Ingolstadt an Bedeutung; erst gegen Ende des 18. Jahrhunderts lebte sie wieder auf. Während nach dem Lehrplan der philosophischen Fakultät noch 1774 Mathematik nur für das erste Studienjahr vorgesehen war, waren es nach der Neuorganisation der Jahre 1799/1800 bereits
vier Semester: Mathematik (1. Semester); Geometrie und Trigonometrie
(2.); höhere Mathematik und Astronomie, angewandte Mathematik (3.);
physisch–mathematische Geographie (4.). Entsprechend allgemein wurden
auch die Vorlesungen angekündigt. Das vielbenutzte fünfbändige Lehrbuch
des Ordinarius für Mathematik Maurus Magold (1761–1837), zugleich Pfarrer in Landshut, diente lange als Vorlesungsgrundlage. Erst während des
19. Jahrhunderts wurde die Universität auf naturwissenschaftlichem Gebiet auch zu einer Forschungsinstitution. Desberger führte in Bayern die
französischen analytischen Methoden und die darstellende Geometrie an der
Universität ein. Wie aus einer Studienordnung hervorgeht, wurde 1836 ein
vierjähriges "Spezialstudium der Mathematik" eingerichtet, das in erster
Linie für angehende Lehrer gedacht war. In diese Zeit fällt auch die Spezialisierung in mathematische und physikalische Lehrstühle. Seidel und Bauer
hielten Vorlesungen auf entsprechendem Niveau, u.a. über Analysis, Reihen, Wahrscheinlichkeitsrechnung und sphärische Astronomie. Auch über
modernste Forschungsergebnisse wurde vorgetragen. Beide prägten den mathematischen Universitätsbetrieb in München über ein halbes Jahrhundert
lang und schufen so das Fundament, auf dem das 20. Jahrhundert aufbauen
konnte. Seidel hatte bei Dirichlet in Berlin und bei Jacobi und Bessel in
Königsberg studiert, Bauer ebenfalls bei Dirichlet, anschließend bei Liou-
ville und Poncelet in Paris.

Ab 1893 wirkte an der Münchener Universität, zeitweise auch als Rektor, Ferdinand v. Lindemann, der 1882 mit dem Beweis der Transzendenz von π das Jahrtausende alte Problem der Quadratur des Kreises
gelöst hatte. Ab 1901 gehörte München mit der Ernennung des Funktio-
nentheoretikers und Kunstmäzens Pringsheim zu den wenigen unter den
zwanzig deutschen Universitäten, die über drei mathematische Ordinariate verfügten. 1911 wurde das "Seminar für Statistik und Versicherungswissenschaft"begründet. Seitdem stellen die in den folgenden Jahrzehnten
von Friedrich Böhm gehaltenen versicherungsmathematischen Vorlesungen

einen festen Bestandteil des Lehrangebots dar.

Um 1924 kam es innerhalb kurzer Zeit zu einer Neubesetzung der drei Lehrstühle (sie waren noch alle im gleichen Dienstzimmer untergebracht): Perron war bereits damals durch sein Standardwerk über Kettenbrüche bekannt. Dazu kamen nach München Carathéodory, der über Variationsrechnung und Funktionentheorie gearbeitet hatte, und Tietze, der an dem Aufstieg der Topologie maßgebend beteiligt war. Als einziger von ihnen hatte damals Perron einen Assistenten — Fritz Lettenmeyer. 1927 wurde für Hartogs das vierte Ordinariat eingerichtet, um das schon 1919 Lindemann, Voss und Pringsheim gebeten hatten.

Nach der Machtübernahme der Nationalsozialisten wurde Hartogs zwangsweise entlassen und der weit über achtzigjährige Emeritus Pringsheim zum Verkauf seines Kunstbesitzes und zur Emigration gezwungen. Ansonsten konnte sich das mathematische Seminar abgesehen von den Kriegsjahren weitgehend den Einflüssen dieser Zeit entziehen. Unter den zehn Münchener Mathematikprofessoren (zusammen mit der TH), die in dieser Zeit Akademiemitglieder waren, befanden sich keine Parteianhänger.

Es gab immer gute Kontakte zu den Professoren der Technischen Hochschule, u.a. durch das noch heute existierende gemeinsame "Münchener Mathematische Kolloquium".

3 Professoren

Erster Lehrstuhl

1798–1826   **Magold**, Maurus (1761–1837)

1826–1842   **Späth**, Johann Leonhard (1759–1842)

1847–1891   **Seidel**, Ludwig Philipp (1821–1896)
1846 Habil., danach PDoz.; 1847 ao. Prof., 1855 o. Prof., 1891 em.

1893–1923   **Lindemann**, Ferdinand (1852–1939)
vorher Königsberg, 1923 em.

1924–1938   **Carathéodory**, Constantin (1873–1950)
vorher Athen, 1938 em.

1944–1948　Hopf, Eberhard (1902–1983)
　　　　　vorher Leipzig, nachher New York

Zweiter Lehrstuhl

1794–1806　Knogler, Gabriel (1759–1838)

1806–1833　Stahl, Conrad Dietrich Martin (1773–1833)
　　　　　vorher Würzburg

1833-1865　Hierl, Johann Ed. (1791–1878)
　　　　　vorher Aschaffenburg, 1833 ao. Prof., 1840 o. Prof., 1865 em.

1865–1901　Bauer, Conrad Gustav (1820–1906)
　　　　　1857 Habil., 1865 ao. Prof., 1869 o. Prof., 1901 em.

1903–1924　Voss, Aurel (1845–1931)
　　　　　vorher Würzburg, 1924 em.

1925–1950　Tietze, Heinrich (1880–1964)
　　　　　vorher Erlangen, 1950 em.

Dritter Lehrstuhl

1901–1923　Pringsheim, Alfred (1850–1941)
　　　　　vorher ao. Prof., 1923 em.

1923–1950　Perron, Oskar (1880–1975)
　　　　　vorher Heidelberg, 1950 em.

Vierter Lehrstuhl

1927–1935　Hartogs, Friedrich (1874–1943)
　　　　　vorher ao. Prof., 1935 zwangsweise entlassen, 1943 Freitod

Weitere o. und ao. Professuren in der ersten Hälfte des 19. Jahrhunderts (z.T. auch für Physik und Naturwissenschaften)

1826–1852　Siber, Thaddäus (1774–1854)

1827–1843 **Desberger**, Franz Eduard (1786–1843)

1835–1849 **v. Steinheil**, Karl August (1801–1870)
nachher Wien

1843–1852 **Reindl**, Carl Joseph (1806–1852)

1849–1867 **Recht**, Georg (1813–1873)
1842 Habil.

Extraordinariat

1886–1901 **Pringsheim**, Alfred
1877 Habil., dann PDoz., nachher o. Prof.

1902–1912 **Doehlemann**, Karl (1864–1926)
1891 Habil., dann PDoz., nachher TH München

1921–1932 **Dingler**, Hugo (1881–1954)
1912 Habil., dann PDoz., nachher Darmstadt

1933–1937 **Lettenmeyer**, Fritz (1891–1953)
1927 Habil., dann PDoz., nachher Kiel

1939–1948 **Schmidt**, Robert (1898–1964)
nachher o. Prof.

Extraordinariat für Versicherungsmathematik

1920–1955 **Böhm**, Friedrich (1885–1965)
1911 Habil., dann PDoz.

Weitere Extraordinariate

1903–1907 **Weber**, Eduard Ritter von (1870–1934)
1895 Habil., dann PDoz., nachher Würzburg

1910–1927 **Hartogs**, Friedrich
1905 Habil., dann PDoz., nachher o. Prof.

1920–1923 **Rosenthal**, Arthur (1887–1959)
1912 Habil., dann PDoz., nachher Heidelberg

4 Habilitationen, Privatdozenten, Lehraufträge

Dempp, Karl Wilhelm (1809–1849); 1827 Habil., danach PDoz. für Math. und Baukunde

Arnold, Joseph (1782–1851); 1828–1830 Lehrauftrag für Geometrie und Geodäsie

Lackerbauer, Peter; 1829 Habil., bis 1837 PDoz.

Eilles, Caspar Leonhard (1805–1882); 1838–1840 PDoz. für Math. an der Staatswirtschaftl. Fak., gleichzeitig Schuldienst

Recht, G.; 1842 Habil., dann PDoz., ab 1849 ao. Prof.

Merz, Joseph Ludwig (1811–1858); 1843 Habil., dann PDoz. für Physik, Math., Geographie bis 1847

Seidel, L. Ph.; 1846 Habil., dann PDoz., ab 1847 ao. Prof.

Wittwer, Wilhelm Constantin (1822–1902); 1850 Habil., dann PDoz. für Physik und Math., ab 1861 Lyzeum Regensburg

Bauer, C.G.; 1857 Habil., dann PDoz., ab 1865 ao. Prof.

Pringsheim, A.; 1877 Habil., dann PDoz., ab 1886 ao. Prof.

Brunn, Hermann (1862–1939); 1889 Habil., dann PDoz., daneben ab 1898 Bibliothekar TH München, 1909–1933 Honorarprof. München

Doehlemann, K.; 1891 Habil., dann PDoz., ab 1902 ao. Prof.

Weber, E.v.; 1895 Habil., dann PDoz., ab 1903 ao. Prof.

Hartogs, F.; 1905 Habil.; dann PDoz., ab 1910 ao. Prof.

Perron, O.; 1906 Habil., dann PDoz., 1910 ao. Prof. Tübingen

Böhm, F.; 1911 Habil., dann PDoz., ab 1920 ao. Prof.

Dingler, H., 1912 Habil., dann PDoz., ab 1921 ao. Prof., 1938 bis 1945 Lehrauftrag für Geschichte der Naturwissenschaften

Rosenthal, A.; 1912 Habil., dann PDoz., ab 1920 ao. Prof.

Volk, Otto (geb.1892); 1922 Habil., dann PDoz., ab 1923 o. Prof. Kaunas/Litauen, ab 1930 o. Prof. Würzburg

Lettenmeyer, F.; 1927 Habil., dann PDoz., ab 1933 ao. Prof.

Wieleitner, Heinrich (1874–1931); 1928 Habil., dann PDoz. für Geschichte der Math., 1930 Honorarprof.

Bochner, Salomon; 1930–1933 Lehrauftrag für analytische Geometrie, 1933 Princeton

Aumann, G.; 1933 Habil., dann PDoz., 1934 Princeton, 1936 ao. Prof. Frankfurt

Vogel, Kurt (1888–1985); 1933 Habil., dann PDoz. für Geschichte der Math., 1940–1945 apl. Prof.

Popp, Karl (1895–1961); 1934–1939 Lehrauftrag Elementarmathematik und Didaktik

Boerner, Hermann (1906–1982); 1936 Habil., dann PDoz., 1943–1949 apl. Prof., dann Gießen

Steck, Max (1907–1971); 1941–1944 Lehrauftrag für Geometrie, gleichzeitig PDoz. TH München

Riebesell, Paul (1883–1950); 1938 Honorarprof. für Versicherungsmath., ab 1945 Honorarprof. Hamburg

May, Eduard (1905–1956); 1942 Habil., dann PDoz. für Geschichte und Methodik der Naturwiss. bis 1945; ab 1951 ao. Prof. FU Berlin

Literatur

H. Gericke: Bilder aus der naturwissenschaftlichen Forschung an der Ludwig-Maximilians-Universität München. In: Die Ludwig-Maximilians-Universität in ihren Fakultäten. Hrsg. v. L. Boehm u. J. Spörl. 1. Bd., S. 347–353

H. Gericke, H. Uebele: Philipp Ludwig Seidel und Gustav Bauer, zwei Erneuerer der Mathematik in München. In: a.a.O. 1. Bd., S. 390–399

J. Heinhold: Erinnerungen an eine Epoche Mathematik in München (1930–1960). In: Jahrbuch Überblicke Mathematik 1984. Mannheim 1984, S. 177–209

B. Hubensteiner, R. Raffalt, G. Schwaiger, K. Bosl: Ingolstadt. Landshut. München. Der Weg einer Universität. Regensburg 1973

Ludwig–Maximilians–Universität München 1472–1972. Geschichte, Gegenwart, Ausblick. Hrsg. vom Rektoratskollegium der Universität München. München 1972

K. v. Prantl: Geschichte der Ludwig–Maximilian–Universität in Ingolstadt, Landshut, München. 2 Bde. München 1872. Neudruck Aalen 1968

H. Uebele: Mathematiker und Physiker aus der ersten Zeit der Münchener Universität. Johann Leonhard Späth, Thaddäus Siber und ihre Fachkollegen. Diss. München 1972

Münster, Akademie/Universität

1 Universitätsgeschichte

1588	Jesuitenkolleg in Münster
1625/31	Päpstliche und kaiserliche Privilegien zur Gründung einer Universität, die jedoch nicht zustande kam.
1771	Urkunde des Kölner Erzbischofs über die Errichtung einer münsterschen Landesuniversität mit vier Fakultäten.
1780	Auf Initiative des Ministers Fürstenberg, der umfangreiche Bildungsreformen im Fürstbistum Münster durchsetzte, Konstituierung der Universität als letzte im alten Deutschen Reich. Vier Fakultäten, von denen die Artistenfakultät der Oberstufe des Gymnasiums entsprach und deren Professoren zugleich Lehrer am Gymnasium Paulinum waren.
1805	Preußische Landesuniversität.
1818	Auflösung der Universität als Folge der Neugründung in Bonn; theologische und philosophische Fakultät blieben als Philosophisch–Theologische Akademie bestehen. Es lehrten 10 Professoren. Hauptaufgabe war die Ausbildung von katholischen Geistlichen und Gymnasiallehrern.
1824	Gründung des philosophisch–pädagogischen Seminars.
1826	Wahl des ersten Rektors.
1844	Die philosophische Fakultät erhielt das Recht, akademische Grade zu verleihen (ausgenommen naturwissenschaftliche Kandidaten).
1858	Zulassung vollständiger Lehramtsstudiengänge.
ab ca. 1860	Erheblicher Ausbau der Akademie durch neue Professuren und Lehrgebiete.

1875	Volles Promotionsrecht (auch für Naturwissenschaften) und Einrichtung von sieben neuen Lehrstühlen an der Philosophischen Fakultät. Konfessionelle Simultanisierung.
1902	Erhebung der Akademie zur Universität. Errichtung der Rechts- und Staatswissenschaftlichen Fakultät.
1907	Verleihung der Bezeichnung "Westfälische Wilhelms–Universität".
1914	Errichtung der Evangelisch–Theologischen Fakultät.
1925	Eröffnung der Medizinischen Fakultät.
1944/45	Einstellung des Unterrichts nach schweren Kriegszerstörungen.

2 Die Mathematik in Münster

Die Mathematik war von Anfang an an der Universität vertreten; die ersten Professoren waren Geistliche, die zugleich als Gymnasiallehrer wirkten und auch andere Fächer unterrichteten. Der erste bedeutende Mathematiker war Gudermann, Lehrer von Weierstraß, der kurze Zeit in Münster studierte und hier sein Staatsexamen ablegte. 1875 wurde ein zweiter Lehrstuhl eingerichtet, der zunächst mit dem bedeutenden Zahlentheoretiker P. Bachmann besetzt wurde. Während alle Vorgänger Bachmanns zunächst Gymnasiallehrer gewesen waren, strebte er von vornherein eine Universitätslaufbahn an. Auf seinen Vorschlag hin wurde das mathematische Seminar gegründet, als letztes an den altpreußischen Hochschulen. (Allerdings hatte es auf Initiative von Baumann hin schon 1831/32 kurzfristig einen solchen Versuch gegeben.) Um die Jahrhundertwende wirkte etwa 30 Jahre lang W. Killing, der durch wichtige Beiträge zur Theorie der Lie–Gruppen und Lie–Algebren hervorgetreten war. Hauptaufgabe der Akademie und späteren Universität war die Ausbildung von Lehrern; Habilitationen (in Mathematik) gab es bis zur Jahrhundertwende keine, Promotionen nur wenige. Abgesehen von Weierstraß hat bis ca. 1930 anscheinend kein bedeutender Mathematiker in Münster studiert. Dies änderte sich erst durch das Wirken von H. Behnke, der seit den dreißiger Jahren die "Münsteraner Schule" der Funktionentheorie mehrerer Veränderlicher begründete, aus der vor allem nach dem zweiten Weltkrieg zahlreiche hervorragende Mathematiker hervorgegangen sind.

Behnke hat sich besonders auch für die Pflege des Zusammenhangs zwischen Universität und Höherer Schule bemüht und regelmäßig stattfindende Veranstaltungen zur Lehrerfortbildung eingerichtet. Bis heute ist die Lehrerausbildung ein traditioneller Schwerpunkt der Mathematik in Münster. Im Jahre 1944 wurde der philosophische Lehrstuhl von H. Scholz in einen solchen für "Mathematische Logik und Grundlagenforschung" umgewandelt, den ersten dieser Art in Deutschland. Die Angewandte Mathematik wurde seit der Jahrhundertwende in Form von Lehraufträgen gefördert. Im Gegensatz zu praktisch allen anderen Universitäten existierten bis 1945 nur die beiden Lehrstühle als Planstellen; ein Extraordinariat hat es nie gegeben.

3 Professoren

Erster Lehrstuhl

1780–1794   **Zumkley**, Caspar (1732–1794)
gleichzeitig Direktor des Gymnasiums Paulinum

1795–1814   **Gerz**, Wilhelm (1747–1814)

1815–1825   **Rath**, Christian (1767– ?)

1826–1832   **Baumann**, Franz (1794–1832)
1825 Prom. in Göttingen, 1825 Habil. in Bonn; in Münster zunächst PDoz., dann ao. Prof.

1832–1851   **Gudermann**, Christoph (1798–1851)
vorher Lehrer in Kleve; zunächst ao. Prof., ab 1838 o. Prof.

1852–1877   **Heis**, Eduard (1806–1877)
vorher Lehrer in Aachen

1878–1892   **Sturm**, Rudolf (1841–1919)
vorher o. Prof. am Polytechnikum in Darmstadt, nachher Breslau

1892–1919   **Killing**, Wilhelm (1847–1923)
vorher seit 1883 Prof. an der Kath. Akad. Braunsberg; 1919 em.

1920   **Courant**, Richard (1888–1972)
                vorher und nachher in Göttingen

1920–1921   **Lichtenstein**, Leon (1878–1933)
                vorher bei Siemens–Schuckert, nachher Leipzig

1922-1927   **König**, Robert (1885–1978)
                vorher ao. Prof. Tübingen, nachher Jena

1927–1967   **Behnke**, Heinrich (1898–1979)
                1924 Habil. Hamburg, 1967 em.

Zweiter Lehrstuhl

1875–1890   **Bachmann**, Paul (1837–1920)
                vorher Breslau, seit 1890 Privatgelehrter

1891–1925   **Lilienthal**, Reinhold v. (1857–1935)
                1883 Habil. Bonn, seit 1889 Santiago/Chile, zunächst ao. Prof.,
                ab 1902 o. Prof.

1926–1942   **Neder**, Ludwig (1890–1960)
                vorher ao. Prof. Leipzig und Tübingen

                Eine Berufung von Gerhard Haenzel, Karlsruhe, zum Nach-
                folger wurde wegen der Kriegsereignisse nicht mehr wirksam.

Lehrstuhl für Mathematische Logik und Grundlagenforschung

1944–1953   **Scholz**, Heinrich (1884–1956)
                zunächst Theologe, 1928 o. Prof. für Philosophie in Münster

4 Habilitationen, Privatdozenten, Lehraufträge

Dehn, M.; 1901 Habil., 1901–1911 PDoz. und apl. Prof. in Münster, 1911
    ao. Prof. Kiel

Timpe, A.; 1911 Umhabil. von Aachen, 1911–1918 Lehrauftrag, danach
    Landwirtschaftliche Hochschule Berlin

Geilen, V.; 1918–1924 PDoz. mit Lehrauftrag für angew. Math.

Kamke, E.; 1922 Habil., dann PDoz. und Studienrat in Münster, 1926 ao. Prof. Tübingen

Krafft, M.; 1923 Habil., 1927 nb. ao. Prof. Marburg

Schewior, G.; 1927–1937 Lehrauftrag für angew. Math.

Prüfer, Heinz (1896-1934); 1927 Umhabil. von Jena, Lehrauftrag für Geometrie bis 1934

Köthe, G.; 1931 Habil., anschließend Assistent und Doz., 1937–1940 Lehrauftrag für angew. Math., 1940 o. Prof. Gießen

Ulm, Helmut (1908–1975); 1937 Habil., dann PDoz., ao. Prof. in Münster

Literatur

H. Behnke: Semesterberichte. Ein Leben an deutschen Universitäten im Wandel der Zeiten. Vandenhoeck u. Ruprecht 1978

H. Dollinger (Hrsg.): Die Universität Münster 1780–1980, Münster 1980

W. Lorey: Aus der mathematischen Vergangenheit Münsters, Semesterber. zur Pflege des Zusammenhangs von Universität und Schule, Math. Sem. Münster 1934–1937

H. Nastold, O. Forster: Die Mathematik an der Universität Münster, in H. Dollinger (loc. cit., S. 429–432)

G. Schubring: Das Mathematische Seminar der Universität Münster 1831/1875 bis 1951. Sudhoffs Archiv 69, 154–191 (1985)

Rostock, Universität

1 Universitätsgeschichte

1419 Gründung der Universität nach dem Vorbild Erfurts mit den traditionellen vier Fakultäten der mittelalterlichen Universität.

15./16. Jahrhundert. Trotz zahlreicher Krisen war die Universität zur Blütezeit der Hanse mit durchschnittlich 400–500 Studenten eine der größten Deutschlands und führend im gesamten Ostseeraum. Zu den Studenten gehörten viele Skandinavier, Niederländer und Balten. Bedeutende Gelehrte waren der Historiker Albert Krantz (1448–1493), der Jurist Johann Oldendorp (ca.1480–1567) und der Theologe David Chyträus (1551–1600).

ab 1530 Durchsetzung der Reformation und anschließend Vorherrschaft eines Protestantismus konservativ–orthodoxer Ausprägung.

In den folgenden 300 Jahren erlebte die Universität einige kürzere Blütezeiten, spielte aber meistens die Rolle einer unbedeutenden Provinzuniversität, die mit Studentenzahlen bis weit unter hundert oft am Rande des Existenzminimums stand. Von 1760 bis 1789 war sie gespalten; ein Teil residierte in Bützow.

1621–28 Der bedeutende Naturwissenschaftler und Mathematiker Joachim Jungius (1587–1657) wirkte in Rostock. Er gründete 1622 die erste naturwissenschaftliche Gesellschaft Deutschlands, die "Societas ereunetica sive zetetica".

19./20. Jahrhundert. Die Universitätsreformen dieser Zeit setzten sich nur langsam durch; nur selten gelang es, bedeutende Gelehrte zu halten. Noch 1848 gab es nur 80 und 1870 nur 130 Studenten, deren Zahl dann bis zum ersten Weltkrieg auf ca. 900, bis zum Beginn der nationalsozialistischen

Diktatur auf mehr als 2000 anstieg und danach schnell auf ca. 500 während des zweiten Weltkrieges absank.

ab 1930   Zusammenarbeit mit den Heinkel–Werken (Flugzeugbau) und damit Förderung mathematisch–technischer Fachrichtungen.

2 Die Mathematik in Rostock

Im Zeitraum 1800–1945 war Rostock in der Mathematik durchweg die am schlechtesten ausgestattete deutsche Universität. Bis 1877 hatte der einzige Ordinarius für Mathematik auch noch die Fächer Physik, Astronomie und Geologie zu vertreten. Erst 1879 wurde das Mathematisch–Physikalische Seminar gegründet, das dann wieder erst 1920 geteilt wurde. Der Inhaber der Physik–Professur Friedrich Mathiessen (1830–1906) las in dieser Zeit auch über mathematische Themen. Im Jahr 1907 wurde ein Extraordinariat für Angewandte Mathematik und Theoretische Physik geschaffen, das 1920 in eine außerordentliche Professur für Theoretische Physik umgewandelt wurde. 1920 wurde ein zweiter Lehrstuhl für Mathematik errichtet. Bei der Berufung von Vertretern der Angewandten Mathematik hatten in den 30er Jahren offenbar die Heinkel–Werke erheblichen Einfluß. Sie unterstützten auch das Mathematische Seminar in beträchtlichem Umfang. Bei der Neueröffnung der Universität (25.2.1946) gab es zunächst keinen Vertreter der Mathematik, die jedoch seit den fünfziger Jahren systematisch ausgebaut wurde.

3 Professoren

Erster Lehrstuhl

1788–1835   **Hecker**, Peter Johannes (1747–1835)
            vorher am Friedrich–Wilhelm–Gymnasium in Berlin

1836–1877   **Karsten**, Hermann (1809–1877)
            ab 1830 PDoz., ab 1832 ao. Prof. in Rostock

1878–1888   **Krause**, Martin (1851–1920)
            vorher Univ. Breslau, nachher TH Dresden

1888–1928   **Staude**, Otto (1857–1928)
            vorher Dorpat

1929–1934   **Thomsen**, Gerhard (1899–1934)
            vorher Hamburg

1934–1937   **Schmieden**, Curt Otto Walther (geb. 1905)
            ao. Prof., vorher TH Danzig, nachher TH Darmstadt

1939–1945   **Lösch**, Friedrich Moritz (1903–1982)
            vorher TH Stuttgart, DVL Berlin, nachher TH Stuttgart

Zweiter Lehrstuhl

1920–1921   **Haupt**, Otto (1887–1988)
            vorher TH Karlsruhe, nachher Erlangen

1921–1926   **Pohlhausen**, Ernst (1890–1964)
            vorher Flugzeugindustrie, zunächst ao. Prof., ab 1924 o. Prof.,
            nachher TH Danzig

1926–1945   **Furch**, Robert Otto (1894–1964)
            vorher TH Karlsruhe, zunächst ao. Prof., ab 1928 o. Prof.,
            nachher Mainz

Weitere Professoren

1798–1819   **Schadelook**, Gustav (1732–1819)
            vorher von 1765–1798 o. Prof. für Philosophie

1907–1920   **Weber**, Rudolf Heinrich (1874–1920)
            vorher Heidelberg, ao. Prof. für angew. Mathematik und theor.
            Physik, ab 1919 o. Honorar-Prof.

1938–1940   **Hertel**, Heinrich (geb. 1900)
            Honorarprof., tätig bei den Heinkel-Werken

4 Habilitationen, Privatdozenten, Lehraufträge

Karsten, Jacob Christian Gustav (1781–?); las 1803/4 als PDoz. über
    Mathematik, Architektur, Landbaukunst. Hatte 1802 in Rostock pro-
    moviert.

Schröter, Johann Rudolph (1798–1842); promoviert in Jena, 1820 PDoz. für Geschichte und Germanistik, 1821 Prof. der niederen Mathematik, ab 1826 erkrankt

Karsten, Hermann; 1930 PDoz., später ao. und o. Prof.

Strömer, Peter; 1831 PDoz. für Mathematik, 1833 nach München

Nedden, Heinrich Moritz Karl zur; promoviert in Göttingen, erhielt 1842/43 die befristete, 1844 die unbefristete venia legendi für Mathematik und Physik, 1846 Abgang von der Universität

Eggers, Heinrich; 1851/52 PDoz. für Mathematik und Physik

Pohlhausen, Ernst (1890–1964); 1921 Habil. in Angewandter Mathematik und Mechanik, anschließend Lehrstuhlvertretung, ao. und o. Prof. in Rostock

Landherr, Walter (1911–1942); nach Promotion 1934 in Hamburg 1938 Habil., dann Assistent, ab 1939 Doz. in Rostock

Literatur

W. Engel: Mathematik und Mathematiker an der Universität Rostock. Rostocker Math. Koll. 27, 41–79 (1985)

P. Kretschmann: Universität Rostock. Böhlau Verlag Köln/Wien 1969

Geschichte der Universität Rostock 1419–1969. Festschrift zur 550 Jahrfeier der Universität. Autorenkollektiv. 2 Bde. Dtsch. Verl. d. Wiss., Berlin 1969

Straßburg, Universität

1 Universitätsgeschichte

Bereits seit der Mitte des 16. Jahrhunderts hatte in Straßburg eine zeitweise deutsche, zeitweise französische Akademie bzw. Universität existiert, deren wechselvolle Geschichte die Geschichte des Elsaß und der Beziehungen zwischen Frankreich und Deutschland widerspiegelt. Nach der Niederlage Frankreichs im Krieg von 1870/71 und der Annexion von Elsaß–Lothringen wurde 1872 in Straßburg wieder eine deutsche Universität gegründet. In ihrer Struktur, ihrem Lehrpersonal und ihrer Studentenschaft hatte sie praktisch nichts mit der französischen "Academie de Strasbourg" gemeinsam und muß als Neugründung angesehen werden.

Wohl aus politischen Gründen wurde die neue Universität sehr gefördert und entwickelte sich entsprechend erfolgreich. Ihre Struktur war insofern moderner als die der alten deutschen Universitäten, als sie von Anfang an im wesentlichen in Instituten organisiert war. Ihre Bibliothek entwickelte sich zu einer der größten in Deutschland überhaupt. Die Zahl der Studenten stieg von einigen Hundert bis auf knapp 2000 unmittelbar vor dem ersten Weltkrieg; die Zahl der Professoren wuchs von 68 auf 103. Es erfolgten zahlreiche Habilitationen, und vor dem Krieg unterrichteten 68 Privatdozenten.

Nach dem Ende des ersten Weltkrieges wurde der gesamte deutsche Lehrkörper ausgewiesen; 1919 nahm die "Université de Strasbourg" ihre Arbeit auf. Während des zweiten Weltkrieges bestand unter der nationalsozialistischen Herrschaft für kurze Zeit eine "Reichsuniversität" in Straßburg.

2 Die Mathematik in Straßburg

Von Anfang an existierten zwei Ordinariate, zu denen später noch einige Extraordinariate (bzw. eine o. Honorarprofessur) kamen. Eine ganze Reihe bekannter Mathematiker wirkten in Straßburg.

3 Professoren

Erster Lehrstuhl

1872–1892   **Christoffel**, Elwin Bruno (1829–1900)
vorher Gewerbeakademie Berlin, nachher Aachen

1895–1912   **Weber**, Heinrich (1842–1913)
vorher Göttingen

1913–1916   **Faber**, Georg (1877–1966)
vorher Königsberg, nachher TH München

Zweiter Lehrstuhl

1872–1908   **Reye**, Theodor (1838–1919)
vorher Aachen

1909–1919   **Schur**, Friedrich (1856–1932)
vorher Karlsruhe, nacher U Breslau

Extraordinariat

1889–1902   **Krazer**, Adolph (1858–1926)
vorher PDoz. Würzburg, nachher Karlsruhe

1902–1904   **Disteli**, Martin (1862–1923)
vorher nb. ao. Prof. Karlsruhe, nachher Dresden

1905–1909   **Timerding**, Heinrich Emil (1873–1945)
vorher PDoz., nachher Braunschweig

1909–1919   **v. Mises**, Richard (1883–1953)
vorher Brünn, nachher Dresden

Ordentliche Honorarprofessur

1903–1918   **Simon**, Max (1844–1918)
vorher ?

Extraordinariat für Angewandte Mathematik

1904–1919   Wellstein, Joseph (1869–1919)
             vorher Gießen

4 Habilitationen, Privatdozenten, Lehraufträge

Maurer, L.; 1888 Habil., dann PDoz., 1896 nb. ao. Prof., 1897 Tübingen

Wellstein, J.; 1895 Habil., dann PDoz., 1902 Gießen

Timerding, E.; 1897 Habil., dann PDoz., ab 1902 an der Privatschule
   Elsfleth, später Braunschweig

Epstein, P.; 1903 Habil., dann PDoz., 1908 (nb.?) ao. Prof., 1918 Frankfurt

Speiser, Andreas (1885–1970); 1911 Habil., dann PDoz., ab 1917 U Zürich

Literatur

F. R. Wollmershäuser: Das Mathematische Seminar der Universität Strassburg
   1872–1900. In: E. B. Christoffel, The Influence of His Work on Mathematics
   and the Physical Sciences. (Hrsg. P. L. Butzer, F. Fehér), Basel, Boston,
   Stuttgart 1981

Stuttgart, Technische Hochschule

1 Hochschulgeschichte

1818   Durch Abtrennung vom Stuttgarter Gymnasium entstand eine siebenklassige Realschule.

1829   Der Realschule wurde als achte Klasse eine "Vereinigte Kunst-, Real- und Gewerbeschule" hinzugefügt, die den Kern der späteren Hochschule bildete.

1832   Erweiterung der Gewerbeschule durch neue Lehrgebiete und Lehrerstellen. Trennung von der Realschule, dreijährige Ausbildung.

1840   Umwandlung in das Königlich Württembergische Polytechnikum, das bis 1919 existierte. Erweiterung durch zahlreiche Fächer und einen vierten Jahreskursus. In den Folgejahren wurde der Unterricht mehrfach neuorganisiert. Der vorbereitende Unterricht wurde an die Realschule abgegeben, das Eintrittsalter auf 15 Jahre erhöht, die Bauhandwerker wurden an die Baugewerbeschule abgegeben. Dadurch wurde das Ausbildungsniveau angehoben und die innere Geschlossenheit gefördert, wenn auch die Zahl der Schüler zunächst sehr zurückging.

1860–64   Bau eines neuen Hauptgebäudes.

1862   Neuorganisation mit einer unteren mathematischen Abteilung und einer oberen technischen Abteilung mit vier Fachschulen.

ab 1873   Abbau der unteren Abteilungen, deren Aufgaben von den neuen zehnklassigen Realgymnasien und Oberrealschulen übernommen werden konnten.

1876   Erneute Neuorganisation, Erhebung zur Technischen Hochschule. Schließung der Mathematischen Klasse, die durch die

Fachschule für Mathematik und Naturwissenschaften ersetzt wurde. Es lehrten 25 Professoren, 19 Fach– und Hilfslehrer, 17 Privatdozenten, 4 Repetenten und 7 Assistenten; über 600 Studenten.

1885　　Habilitationsordnung.

1890　　Die Anstalt erhielt endgültig die Bezeichnung "Technische Hochschule".

1900　　Promotionsrecht; die technischen Fächer konnten mit den Titeln "Dipl.Ing." oder "Dr.Ing." abgeschlossen werden.

1901/02　　Die bisherigen Hauptlehrer wurden ordentliche Professoren, die Hilfslehrer außerordentliche Professoren.

1907　　Neue Diplomprüfungsordungen.

1911　　Die Hochschule erhielt die erste Professur für Flugtechnik in Deutschland.

1922　　Promotionsrecht für die Allgemeine Abteilung.

1922/23　　Eine Höchstzahl von 2300 Studierenden und 500 Gasthörern wurde verzeichnet.

1939　　950 Studierende, ca. 100 Gasthörer.

1941　　Gliederung in drei Fakultäten; 48 o. Professoren, 4 ao. Professoren, 4 Honorarprofessoren, 7 apl. Professoren, 19 Dozenten und 53 Lehrbeauftragte.

2 Die Mathematik in Stuttgart

Von Anfang an war die Mathematik - wenn auch als Hilfswissenschaft - verhältnismäßig stark vertreten. Bereits 1834 bestand eine Zweiteilung des mathematischen Unterrichtes in Analysis und Geometrie. Daneben wurde 1865 eine dritte Hauptlehrerstelle für angewandte Mathematik eingerichtet. In der damals bestehenden mathematischen Klasse, die als Vorgänger der Fakultät für Mathematik angesehen werden kann, gab es bereits 1872 eine "Diplomprüfung". Diese Klasse wurde allerdings 1876 geschlossen; die

Mathematiker fanden in der Fachschule für Mathematik und Naturwissenschaften ihre neue Heimat. Beim Amtsantritt von Mehmke (1894) kam es zur Einrichtung der Lehrstühle A (Analysis, analytische Geometrie) und B (beschreibende Geometrie, Mechanik). Mehmke trat als Verfechter einer gebührenden Stellung der angewandten Mathematik auf und fühlte sich den Ideen der Graßmannschen Ausdehnungslehre (als Vorläufer des Tensorkalküls) besonders verbunden. Im Jahre 1910 wurde bei der Berufung von Faber die Vorlesung "Höhere Mathematik für Studenten der Ingenieurwissenschaften" eingerichtet. Nachfolger von Faber wurde Kutta, bekannt durch seine Beschäftigung mit der numerischen Lösung von Differentialgleichungen und der konformen Abbildung im Rahmen der Strömungslehre. Erst 1922 wurde eine dritte Professur geschaffen, die mit Pfeiffer besetzt wurde; es kam zur Zweiteilung der "Höheren Mathematik" zwischen Kutta und Pfeiffer. Im Jahre 1925 wurde Doetsch, bekannt durch seine Arbeiten zur Laplacetransformation, berufen. Auf seine Anregung erfolgte die Einrichtung eines Mathematischen Seminars (Kutta, Pfeiffer) und einer Sammlung für Darstellende Geometrie (Doetsch). Die personelle Fluktuation war verhältnismäßig gering; offenbar faßten die berufenen Professoren in der Regel Stuttgart nicht nur als Durchgangsstadium auf. Bereits in den zwanziger Jahren war das Lehramtsstudium in Mathematik an der Technischen Hochschule möglich. Im Jahre 1941 kam es zur Einführung des Diploms in Mathematik. Durch die nationalsozialistische Zeit und den 2. Weltkrieg ist das Institut verhältnismäßig unbeschadet hindurchgekommen, so daß bis in die fünfziger Jahre im Gegensatz zu vielen anderen Orten die personelle Kontinuität gewahrt blieb.

3 Lehrer und Professoren

Lehrer an der Real- und Gewerbeschule, bzw. am Polytechnikum

1834–1835 **Kieser**, 1834–1842 **Clawel**, 1835–1852 **Proß**, 1843–1880 B. **Engler**, 1845–1884 H. **Schoder**, 1852–1893 C.W. **Baur**, 1884–1895 E. **Hammer**, 1886–1894 C. **Reuschle**

Professoren am Polytechnikum bzw. der Technischen Hochschule

Lehrstuhl A (Analysis, analytische Geometrie)

1896–1909　　**Reuschle**, C. (1847–1909)

1910–1912　　**Faber**, Georg (1877–1966)
　　　　　　　vorher Tübingen, nachher Königsberg

1912–1935　　**Kutta**, Wilhelm (1867–1944)
　　　　　　　vorher Aachen, 1935 em.

1936–1945　　**Schönhardt**, Erich (1891–1979)
　　　　　　　vorher Tübingen

Lehrstuhl B (beschreibende Geometrie, Mechanik)

1894–1922　　**Mehmke**, Rudolf (1857–1944)
　　　　　　　vorher Darmstadt, 1922 em.

1924–1931　　**Doetsch**, Gustav (1892–1977)
　　　　　　　vorher Lehrauftrag Halle, nachher Freiburg

1931–1934　　**Löbell**, Frank (1893–1966)
　　　　　　　1928 Habil., nachher TH München

1935–1938　　**Lösch**, Friedrich (1903–1982)
　　　　　　　1931 Habil., nachher Rostock

1938–1959　　**Baier**, Othmar (1905–1980)
　　　　　　　nachher TH München

Dritter Lehrstuhl

1922–1951　　**Pfeiffer**, F. (1883–1961)
　　　　　　　vorher Heidelberg

4 Habilitationen, Privatdozenten, Lehraufträge

　Mehmke, R.; 1880 Habil., 1884 o. Prof. Darmstadt

Kommerell, K.; 1911 Habil., dann PDoz., 1922 ao. Prof. Tübingen

Lotze, Alfred (1882-); 1924 Habil., 1930 nb. ao. Prof., 1940 apl. Prof.

Löbell, F.; 1928 Habil., 1931 o. Prof.

Lösch, F.; 1931 Habil., 1935 o. Prof.

Gebelein, Hans; 1938 Habil., dann Doz.

Literatur

O. Borst: Schule des Schwabenlandes, Geschichte der Universität Stuttgart

I.H. Voigt: Festschrift zum 150-jährigen Bestehen der Universität Stuttgart

Tübingen, Universität

1 Universitätsgeschichte

1477   Gründung der Universität durch den Grafen (späteren Herzog) Eberhard im Bart von Württemberg(–Urach) mit den vier klassischen Fakultäten.

1480   Errichtung einer "Burse". Dies war ein Wohnheim für Studenten, in dem auch Unterricht erteilt wurde.

1514–18   Philipp Melanchthon lehrte an der Burse.

1535   Einführung der Reformation. Tübingen wurde für Jahrhunderte zu einem Zentrum der evangelischen Theologie.

1536   Gründung des Evangelischen Stiftes. Das heute noch bestehende Stift ist ein Studien- und Wohnheim für Studierende der evangelischen Theologie, mit einem breiten Angebot begleitender Lehrveranstaltungen. Das wissenschaftliche Programm bestreiten die sogenannten Repetenten, denen auch die Betreuung der Stiftsstudierenden aufgetragen ist. Kepler, W. Schickard, Hegel, Schelling, Hölderlin, Mörike, Fr. Th. Vischer und eine lange Reihe evang. Theologen erhielten ihre Ausbildung am Tübinger Stift. Überhaupt hatte das Stift für das geistige Leben in Württemberg bis zum Beginn des 20. Jahrhunderts größte Bedeutung. Die aus Württemberg stammenden Gelehrten aller Fächer waren zu einem erheblichen Teil ehemalige Stiftler; auch die Tübinger Professoren der Mathematik Mästlin, W. Schickard, Creiling Kies, Pfleiderer, Bohnenberger und Zech waren Stiftler, haben also ein vollständiges theologisches Studium durchlaufen.

1589–94   Johannes Kepler studierte in Tübingen.

1594   Eröffnung des Collegium Illustre, einer Ritterakademie, die bis 1817 bestand.

1619–1635 Das Universalgenie Wilhelm Schickard (1592-1635) lehrte in Tübingen, zunächst als Professor für orientalische Sprachen, ab 1631 auch für Mathematik und Astronomie. Er konstruierte 1623 die erste 4–Spezies–Rechenmaschine.

1634–48 Nach der Schlacht von Nördlingen wurde das Herzogtum Württemberg schrecklich verheert. Niedergang der Universität. Allein 1635 starb die Hälfte des Lehrkörpers an der Pest, darunter auch W. Schickard.

1752 Einrichtung einer Sternwarte.

1780–94 Schwere Existenzkrise der Tübinger Universität in Folge der Konkurrenz durch die Hohe Carlsschule in Stuttgart. Die Zahl der Studenten ging auf unter 200 zurück.

1805 Eröffnung der ersten Universitätsklinik.

1817 Gründung von zwei neuen Fakultäten, der katholisch–theologischen und der staatswirtschaftlichen. Letztere war die erste ihrer Art in Deutschland. Eröffnung des Wilhelmsstifts (katholisches Konvikt) als katholisches Gegenstück zum Evang. Stift. Das Wilhelmsstift übernahm vom Evang. Stift die Institution der Repetenten.

1863 Gründung der ersten naturwissenschaftlichen Fakultät an einer deutschen Universität.

1876 Erstmals waren mehr als 1000 Studenten eingeschrieben.

1895 Erste Promotion einer Frau in Tübingen: Maria Gräfin von Linden in Zoologie.

1912 Neue Universitätsverfassung.

1933–35 Gleichschaltung der Universität. Die Zahl der Hochschullehrer, die in Zusammenhang mit der Machtergreifung der Nationalsozialisten entlassen wurden, war in Tübingen mit kaum 2% sehr gering.

1939–45 Tübingen wurde von Kriegszerstörungen kaum betroffen und konnte am 15.10.45 als erste deutsche Universität nach dem Kriege wieder eröffnet werden.

2 Die Mathematik in Tübingen

Seit 1507 gab es einen Lehrstuhl für Mathematik und Astronomie, seit der Reformation (1535) auch einen für Physik. Der Professor physicus war aber mehr ein Professor für Naturphilosophie. Als hervorragende Fachvertreter im 16. und 17. Jahrhundert sind zu nennen: Johannes Stöffler (1452–1531), Philipp Apian (1531–1589), Michael Mästlin (1550–1631) und Wilhelm Schickard (1592–1635). Stöffler und Mästlin waren bedeutende Astronomen, Apian war hauptsächlich Kartograph, der vielseitige Schickard war Orientalist, Astronom und Kartograph; er wird heute hauptsächlich als Erfinder der ersten Rechenmaschine genannt. 1687 wurde der Lehrstuhl für Physik nicht mehr besetzt; ein Jahrhundert lang gab es nur einen Lehrstuhl für Mathematik und Physik, der auch für Astronomie zuständig war. Zu einer endgültigen Trennung dieser drei Fächer kam es erst im 19. Jahrhundert: 1851 wurde der erste o. Prof. für Physik (im modernen Sinn) berufen, während Mathematik und Astronomie zunächst in einer Hand verblieben.

Zum SS 1869 kam Hankel nach Tübingen. Er setzte noch im gleichen Jahr die Einrichtung eines mathematisch–physikalischen Seminars durch, dessen erster Vorstand er wurde. Nach Hankels Tod wurden 1874 Mathematik und Astronomie getrennt. 1884 wurde eine zweite ordentliche Professur für Mathematik geschaffen. Etwa ab 1885 kann man von einem ständigen Extraordinariat für Mathematik sprechen. Bei dieser Ausstattung blieb es bis zum Ende des 2. Weltkrieges. In der Zeit um die Jahrhundertwende war Brill die dominierende Persönlichkeit in der Mathematik; er reformierte das Studium und baute Bibliothek und Modellsammlung aus.

Nach der Ära Brill wurde das mathematische Leben vor allem von Knopp, Kamke und Kneser bestimmt, deren vielseitige Interessen ein breites Spektrum abdeckten. In Tübingen kam es nie zu einer institutionellen oder personellen Trennung von reiner und angewandter Mathematik. Brill und Kommerell lasen regelmäßig Mechanik; letzterer noch als Emeritus im SS 1944. Hessenberg hielt Vorlesungen und Übungen über Geodäsie und Darstellende Geometrie, Kneser las Darstellende Geometrie usw. Die beiden Extraordinarien Kamke und Müller fühlten sich besonders für die angewandte Mathematik zuständig, aber sie waren Professoren für Mathematik. Kamke wurde 1937 zwangsweise pensioniert, da er den Nationalsozialismus ablehnte. 1945 kehrte Kamke als o. Prof. in den aktiven Dienst zurück.

3 Professoren

Professoren der Mathematik, Physik und Astronomie

1781–1821   **Pfleiderer**, Christoph Friedrich von (1736–1821)
o. Prof. für Mathematik und Physik, vorher Prof. und wiss. Generaldirektor der Akademie des kgl. polnischen Kadettenkorps in Warschau

1798–1831   **Bohnenberger**, Johann Gottlieb Friedrich von (1765–1831)
1798 ao. Prof., 1803 o. Prof. der Physik und Astronomie; vertrat nach Pfleiderers Tod auch die Mathematik

1832–1851   **Nörrenberg**, Johann Gottlieb Christian (1787–1862)
o. Prof. für Mathematik, Physik, Astronomie, vorher Militärschule Darmstadt

Nach dem Ausscheiden Nörrenbergs wurde ein eigener Lehrstuhl für Physik geschaffen. Mathematik und Astronomie bleiben zunächst in einer Hand.

Professoren der Mathematik und Astronomie

1851–1852   **Ofterdinger**, Ludwig Felix (1810–1896)
ao. Prof., vorher PDoz., nachher Prof. am Gymnasium Ulm

1852–1864   **Zech**, Julius (1822–1864)
1852 ao. Prof., 1856 o. Prof.

1865–1868   **Neumann**, Carl (1832–1925)
ao. Prof., vorher Halle und Basel, nachher Leipzig

1869–1873   **Hankel**, Hermann (1839–1873)
o. Prof., vorher Erlangen

Nach Hankels Tod wurde 1874 der Lehrauftrag für Astronomie vom Ordinariat für Mathematik getrennt.

Erster Lehrstuhl

1874–1884   **Du Bois-Reymond**, Paul (1831–1889)
vorher Freiburg, nachher TH Berlin

1885–1909   **Stahl**, Hermann von (1843–1909)
             vorher TH Aachen

1909–1926   **Maurer**, Ludwig (1859–1927)
             vorher ao. Prof., 1926 em.

1926–1950   **Knopp**, Konrad (1882–1957)
             vorher Königsberg, 1950 em.

Zweiter Lehrstuhl

1884–1918   **Brill**, Alexander von (1842–1935)
             vorher TH München, 1918 em.

1919   **Blaschke**, Wilhelm (1885–1962)
             vorher Königsberg, nachher Hamburg

1920–1925   **Hessenberg**, Gerhard (1874–1925)
             vorher TH Breslau

1926–1937   **Kommerell**, Karl (1871–1962)
             vorher ao. Prof., 1937 em.

1937–1966   **Kneser**, Hellmuth (1898–1973)
             vorher Greifswald, 1966 em.

Außerordentliche Professoren der Mathematik

(Etwa ab 1885 kann man von einem planmäßigen Extraordinariat sprechen.)

1830–1887   **Hohl**, Alois (1805–1887)
             vorher PDoz.

1873–1879   **Gundelfinger**, Sigmund (1846–1910)
             vorher Habil. und PDoz., nachher Darmstadt

1885–1888   **Meyer**, Friedrich Wilhelm Franz (1856–1934)
             vorher Habil. und PDoz., nachher Clausthal

1889–1896   **Hölder**, Otto (1859–1937)
             vorher Göttingen, nachher Königsberg

1897–1909   **Maurer**, L.
             nachher o. Prof.

1910   **Faber**, Georg (1877–1966)
             1905 Habil. Karlsruhe, nachher Stuttgart

1910–1914   **Perron**, Oskar (1880–1975)
             vorher PDoz. München, nachher Heidelberg

1914–1922   **König**, Robert (1885–1979)
             vorher PDoz. Leipzig, nachher Münster

1922–1926   **Kommerell**, K.
             1911 Habil. Stuttgart, nachher o. Prof.

1926–1927   **Neder**, Ludwig (1890–1960)
             vorher Leipzig, nachher Münster

1927–1937   **Kamke**, Erich (1890–1961)
             vorher PDoz. und Studienrat in Münster, 1937 entlassen

1938–1963   **Müller**, Max (1901–1968)
             vorher Dozent Heidelberg, 1961 persönlicher Ordinarius

4 Habilitationen, Privatdozenten, Repetenten, Lehraufträge

Die Repetenten am Evang. Stift und am Wilhelmsstift wurden im 19. Jahrhundert auch zu Lehraufgaben der Universität herangezogen.

Schöninger, Johann Jakob (1788–1836); 1821 Repetent, später Prof. am Gymnasium Rottweil und Pfarrer in Waldmössingen

Riecke, Friedrich (1794–1876); 1822 Habil., 1823 Prof. für Mathematik und Physik Hohenheim

Kapff, Franz Gottfried (1799–1865); 1824 Habil., 1822–26 Stiftsrepetent, 1835 Dekan in Geislingen und Mitglied des Oberstudienrats

Nagel, Christian von (1803–1882); 1827 Habil., 1830 Prof. am Realgymnasium Ulm

Heigelin, Karl Marcell (1798–1833); Architekt, Prof. für Baukunst, hielt 1826–1829 Vorlesungen über Baukunst und Geometrie

Eisenbach, Hans Ferdinand (1795–1859); ao. Prof. für neuere Philologie, hielt 1827–28 elementare mathematische Vorlesungen

Rogg, Ignaz (1796–1886); 1827 Habil., 1832–62 Prof. für Mathematik am Obergymnasium Ehingen

Hohl, A.; 1827 Habil., seit 1830 ao. Prof. für Mathematik

Zorer, Karl Ludwig Friedrich (1805–1885); 1831–32 Repetent, 1832 Pfarrer in Oberböbingen

Hauber, Carl Friedrich (1804–1831); 1831 Habil.

Ofterdinger, L. F.; 1831 Habil., dann PDoz., 1851 ao. Prof.

Reuschle, Karl Gustav (1812-1875); 1838 oder 1839 Habil., 1840 Prof. für Mathematik und Geographie am Gymnasium Stuttgart

Zech, J.; 1845 Habil., 1852 ao. Prof., 1856 o. Prof.

Seyffer, Otto Ernst Julius (1823–1890); 1850 Habil., 1851 Redakteur des Württembergischen Staatsanzeigers und Prof. in Stuttgart

Zöppritz, Karl Jacob (1838–1885); 1865 Habil., dann PDoz., 1868 ao. Prof. in Gießen

Kommerell, Ferdinand (1818–1872); Prof. und Vorstand an der Realschule in Tübingen, hielt 1868–72 mathematische Vorlesungen (Lehrbeauftragter)

Gundelfinger, S.; 1869 Habil., 1873 ao. Prof.

Frahm, Wilhelm (1849–1875); 1874 Habil.

Hauck, Guido (1845–1905); Prof. an der Realanstalt Tübingen, hielt 1872–77 geometrische Vorlesungen, 1877 o. Prof. TH Berlin

Seyboth, Wilhelm (1852–1880); Prof. an der Realanstalt Tübingen, hielt 1877–80 geometrische Vorlesungen

Meyer, F.; 1881 Habil., 1885 ao. Prof.

Reiff, Richard August (1855–1908); 1881–82 Repetent, 1882 Habil., 1889 Prof. Gymnasium Heilbronn

Gans, Richard (1880–1954); 1903 Habil., las überwiegend Physik und math. Physik, 1925 o. Prof. für Physik Königsberg

Happel, Hans (1876–1946); 1906 Habil., las überwiegend Physik, 1911 ao. Prof. für Physik

Schönhardt, Erich (1891–1979); 1923 Habil., 1927 nb. ao. Prof., 1936 o. Prof. TH Stuttgart

Kommerell, Viktor (1866–1948); 1929–1935 beauftr. Dozent, 1930 Honorarprof., Oberstudiendirektor an der Oberrealschule Tübingen

Raff, Hermann (1905–1941); 1936 Dr. rer. nat. habil., las nicht, hauptamtlich Bibliothekar an der UB Tübingen

Wielandt, Helmut (geb. 1910); 1939 Habil., PDoz., 1946 ao. Prof. Mainz, 1951 o. Prof. Tübingen

Fladt, Kuno (1889–1977); Oberstudiendirektor an der Kepler–Oberschule in Tübingen. 1936–1945 beauftr. Dozent für Elementarmathematik

Literatur

G. Betsch: Alexander von Brill (1842–1936). In: Bausteine zur Tübinger Universitätsgeschichte, Folge 3, 1987

A. Brill: Das Mathematisch–Physikalische Seminar. In: Festgabe zum fünfundzwanzigjährigen Regierungs–Jubiläum Seiner Majestät des Königs Karl von Württemberg in Ehrfurcht dargebracht von der Universität Tübingen. Tübingen 1889

E. Conrad: Die Lehrstühle der Universität Tübingen und ihre Inhaber (1477–1927). Tübingen 1960

Hundert Jahre Mathematisch–naturwissenschaftliche Fakultät der Eberhard–Karls–Universität zu Tübingen. 1963

W. Neuscheler: Mathematik, Astronomie, Geographie und Physik an der Universität Tübingen bis 1806. Eine Bibliographie. Köln 1970

Archivalien des Universitätsarchivs Tübingen und der Universitätsbibliothek Tübingen

Protokollbuch des Mathematischen Seminars 1869 – WS 1948/49. Bei den Akten des Mathematischen Instituts der Universität Tübingen

V. Schäfer: Zeittafel zur Tübinger Universitätsgeschichte. In: Eberhard–Karls–Universität Tübingen. Allgemeiner Studienführer. Tübingen, Attempto Verlag 1986

Würzburg, Universität

1 Universitätsgeschichte

1402–1426 Es existierte kurzfristig eine Universität, die aber wegen kriegerischer Auseinandersetzungen wieder einging.

1582 Feierliche Eröffnung der durch den Fürstbischof von Würzburg im Zuge der Gegenreformation gegründeten Universität. Die philosophische Fakultät wurde den Jesuiten übertragen. Ihre Magister und Professoren wurden vielfach, im allgemeinen sehr gründlich, an den römischen Kollegien der Jesuiten ausgebildet.

Im 17. Jahrhundert erlebten Mathematik, Medizin und Naturwissenschaften eine Blütezeit durch das Wirken bedeutender Gelehrter wie Adriaan van Roomen (1561–1615), Athanasius Kircher (1601–1680), Kaspar Schott (1608–1666) und Johannes Zahn (1641–1707). Unterbrochen wurde diese Zeit allerdings durch die Zerstörungen des 30jährigen Krieges, die fast zur Auflösung der Universität führten.

Im 18. Jahrhundert gab es eine Reihe von Reformversuchen, die aber zu keiner dauerhaften Modernisierung und Verbesserung des stark gesunkenen Niveaus führten.

1757 Gründung der Sternwarte. Bis in die Zeit nach dem 2. Weltkrieg blieben Mathematik und Astronomie eng verbunden.

1773 Auflösung des Jesuitenordens, was zu Reformen, z.B. zur Beseitigung der aristotelischen Physik führte.

1803 Im Zuge der Säkularisation kam das Fürstbistum Würzburg zu Bayern (endgültig 1814). Die Universität wurde grundlegend umgestaltet; ihr wissenschaftliches Niveau blieb jedoch bis zur Jahrhundertmitte bescheiden. Die fachwissenschaftliche Differenzierung der Lehrstühle erfolgte später als an vielen anderen Universitäten.

Seit Mitte des 19. Jahrhunderts gingen wesentliche Anstöße
zur Reform der Naturwissenschaften von den Medizinern von
Koelliker und Virchow aus, die Wert auf eine gute naturwissenschaftliche Ausbildung ihrer Studenten legten. Vor allem
Physik und Chemie nahmen, beginnend mit Clausius (1822–
1888), einen großen Aufschwung. Anfang des 20. Jahrhunderts wirkten die Nobelpreisträger Buchner, Fischer, Rönt-
gen, Stark und Wien in Würzburg. Zu den Rektoren der
Universität gehörten die Mathematiker F. Prym (1897/98)
und G. Rost (1918–1920). Rost war auch Direktor des Ver-
waltungsausschusses (1920–1935).

1937   Abtrennung der naturwissenschaftlichen Fakultät von der
         philosophischen.

1945   Schwere Kriegszerstörungen. Verlust der umfangreichen Bi-
         bliothek des Mathematischen Instituts und Zerstörung der
         Sternwarte.

2 Die Mathematik in Würzburg

Die in Abschnitt 1 schon genannten Gelehrten wirkten auch als Mathematiker und verhalfen dieser Wissenschaft in der Anfangsphase der Universität zu einem beachtlichen Niveau. Insbesondere A. v. Roomen war einer
der führenden Mathematiker seiner Zeit, der mit vielen anderen bedeutenden Gelehrten in Briefwechsel stand. Im 18. und bis zum beginnenden 19.
Jahrhundert wurden dann aber nur die Anfangsgründe gelehrt. Nachdem
v. Staudt nur kurze Zeit in Würzburg als Privatdozent tätig gewesen war
und Mayr noch ganz zur alten Schule gehörte — er las bis 1889 noch über
Fächer wie Astronomie, Anthropologie, Psychologie, Logik und Metaphysik — führten erst Selling und vor allem der Riemann–Schüler Prym die
Mathematik auf das inzwischen überall erreichte Niveau.

Prym veranlaßte 1872 die Gründung des mathematischen Seminars und
erhielt eine Assistentenstelle, die erste in der Mathematik überhaupt in
Deutschland. In Krazer und Rost fand er Assistenten, mit denen er frucht-
bar zusammenarbeiten konnte und die er großzügig förderte. F. Lindemann
bot er die Möglichkeit, sich in Würzburg zu habilitieren. Durch vielerlei Stiftungen betätigte er sich als Wohltäter der Universität und der Stadt. Er

hatte sogar den Bau eines mathematischen Zentrums mit Sternwarte aus eigenen Mitteln geplant. Seine wertvolle dem Institut überlassene Bibliothek verbrannte 1945. Nach Prym hat es bis zum Ende des Weltkrieges strukturelle Veränderungen nicht mehr gegeben; auch wechselten die Inhaber der wenigen Stellen meist nur in großen Abständen.

Während G. Rost und E. v. Weber überwiegend die klassischen Gebiete vertraten, war vor allem E. Hilb den neueren Entwicklungen gegenüber aufgeschlossen und erwarb sich besondere Verdienste um die Förderung des wissenschaftlichen Nachwuchses. Sein erster Doktorand war O. Haupt (1911). Rost pflegte auch die Astronomie und sorgte für eine Modernisierung der Sternwarte. Diese Arbeiten wurden von O. Volk weitergeführt, der sich als geschickter Organisator und großzügiger Förderer der Universität erwies. (1982 errichtete er die Otto–Volk–Stiftung zur Förderung der Mathematik, der Himmelsmechanik und der Geschichte der Mathematik und Astronomie an der Universität Würzburg.)

Das Extraordinariat ging 1936 mit der Ernennung von Volk zum Ordinarius zunächst für die Mathematik verloren. Erst nach dem Kriege konnte es wieder durch einen Mathematiker besetzt werden.

Von den Verfolgungen der Juden waren die Angehörigen von Hilb betroffen. Seine Witwe und seine älteste Tochter wurden 1942 deportiert und ermordet; seine jüngere Tochter konnte 1939 nach England emigrieren.

3 Professoren

Erster Lehrstuhl

1809–1836   **Schön**, Johann (1771–1839)
       vorher ao. Prof. und am Gymnasium, 1837 pens.

1837–1889   **Mayr**, Aloys (1807–1890)
       zunächst ao. Prof., 1840 o. Prof.

1891–1903   **Voss**, Aurel (1845–1931)
       vorher TH München, nachher Univ. München

1903–1935   **Rost**, Georg (1870–1958)
       1895 Assistent, 1901 Habil., zunächst 1903 ao. Prof., 1906 o. Prof., 1935 em.

1936–1952 **Wellstein**, Julius (1888–1978)
vorher PDoz. und apl. Prof. TH Karlsruhe, 1952 pens.

Zweiter Lehrstuhl

1869–1909 **Prym**, Emil Friedrich (1841–1915)
vorher o. Prof. ETH Zürich, 1909 em.

1909–1934 **Weber**, Eduard von (1870–1934)
vorher PDoz. und apl. Prof. Univ. München, 1907 ao. Prof.
Würzburg

1936–1945 **Volk**, Otto (geb. 1892)
1920 Habil. Univ. München, 1923 o. Prof. Kaunas, 1930 ao.
Prof. Würzburg, 1932 o. Prof., 1959 em.

Extraordinariat

1860–1906 **Selling**, Eduard (1834–1920)
1859 Prom. München

1907–1909 **Weber**, E. v.
1909 o. Prof.

1909–1929 **Hilb**, Emil (1882–1929)
1908 Habil. Erlangen, 1923 pers. o. Prof.

1930–1936 **Volk**, O.
1932 pers. o. Prof., 1936 Übernahme des zweiten Lehrstuhles
(s.o.)

4 Habilitationen, Privatdozenten, Lehraufträge

Staudt, Chr. v.; 1824–1827 PDoz., danach Erlangen

Stern, Michael; 1837–1838 PDoz.

Lindemann, F.; 1877 Habil., 1877 ao. Prof. Freiburg

Krazer, A.; 1883 Habil., dann PDoz., 1889 ao. Prof. Straßburg

Haussner, R.; 1894 Habil., 1898 ao. Prof. Gießen

Rost, G.; 1901 Habil., 1903 ao. Prof.

Föppl, L.; 1914 Habil., dann PDoz., 1920 o. Prof. TH Dresden

Koppenfels, Werner von (1904–1945); 1934 Doz., 1940 apl. Prof., 1942 o. Prof. TH Brünn

Literatur

P. Baumgart (Hrsg.): Vierhundert Jahre Universität Würzburg. Eine Festschrift. 1982 Neustadt a. d. Aisch

O. Haupt, E. Hilb: Jahresb. d. DMV 42 (1933), 183–198

O. Haupt, G. Rost: Jahrbuch d. Bayer. Akad. d. Wiss., 1959 München, 170–172

A. Krazer, F. Prym: Jahresb. d. DMV 25 (1916), 1–15

M. Reindl: Lehre und Forschung in Mathematik und Naturwissenschaften, insbesondere Astronomie, an der Universität Würzburg von der Gründung bis zum Beginn des 20. Jahrhunderts. In: Quellen und Beiträge zur Geschichte der Universität Würzburg, Beiheft 1., Hrsg. O. Volk, 1966 Neustadt a. d. Aisch

O. Volk: 400 Jahre Mathematik und Astronomie an der Universität Würzburg: Alma Julia Herbipolensis 1582–1982. Celestial Mechanics 28, 243–250 (1982)

Gert Schubring

Zur strukturellen Entwicklung der Mathematik an den deutschen Hochschulen 1800–1945

Der vorliegende Band dokumentiert die institutionelle Entwicklung der Mathematik in Deutschland von 1800 bis 1945. Er erfaßt damit die *klassische* Periode der deutschen Mathematikgeschichte. Die zahlenmäßige Ausweitung der Mathematiker in dieser Periode hält sich in relativ engen Grenzen — im Gegensatz zu der enormen Expansion seit den 1950er Jahren, an deren Ende jetzt allerdings eine Krise steht, die erstmals mit einschneidenden Reduktionen und Umstrukturierungen verbunden ist. Das zentrale Charakteristikum der klassischen Periode ist das Erreichen der *Autonomie* der Mathematik als akademischer Disziplin und deren Ausbau, und zwar auf der Grundlage ihrer Ausbildungsfunktion für die wissenschaftliche *Lehrerbildung* (während in der nachfolgenden Periode diese Funktion vom *Diplom*–Studiengang überlagert wird).

Das wesentliche orientierende Werk für die institutionelle Geschichte der Mathematik ist nach wie vor Wilhelm Loreys umfassende Studie (Lorey 1916). In dieser, unter der Anleitung von Felix Klein verfaßten[1] Untersuchung wurden — lange vor dem Entstehen einer systematischen Wissenschaftsforschung — diejenigen Beschreibungskategorien entwickelt und angewendet, die heute — insbesondere seit Thomas Kuhns Arbeiten zum sozialen Charakter wissenschaftlicher Schulen — zum allgemeinen Methoden–Repertoire jeder Studie über Geschichte wissenschaftlicher Disziplinen gehören: Organisationsformen der Lehre, Studiengänge und Prüfungsordnungen, Organisationsformen der Forschung, Wirkungsweise wissenschaftlicher Schulen, das System wissenschaftlicher Qualifikationen und von Berufswegen, fachliche Kommunikationsformen (Vereinigungen und Zeitschriften), Lehrbuchliteratur, systematische Biographien der Lehrenden. Zugleich ist nicht zu verkennen, daß in Loreys vorrangig beschreibendem Standardwerk die Ursachen für strukturelle Entwicklungen und Veränderungen in der Disziplin Mathematik wenig deutlich werden. Da sein Buch praktisch noch in der Umstrukturierungsphase entstand, darf man diesen Mangel weniger als Kritik an ihm sehen, sondern mehr als Desiderat für heutige Darstellungen

---

[1] Die Kooperation Loreys mit Klein bei der Erarbeitung des Buches wird in einer in Vorbereitung befindlichen Studie über Lorey dokumentiert.

aus größerer Distanz.

In Loreys Darstellung erscheint die institutionelle Geschichte der Mathematik – trotz ihrer Einbettung in die Institution Universität – zu sehr als eine autonome Entwicklung innerhalb der Mathematik selbst. Entsprechend den Kategorien der neueren Wissenschaftsforschung (vgl. Krohn/Küppers 1989) sind es die *System–Umwelt–Beziehungen*, die einen analytischen Zugang zu strukturellen Veränderungen ermöglichen: d. h. also, die Wechselwirkungen zwischen den Entwicklungen der Mathematik, selbst als System betrachtet, und dem es umgreifenden Hochschulsystem sowie dem Schulsystem und dem Beschäftigungssystem als direkt bzw. indirekt hiermit verbundenen Systemen als der "Umwelt" der akademischen Disziplin Mathematik. Diese System–Umwelt–Beziehungen der Mathematik sollen zum besseren Verständnis ihrer Entwicklung zwischen 1800 und 1945 in den folgenden Bemerkungen stichwortartig thematisiert werden.

Der Umbruchprozeß zur Zeit von F. Klein und W. Lorey betraf vor allem die Stellung der Mathematik in den Technischen Hochschulen. Aus heutiger Perspektive läßt sich feststellen, daß damals für die Technischen Hochschulen der analoge Prozeß erfolgte, den ein Jahrhundert früher die Mathematik an den Universitäten vollzogen hatte: der Prozeß der Autonomisierung der Disziplin, d. h. die über die Etablierung eigenständiger Fach–Studiengänge und daran anschließender beruflicher Laufbahnen für die Absolventen bedingte weitgehende Eigenbestimmung der Inhalte von Lehre und Forschung durch die Fachvertreter. In beiden Fällen erfolgte der Prozeß als Teil einer umfassenderen Veränderung der Träger–Institution und von deren Umwelt.

Im Falle der *Universitäten* bildete die Philosophische Fakultät den Kristallisationspunkt des Transformationsprozesses: Ursprünglich als *Artisten-Fakultät* gegründet, hatte sie ausschließlich die Funktion der *Vorbildung* für die drei berufsqualifizierenden höheren Fakultäten (Theologie, Jura, Medizin). Zu dieser Aufgabe der *allgemeinen Bildung* trug auch die Mathematik bei, als Teil des *Quadrivium*. Eigene Dozenten für die Mathematik lassen sich daher an den deutschen Universitäten schon früh nachweisen, doch übernahmen sie häufig auch noch andere Lehrgebiete. Im Laufe des 16. Jahrhunderts setzten intensive Bemühungen der untersten Fakultät ein, den oberen Fakultäten gleichgestellt zu werden; als Teil dieser Bemühungen können die ab Ende des 16. Jahrhunderts sich durchsetzende Umbenennungen von "Artisten"– in "Philosophische" Fakultät gesehen werden (vgl. N.

Hoffmann 1982). Im 18. Jahrhundert am weitesten fortgeschritten in der Gleichberechtigung dieser Fakultät war die 1737 gegründete (protestantische) "Reform"-Universität Göttingen. Hier erfolgten bereits Einschreibungen von Studenten für Fachstudiengänge innerhalb dieser Fakultät; für die Mathematik gab es die ersten solchen spezialisierten Studenten in den 1760er Jahren (Lorey 1916, 30 Anm. 4)

Der definitive Durchbruch zur Gleichberechtigung dieser Fakultät erfolgte 1810 im deutschen Teilstaat Preußen: mit der Gründung der Universität Berlin und mit der Säkularisierung der Lehrerausbildung. Während die traditionelle Allgemeinbildungsfunktionn im wesentlichen den reformierten Gymnasien übertragen wurde, konzentrierte sich die Philosophische Fakultät nun zunehmend auf ihre neuen eigenständigen Studiengänge: die wissenschaftliche Ausbildung von Lehrern für Gymnasien (und Realschulen). Wissenschaftliche Forschung wurde gleichzeitig zum zentralen Charakteristikum der Professorentätigkeit an den reformierten Universitäten: sie strukturierte auch die Lehre, da der Gymnasiallehrerberuf sich selbst am Leitbild des *Gelehrten* orientierte.

Die Mathematik hatte in der neuhumanistischen Konzeption die Funkton erhalten, eines der drei Hauptfächer des gymnasialen Lehrplans zu bilden und konnte sich aufgrund dieser Position stabil in der Philosopischen Fakultät als Disziplin entwickeln. Allerding blieb, angesichts von sechs Universitäten und zunächst etwa 90 Gymnasien (mit ein bis zwei Stellen für Mathematiker), die Zahl spezialisierter Mathematikstudenten gering.[2] Es war daher zwar keine Basis für eine Expansion der Mathematik an den Universitäten gegeben, doch konnten jetzt erstmals die mathematischen Professuren mit ausschließlich auf die Disziplin spezialisierten Vertretern besetzt werden. In dieser ersten Phase der Autonomiegewinnung war noch keine interne fachliche Differenzierung realisierbar: In den Statuten der neugegründeten Universitäten Berlin und Bonn waren, aufgrund einer abstrakten Wissensklassifikation, je eine Professur für reine Mathematik und für angewandte Mathematik vorgesehen. Dauerhafte Etablierungen der Anwendungen als einer eigenen Teil–Disziplin erfolgten dort jedoch erst mehr als ein Jahrhundert später.

In den geschichtlichen Darstellungen wird im Allgemeinen die preußische Entwicklung umstandslos als die für Deutschland typische postuliert. Wie

---

[2]An allen preußischen Universitäten zusammen gab es bis etwa 1860 jährlich ungefähr zwanzig Absolventen als Mathematik–Hauptfachlehrer, vgl. Schubring, 1983 b, 137 f.

aus den Daten in diesem Band jedoch deutlich wird, kann bei den Universitäten und den anderen deutschen Hochschulen von einer analogen Spezialisierung in der *ersten* Hälfte des 19. Jahrhunderts keine Rede sein. Tatsächlich stellte in dieser Zeit das preußische Modell einen *Sonderweg* dar: in praktisch allen anderen Staaten dominierte noch das "bayerisch-sächsisch–schleswig/holsteinische" Modell des nur wenig veränderten Gelehrtenschulwesens (vgl. Schubring 1986, XIII). Die Mathematik hatte hier nur die Stellung eines Nebenfaches. Als Ausdruck dieser Umwelt konnten die Philosophische Fakultät und ihre Fächer in diesen Staaten keine volle Selbstständigkeit erreichen. Ein bemerkenswertes Beispiel hierfür bildet Bayern: Dort wurden die Fächer der Philosophischen Fakultät nach 1800 als die "allgemeinen Wissenschaften" betrachtet, deren Studium den "besonderen" oder "Berufs"–Wissenschaften vorauszugehen hatte. In stets sich verschärfenden Erlassen wurde der obligatorische Charakter dieses zweijährigen *propädeutischen* Studiums befestigt, so daß für ein "besonderes" Studium der "allgemeinen" Wissenschaften faktisch kein Raum blieb (vgl. Schubring 1989 a). Erst nach 1848 setzten in den nicht–preußischen Staaten Prozesse ein, die eine volle Gleichberechtigung der Philosophischen Fakultät sowie eine stärkere Stellung von Mathematik und Naturwissenschaften im Lehrplan der höheren Schulen bewirkten. Charakteristischerweise erfolgten Berufungen von modern spezialisierten Forschern aus Preußen in andere deutsche Staaten erst nach 1848.

Generell läßt sich feststellen, daß die weitere Entwicklung der Mathematik an den Universitäten mehr den Strukturen der sog. Geisteswissenschaften folgte, als denen der Naturwissenschaften. Offenbar bestanden mehr funktionelle Analogien zu den Geisteswissenschaften, mit denen zusammen die Mathematik die Gruppe der gymnasialen Hauptfächer bildete, als zu den Naturwissenschaften, die im Gymnasium nur die Funktion eines Nebenfaches hatten, die sich aber seit den 1860er Jahren zunehmend Berufs- und Anwendungswege in der Industrie bahnen konnten, die der Mathematik noch lange verschlossen blieben. Für die Mathematik ist daher ihre ambivalente Stellung in der Philosophischen Fakultät zwischen den von ihrer Gegenstandsanwendung her nahen Naturwissenschaften und den von der Ausbildungsfunktion her nahen Geisteswissenschften symptomatisch. Als Konflikt wurde diese ambivalente Stellung wohl erstmals erfahren, als 1863 in Tübingen neben der Philosophischen Fakultät die erste Naturwissenschaftliche Fakultät in Deutschland gegründet wurde: Viele hielten es für sinnvoll, daß die Mathematik in *beiden* Fakultäten vertreten sein sollte. Da eine Doppelmitgliedschaft vom Senat abgelehnt wurde, entschied der Mathematiker sich für die Naturwissenschaftliche Fakultät (vgl. Engelhardt/Decker–Hauff, 1963, 173 ff). Ebenso charakteristisch ist, daß es bei den in anderen Universitäten danach häufig geforderten Trennungen der Philosophischen Fakultät in Geistes– und Naturwissenschaften immer wieder Mathematiker waren, die für die Einheit der Fakultät plädierten (vg. F. Klein, H. Behnke, u. a.). Ihr Widerstand bewirkte, daß die definitive Trennung der Fakultät — trotz seit langem fehlender innerer Beziehungen – durchgängig erst in den 1920er/1930er Jahren erfolgte.

Die größere strukturelle Nähe zu den Geisteswissenschaften wird insbesondere deutlich aus der weiteren institutionellen Entwicklung der Mathematik, nachdem das Basis–Stadium, ihre Vertretung durch mindestens ein auf diese Disziplin spezialisiertes Ordinariat erreicht war. Die institutionelle Expansion der Disziplinen in der Philosophischen Fakultät, die vor allem nach 1870 aufgrund einer sehr starken Expansion des Schulsystems einsetzte, ist vom Nebeneinanderbestehen zweier unterschiedlicher Typen gekennzeichnet: dem *Seminar* und dem *Institut*. Es ist üblich, den einen Typ den Geisteswissenschaften und den anderen den Naturwissenschaften zuzuordnen. Historisch korrekter ist es jedoch, diese Typen verschiedenen Ausbildungsfunktionen zuzuordnen. Das ältere Modell ist das *Seminar*. Es wird praktiziert in Disziplinen mit vorwiegender Lehrerbildungsfunktion. Es impliziert die Verpflichtung der es leitenden Professoren, kontinuierlich eine, zunächst kleine, Anzahl von Studenten intensiv in den neuen Methoden des Faches anzuleiten — insbesondere in der Form von Vortragsübungen. Die Seminare bilden daher die klassische Realisierungsform des neuhumanistischen Ideals des *forschenden Lernens*. Die lange Zeit dominierende Form ist das, was man heute Oberseminar nennt: Anleitung einer begrenzten Anzahl fortgeschrittener Studenten. Erst relativ spät werden auch jüngere Studenten einbezogen, etwa durch Proseminare. Handbibliotheken erweitern allmählich die Studienform zu einer Klein–Institution. Die Bibliothek ist häufig der Ansatzpunkt zu einer Ausweitung des besoldeten Personals. Doch der Übergang vom studentischen Bücherwart zum wissenschaftlichen Assistenten ist zumeist sehr langwierig. Die personelle und räumliche Expansion dieses Typs ist eng begrenzt. Zudem erfolgt im Allgemeinen keine vollständige Unterordnung sämtlicher Lehr– und Forschungsaktivitäten der Disziplin in eine einheitliche Organisationsform.

Der zweite Typ, das *Institut*, entsteht erst seit der Mitte des 19. Jahrhunderts. Vorrangig in experimentell–beobachtend verfahrenden Disziplinen werden bereits bestehende Service–Institutionen — Demonstations–Sammlungen von Objekten für Lehrveranstaltungen sowie Hilfskraftmittel zur Betreuung und Exposition der Objekte – zu Lehr–Forschungs–Institutionen transformiert: Intensivierte Anleitung von Studenten in Praktika wurde verbunden mit der Einstellung von wissenschaftlichen Assistenten — mit ihrer Hilfe wurden sowohl mehr Studenten an die aktuelle Forschungsfront herangeführt, als auch der Forschungsbetrieb selbst effektiviert. Rasche personelle und sachliche Expansion führte zumeist zur baldigen Errichtung eigenständiger Institutsbauten für diese Disziplinen. Die so gebildeten Institute umfaßten sämtliche Lehr- und Forschungsaktivitäten des Faches und — Spezifikum der Institute in Deutschland — organisierten sie hierarchisch.

Im Zuge der Universitätsreformen in Preußen wurden zunächst Seminare für das dominierende Hauptfach, die Philologie, gegründet (zwischen 1810 und 1820). In einem zweiten Schritt entstanden Seminare für die beiden anderen gymnasialen Hauptfächer — Geschichte und Mathematik — , ebenfalls an allen Universitäten Preußens. Erst nach Abschluß dieses Prozesses gegen 1870 begannen Seminargründungen für andere Disziplinen in der Fakultät.[3] Der Ausbau der Seminarform in der Mathematik folgte zunächst für lange Zeit den Modellen der Geisteswissenschaften.

Während viele naturwissenschaftlichen Disziplinen in den 1880er Jahren schon über eigene Neubauten verfügten und neben etwa zwei Professorenstellen bereits vier oder fünf Assistentenstellen besaßen, bemühte sich die Mathematik noch um eine offizielle Besoldung für einen Bücherwart und um Schränke und Regale für die Handbibliothek. Zumeist zusammen mit den Geisteswissenschaften untergebracht, erhielt die Mathematik nur allmählich ein bis zwei Arbeitsräume zugesprochen.

Aber während die Geisteswissenschaften praktisch bis zur Gegenwart in der Seminarform etabliert blieben, erfolgte für die Mathematik in der ersten Hälfte des 20. Jahrhunderts ein allmählicher Übergang zur Instituts-

---

[3]Einen Sonderfall bildeten zunächst die Naturwissenschaften, denen der erste preußische Kultusminister Altenstein eine starke Stellung im Gymnasium geben wollte. Er gründete daher Seminare für diese Fächergruppe in Bonn (1825), Königsberg (1834) und Halle (1839). Nur das Bonner Seminar erwies sich als lebensfähig, wurde aber 1888 aufgelöst wegen seiner Konkurrenz zu den zwischenzeitlich entstandenen spezialisierten Instituten in den einzelnen naturwissenschaftlichen Fächern (vgl. Schubring 1989 b).

form. Dieser Übergang wurde durch mehrere Faktoren bewirkt: Ein wesentlicher Faktor war die Intensivierung des Studienbetriebs. Als ab 1866 der Nachweis der Teilnahme an Seminarübungen als generelle Prüfungsvoraussetzung verlangt wurde, fiel allmählich die enge Begrenzung der Teilnehmerzahl an Seminaren. Der nächste Schritt — dessen Abschluß allerdings erst zu Beginn der 1920er Jahre erfolgte — war, neben den fortgeschrittenen Studenten auch Übungsformen für jüngere Studenten zu etablieren: Proseminare und schließlich Anfängerübungen. Eine eindeutige Folge der Studienintensivierung war die Ausweitung des wissenschaftlichen Personals, insbesondere durch Assistenten.[4] Bemerkenswerterweise sind die ersten Assistenten für Mathematik in Preußen an Technischen Hochschulen eingestellt worden — dort war der Übungsbetrieb umfangreicher und intensiver. An den Universitäten erfolgte die definitive Anstellung wissenschaftlicher Assistenten zumeist erst während der Weimarer Republik (vgl. Schubring 1983 a, 32 und 1985 b, 180).[5] Der zweite wesentliche Faktor war die fachliche Differenzierung innerhalb der Mathematik: Die in der Lehrerprüfungsordnung 1898 neu eingeführte Lehrbefähigung für angewandte Mathematik bewirkte an den Universitäten einen Druck, einerseits zu einer entsprechenden Ausweitung des wissenschaftlichen Personals und andererseits zu einem beträchtlichen Ausbau der sachlichen Ausstattung. Insbesondere für das Lehrfach darstellende Geometrie wurden erhebliche Mittel notwendig zum

---

[4]Mit der Vermehrung von Stellen für Mathematiker an den Hochschulen zeigte sich eine erste Differenzierung in der Ausbildung von Wissenschaftlern gegenüber dem normalen Studiengang. 1869, beim Beginn der Expansion des Bildungswesens, hatte F. Richelot auf mathematische Nachwuchswissenschaftler zugeschnittene Prüfungsbestimmungen verlangt; in der Tat bewilligte das Ministerium Dispense in nicht–mathematischen Fächern der Lehrerprüfung (Schubring 1983 b, 289). Neben dieser Sonderform innerhalb des Lehrerstudiums wurde für angehende Hochschulmathematiker nunmehr auch die Promotion zu einem grundständigen Studienabschluß; F. Klein war wohl der erste Mathematikstudent in Preußen, der direkt eine Wissenschaftlerkarriere anstrebte und ohne Lehrerprüfung sein Studium 1868 unmittelbar mit einer Promotion abschloß.

Die grundständige Promotion und eine direkte Hochschullaufbahn wurden aber stets nur von einer verschwindenden Minderheit angestrebt. Selbst im Somersemester 1930, dem Zeitpunkt der höchsten Mathematikstudentenzahl, die je zwischen 1800 und 1945 erreicht wurde — 6141 an den deutschen Universitäten und Technischen Hochschulen —, gaben nur 26 Studenten als Berufsziel "Dozent" an. Während nur 156 einen Beruf in Wirtschaft oder Verwaltung ergreifen wollten, waren mit 5990 dagegen weiterhin fast alle auf den Lehrerberuf orientiert (Gross/Knauer 1987, 59 u. 68).

[5]Es war im Rahmen der Erstellung dieses Bandes nicht möglich, auch die zumeist nur unter erheblichem Aufwand zugänglichen Daten über die als Assistenten eingestellten Mathematiker zu ermitteln.

Aufbau einer Modellsammlung und zur Einrichtung von Praktika für graphische Übungen. Zugleich erhöhte sich der Raumbedarf drastisch. Kennzeichnend für einen solchen fachlichen, personellen und räumlichen Ausbau ist die Ablösung des Seminars 1908 in Jena durch ein "mathematisches Institut" (Eccarius 1887, 183 ff).[6] Einen wesentlichen Markstein im institutionellen Ausbau bildete die Errichtung des beeindruckenden Gebäudes für das mathematische Institut 1929 in Göttingen. Hier konnten aber — im Gegensatz zu naturwissenschaftlichen Instituten — die Mittel für den Neubau noch nicht aus staatlichen Etats finanziert werden; ohne die Zuschüsse der Rockefeller–Stiftung wäre es nicht zu diesem Institut gekommen.

Eine generelle Initiative zur Umwandlung der mathematischen Seminare in mathematische Institute ergriff 1942/43 die DMV. Sie erklärte gegenüber dem Ministerium: Die mathematischen Einrichtungen an den Universitäten führten teilweise den Namen "Mathematisches Seminar" und teilweise den Namen "Mathematischens Institut". Diese Unterscheidung sei lediglich geschichtlich bedingt, die DMV regte daher eine Vereinheitlichung an: es solle an allen Universitäten die Bezeichnung "Mathematisches Institut" eingeführt werden. Die Mathematiker der Universitäten Greifswald stellten daraufhin am 25.06.1943 den Antrag, ihr Seminar in Institut umzubenennen, und verwiesen darauf, daß sie nicht nur über Arbeitsräume und eine Bibliothek verfügten, sondern auch über Apparate und Instrumente. Der Antrag wurde ebenso bewilligt[7] wie der fast zeitgleiche aus Münster. Im Fall von Münster hat das Ministerium eine aufschlußreiche Definition dessen formuliert, was es damals unter einem Institut verstand:

> "Als Institute können nur solche Einrichtungen bezeichnet werden, die nach der Zahl der wissenschaftlichen und technischen Hilfskräfte sowie nach Art und Umfang der Einrichtung nicht nur eine besondere sachliche Bedeutung, sondern auch eine gewisse organisatorische Selbständigkeit haben. Außer dem Leiter der Anstalt müssen mehrere wissenschaftliche Assistenten zur Verfügung stehen und es muß eine selbständige Fach-

---

[6]Schon vorher, 1886, erhielt in Leipzig das Seminar die Bezeichnung "mathematisches Institut", nachdem dort zuvor funktionelle Umstrukturierungen stattgefunden hatten — auf Initiative F. Kleins: Studienintensivierung, Einstellung eines wissenschaftlichen Assistenten, räumlicher Ausbau (F. König 1981, 61 ff).

[7]Dieser Vorgang, einschließlich der DMV–Aktivitäten, ist dokumentiert in: Universität Greifswald, Akten des Kurators der Universität. D b 7: Das mathematische Seminar, Band I, 1872–1943.

> bibliothek nicht bescheidenen Umfangs vorhanden sein, sodaß
> die Möglichkeit selbständiger Arbeit im Institut geboten ist"
> (zitiert nach: Schubring 1985 b, 186).

Von wenigen Ausnahmen wie Göttingen abgesehen, blieben die mathematischen Institute bis 1945 auf einem relativ kleinen personellen und räumlichen Niveau. Erst in den 1960er Jahren erfolgte der enorme Ausbau sowohl der reinen wie der angewandten Mathematik, der schließlich — nach dem Vorbild der *departments* in den USA — zur Gründung eigener Fachbereiche und sogar von Fakultäten für Mathematik führte: mit selbständigem Recht zu Promotionen und Habilitationen.

Der Prozeß des Ausbaus der Institutionalisierung der Mathematik hatte zur Voraussetzung die kontinuierliche Vergrößerung der Studentenzahlen in der Philosophischen Fakultät. Wie neuere bildungsstatistische Untersuchungen zeigen, wuchs — im Durchschnitt gesehen — die Studentenzahl dieser Fakultät nicht nur ständig absolut, sondern auch relativ im Verhältnis zu den anderen Fakultäten: Von der kleinsten Fakultät mit etwa 15% sämtlicher Studenten 1820 (in Preußen) zu etwa 30% 1870 und 1900 zu etwa 40% 1910 und 1930, und damit zur größten Fakultät (vgl. Titze 1987, 86 ff). Genaue Daten über die Anzahl der Mathematikstudenten gibt es erst ab 1925 (Preußen), bzw. 1928 (Deutsches Reich), doch kann man annehmen, daß der Anteil der Mathematikstudenten sich in etwa mit dem der Studenten in der Gesamtfakultät entwickelte (vgl. Gross/Knauer 1987, Schubring 1983 a). Die Mathematik nahm daher auch Teil an den zyklischen Schwankungen der Studentenzahlen in der Philosophischen Fakultät. Die beiden markantesten Einbrücke in der Periode dieses Buches waren die sog. Überfüllungskrise der 1880er Jahre und der Rückgang in den 1930er Jahren. Die erste Krise war politisch herbeigeführt: der Zustrom von Lehrerstudenten sollte reduziert werden (Titze 1981); die zweite Krise war nicht nur durch die restriktive Bildungspolitik des NS–Regimes bewirkt, sie war bereits durch Sparmaßnahmen Weimarer Regierungen eingeleitet worden und verstärkte sich durch demographische Faktoren: die Halbierung der Geburtenziffern in den Kriegsjahrgängen. So ging die Zahl der Mathematikstudenten von über 800 in Berlin 1930 auf zweistellige Zahlen 1938 zurück. Wiederum, wie zu Ende der 1880er und zu Beginn der 1890er Jahre, waren Vorlesungen und Seminare auf wenige Teilnehmer reduziert (vgl. Schubring 1983 a, 25f und 39). Bemerkenswert ist, daß in keiner dieser Krisenphasen der Studentenrückgang zu einer direkten Stellenreduktion führte (ebda.).

Die Entwicklung der Studentenzahlen ist wohl auch als der Faktor anzusehen, der der Krise der Mathematik an den Technischen Hochschulen erst ihre eigentliche Schärfe gab: Während die Studentenzahl in den Philosophischen Fakultäten drastisch zurückging, vergrößerte sich die Studentenzahl an den Technischen Hochschulen ungebrochen (Gross/Knauer 1987, 35 u. 40); während die Universitäten insgesamt stagnierten zwischen 1890 und 1900, gewann die Studentenzahl der Technischen Hochschulen eine mit den Universitäten vergleichbare Größenordnung (vgl. Schubring 1989 a). Die Angriffe auf die Stellung der Mathematik in den Technischen Hochschulen seitens der sog. Ingenieur–Bewegung waren daher umso gravierender, als an diesem neuen Hochschultyp verhältnismäßig mehr Wissenschaftler–Stellen für Mathematik vorhanden waren als in den Universitäten. Der Aufstieg der Technischen Hochschulen hat die Mathematik wohl wie keine zweite universitäre Disziplin vor grundsätzliche Probleme gestellt.

Die neuen Institutionen waren zumeist in den 1820er Jahren gegründet worden: als polytechnische Schulen, und entwickelten eine außerordentliche Dynamik. In der kurzen Zeitspanne bis zum Ende des 19. Jahrunderts wechselten sie vollständig vom noch stark vorhandenen Charakter einer Sekundarschule — ohne Lehr– und Lernfreiheit, mit einem ausgeprägten Klassensystem — zu einer Hochschule, die auf mit dem Abitur abgeschlossener allgemeiner Bildung aufbaute. Ursprünglich hatte die Mathematik im Lehrplan eine hervorragende Stellung eingenommen: Gemäß der klassischen polytechnischen Funktion galt die Mathematik als notwendige *Grundlage* aller technischen Bildung. Zugleich erfüllte die Mathematik eine legitimierende Funktion für die noch um ihre soziale Anerkennung ringenden technischen Disziplinen. Die Mathematik war der Hauptinhalt der den "technischen Klassen" vorausgehenden "allgemeinen Klassen" und nahm daher eine zur propädeutischen Funktion der Philosophischen Fakultät für die Berufsfakultäten vor 1800 analoge Funktion ein.

Diese Position wurde von der Ingenieurbewegung ab den 1870er Jahren zunehmend in Frage gestellt: Mit der Emanzipation der Technik sahen sie keine Notwendigkeit mehr, die Technikwissenschaften vermittelt über die Mathematik zu legitimieren. Hinzu kam, daß mit dem wachsenden Niveau der polytechnischen Schulen von den Dozenten wissenschaftliche Qualifikation verlangt wurde: Da die Schulen aber keinen eigenen wissenschaftlichen Nachwuchs heranbildeten, stellten sie als Mathematiker Absolventen der Universitäten ein, die deren hohes Spezialisierungsniveau übertragen und in die allgemeinen Grundlagenkurse die modernen Begriffe der Strenge aufnehmen wollten. Da nur wenige dieser Mathematiker sich auf die spezifische Situation dieses Hochschultyps — in dem es zwar *Hörer* mathematischer Vorlesungen, aber praktisch keine *Studenten* der Mathematik gab — einstellen wollten, entstand aus der Ingenieurbewegung die "antimathematische Bewegung" (vg. Manegold 1970, Hensel 1989).

Viele Ingenieure forderten nicht nur eine drastische Reduktion der Anzahl mathematischer Kurse, sie forderten auch praktisch eine Auflösung der "Allgemeinen Abteilung": das für den Ingenieur notwendige mathematische Rüstzeug solle von den Dozenten der technischen Disziplinen selbst, im Rahmen von deren technischen Kursen, gelehrt werden. Der Gegensatz schien unüberbrückbar, obwohl etwa E. Papperitz, Mathematiker an der Berghochschule Freiberg, die griffige Kompromißformel anbot:

> Mathematik ist eine *Grundlagen*-Disziplin in der Bildung und
> Ausbildung, sie ändert ihren Status zu einer *Hilfs*-Disziplin in
> der beruflichen Praxis (Papperitz 1899, 45 f).

Es gab nur wenige Mathematiker, die sich in dieser Krisensituation aktiv und konstuktiv verhielten. Es war vor allem die enge Zusammenarbeit von Felix Klein und Paul Stäckel, die schließlich zu einer Lösung führte (vgl. Schubring 1989 a). Bemerkenswert ist ihre scharfe Kritik an der mangelnden Beteiligung der Mathematiker an den Technischen Hochschulen an einer Neubestimmung der Funktion der Mathematik, wie sie in einem Brief Stäckels an Klein vom 09.04.1914 und den Randbemerkungen Kleins zum Ausdruck kommt:

> "Es ist traurig, wie kurzsichtig bei uns die Kollegen sind. [Klein:
> Stimmt] ... Ich will nicht bitter werden, aber gesagt werden muß
> es doch: wenn das nicht anders wird, so kommt, vielleicht rascher als man denkt, der Tag, wo die Herren die Stellung der
> Mathematik so erschüttert haben, daß nichts mehr zu retten
> ist. Und die Universitäten sind ebenso bedroht! [Klein: Genau
> meine Auffassung. Von hier meine ganze Tätigkeit]" (zit. nach:
> Schubring 1987, 18).

Das Lösungsprogramm erforderte vielfache Veränderungen in den System–Umwelt–Beziehungen der Mathematik: Einerseits eine Neubestimmung der Grenzen zwischen Hochschulmathematik und Schulmathematik, mit der der

Mathematik–Lehrplan der Technischen Hochschulen einen beträchtlichen Teil der Grundlagen an die allgemeinbildenden Schulen abgab und näher an die technischen Disziplinen herangeführt wurde. Andererseits wurde die ausgebaute Service–Funktion der Mathematik ermöglicht durch eine neue eigenständige Funktion für sie: durch Fortentwicklung der Allgemeinen Abteilung der Technischen Hochschulen, die für deren Disziplinen die Durchführung eigener Studiengänge vorsah. Es ist kennzeichnend, daß dieser Studiengang für die Mathematik das Lehrerstudium war. Klein konnte sich dafür auf das bayerische Modell stützen, das er während seiner Münchener Zeit (1875–1880) kennengelernt hatte: Die marginale Position der Mathematik innerhalb der Gymnasien und der Universität hatte dort zum Aufbau einer Mathematiklehrerausbildung an der polytechnischen Hochschule geführt. Aber selbst noch 1921, als in Preußen die Lehrinhalte der angewandten Mathematik erheblich erweitert wurden, geschah dies noch ausschließlich in Termini des Staatsexamens (vgl. Schubring 1989 a).

In der bisherigen Literatur ist die antimathematische Bewegung der Ingenieure praktisch nur für die Zeit vor 1900 behandelt worden. Es ist daher kaum beachtet worden, daß danach schließlich ein Prozeß eingeleitet werden konnte, der die Position der Mathematik wieder stabilisierte. Der Abschluß dieses Einigungsprozesses wurde 1913/14 in den Empfehlungen des *Deutschen Ausschußes für Technisches Schulwesen* über die Organisation des Technischen Hochschulwesens erreicht. Die Empfehlungen übernahmen die Kernpunkte des Klein/Stäckelschen Reformprogramms. Die Annahme des Programms ist ermöglicht worden durch eine Veränderung innerhalb der Technischen Hochschulen selbst: Sie waren sich der Gefahr des Fachspezialistentums bewußt geworden und wollten keine Fachbildungsanstalt mehr sein; vielmehr sollte zur sozialen Legitimation der Technik die aktive Beziehung zur Kultur der Gegenwart gepflegt werden. Als Bindeglieder zwischen Kultur und Technik sollten die ”grundlegenden Wissenschaften” Mathematik und Naturwissenschaften wirken, zusätzlich aber auch geistes– und sozialwissenschaftliche Fächer in die Allgemeine Abteilung aufgenommen werden (vgl. DATSch V 1914, 158ff.). Ausgehend von den Neugründungen in Danzig und Breslau, sind die Allgemeinen Abteilungen tatsächlich in den beiden sich ergänzenden Funktionen von eigenständigem Fachstudium und Service für die technischen Fächer ausgebaut worden. Die Mathematik hat so in den 1920er Jahren zunehmend eine autonome Rolle auch in den Technischen Hochschulen gewinnen können. Wie die statistischen Daten ausweisen, waren aber auch jetzt diese Mathematikstudenten fast ausschließlich auf den Lehrerberuf orientiert. Das *Diplom* scheint erstmals zu Beginn der 1920er Jahre in Danzig (damals Freie Stadt) für die Fächer der Allgemeinen Abteilung als Studienabschluß eingerichtet worden zu sein. Es ist aus den vorliegenden Darstellungen nicht deutlich, wann der Diplom–Abschluß für Mathematiker an weiteren Technischen Hochschulen eingeführt wurde. Mit der Diplomprüfungsordnung von 1942[8] wurde auch für die Universitäten dieser Studiengang eingeführt und damit neue Entwicklungsprofile eingeleitet.

---

[8] Über die Geschichte der Einführung des Diplomgrades für Mathematik und Naturwissenschaften 1942 liegen noch keine Publikationen vor. Untersuchungen zur Entstehung der ersten reichseinheitlichen Lehrerprüfungsordnung 1940, an Hand von Akten des Reichsministeriums für Erziehung, Wissenschaft und Volksbildung (jetzt im Bundesarchiv Koblenz), legen mir die Hypothese nahe, daß der Diplomgrad auch als Reaktion auf einschneidende Strukturveränderungen in der Lehrerausbildung zu verstehen ist: Es ist ein in der Universitätsgeschichte der NS–Zeit weitgehend unbekanntes Faktum, daß 1937 die Lehrerausbildung in zwei Stufen aufgeteilt wurde. Das Studium begann mit einer einjährigen Phase an *Hochschulen für Lehrerbildung*, und zwar gemeinsam für Volksschullehrer *und* Lehrer an höheren Schulen; das bedeutete erstmals (neben Thüringen in der Weimarer Republik) in gewisser Weise eine Realisierung der traditionellen Forderungen der Volksschullehrer nach gemeinsamer Ausbildung mit den Gymnasiallehrern. Den Universitäten und Technischen Hochschulen verblieb nur noch ein anschließendes sechssemestriges Studium. Die Wissenschaftsabteilung des Ministeriums versuchte 1939/40, die Kodifizierung der Zweiteilung der Ausbildung in der neuen Prüfungsordnung zu verhindern: sie gefährde den wissenschaftlichen Charakter der Hochschulen und beeinflusse die Nachwuchssituation insbesondere für Lehrer in Mathematik und Naturwissenschaften äußerst negativ. Das Amt Wissenschaft führte sogar den weiteren Rückgang der Studentenzahlen auf diese Neuorganisation zurück. Es konnte sich aber nicht gegen das Amt Erziehung durchsetzen, das sich auf die Zustimmung des Führerstellvertreters und damit auf die Höherrangigkeit der Forderungen aus der Volksschullehrertradition berufen konnte. Da der Amtchef Wissenschaft vor allem auf den Widerspruch von Mathematikern und Naturwissenschaftlern gegen das neue Kurzstudium verwiesen hatte und da der intensive Widerstand der Fakultäten auch nach der Verabschiedung der Prüfungsordnung 1940 anhielt, kann man annehmen, daß der hochschulautonome Studiengang *Diplom* sowohl der Hochschulseite wie dem Amt Wissenschaft des Ministeriums als gangbare Alternative erschien. 1948 hielt es die DMV, bei ihrer ersten Nachkriegsversammlung in Tübingen, für erforderlich, scharf zu protestieren gegen ein mögliches Wiederaufleben dieser Strukturen — über ein obligatorisches Anfangsstudium aller Lehrer an einer Pädagogischen Hochschule.

Literatur

Deutscher Ausschuß für Technisches Schulwesen (Hrsg.): Abhandlungen und Berichte über Technisches Schulwesen, Band V. Arbeiten auf dem Gebiete des Technischen Hochschulwesens. Teubner: Leipzig und Berlin, 1914

W. Eccarius: Mathematik und Mathematikunterricht im Thüringen des 19. Jahrhunderts. Dissertation B, Pädagogische Hochschule Erfurt/Mühlhausen 1987

W. v. Engelhardt, H. M. Decker–Hauff (Hrsg.): Quellen zur Gründungsgeschichte der Naturwissenschaftlichen Fakultät in Tübingen 1859–1863. Mohr: Tübingen 1963

H. E. Gross, U. Knauer: Der Beruf des Mathematikers. Materialien zur Entstehung. Universität Oldenburg, 1987

S. Hensel: Die Auseinandersetzungen um die mathematische Ausbildung der Ingenieure an den Technischen Hochschulen in Deutschland Ende des 19. Jahrhunderts. In: S. Hensel u. a.: Mathematik und Technik im 19. Jahrhundert in Deutschland. Vandenhoeck u. Ruprecht: Göttingen, 1989, 1–111 und Anhang

N. Hoffmann: Die Artistenfakultät an der Universität Tübingen 1543–1601. Mohr: Tübingen 1982

F. König: Die Gründung des ”Mathematischen Seminars” der Universität Leipzig. In: H. Beckert u. H. Schumann (Hrsg.): 100 Jahre mathematisches Seminar der Karl–Marx–Universität Leipzig. Deutscher Verlag der Wissenschaften: Berlin 1981, 41–71

W. Krohn, G. Küppers: Die Selbstorganisation der Wissenschaft. Suhrkamp: Frankfurt/M.,1989

W. Lorey: Das Studium der Mathematik an den deutschen Universitäten im 19. Jahrhundert. Teubner: Leipzig/Berlin, 1916

K. H. Manegold: Universität, Technische Hochschule und Industrie. Duncker und Humblot: Berlin, 1978

E. Papperitz: Die Mathematik an den deutschen Technischen Hochschulen. Veit: Leipzig, 1899

G. Schubring: Seminar–Institut–Fakultät: Die Entwicklung der Ausbildungs-
formen und ihrer Institutionen in der Mathematik (1810–1945). In Reihe:
Diskussionsbeiträge zur Ausbildungsforschung und Studienreform des IZHD,
Universität Bielefeld, Nr. 1/1983, 1–44 (1983 a)

Die Entstehung des Mathematiklehrerberufs im 19. Jahrhundert, Studien
und Materialien zum Prozeß der Professionalisierung in Preußen (1810–
1870). Beltz: Weinheim/Basel, 1983, (1983 b)

Die Entwicklung des mathematischen Seminars der Universität Bonn, 1864–
1929, in: Jahresb. der Deutschen Mathematiker–Vereinigung, 87 (1985),
139–163. (1985 a)

Das mathematische Seminar der Universität Münster, 1831/1875 bis 1951,
in Sudhoffs Archiv, 69 (1985), 154–191. (1985 b)

Bibliographie der Schulprogramme in Mathematik und Naturwissenschaften (wissenschaftliche Abhandlungen) 1800–1875, Franzbecker: Bad Salz-
detfurth, 1986

The Cross–Cultural 'Transmission' of Concepts — the first international
mathematics curricular reform around 1900, with an Appendix on the Biography of F. Klein. Occasional paper Nr. 92, IDM (Universität Bielefeld),
1987

Pure and Applied Mathematics in Divergent Institutional Settings in Germany: the Role and Impact of Felix Klein, erscheint in: History of Modern
Mathematics, eds. J. McCleary, D. Rowe, Academic Press, New York, 1989
(1989 a)

The Rise and Decline of the Bonn Naturwissenschaften Seminar: Conflicts
between Teacher Education and Disciplinary Differentiation, erscheint in:
Science in Germany. / Problems at the Intersection of Institutional and
Intellectual History. ed. K. M. Olesko, OSIRIS (Philadelphia), vol. 5, 1989,
(1989 b)

H. Titze: Überfüllungskrisen in akademischen Karrieren, eine Zyklustheorie.
In: Zeitschrift für Pädagogik, 27 (1981), 187–224

H. Titze, u. a.: Datenhandbuch zur deutschen Bildungsgeschichte. Band I.
1: Das Hochschulstudium in Preußen und Deutschland 1820–1944. Vandenhoeck und Ruprecht: Göttingen, 1987

Literatur

Die benutzte Literatur ist überwiegend bei den Einzelbeiträgen aufgeführt.
Darüberhinaus wurden vor allem folgende Quellen benutzt.

Die deutschen Technischen Hochschulen. Verlag der deutschen Technik.
München 1941

Dictonary of Scientific Biography (15 Bde), Hrsg. Ch. C. Gillispie, Charles
Scribner's Sons, New York 1970–1978

W. Lexis: Die deutschen Universitäten (2 Bde), A. Asher u. Co., Berlin
1893

W. Lorey: Das Studium der Mathematik an den deutschen Universitäten
seit Anfang des 19. Jahrhunderts. In: Abhandlungen über den mathematischen Unterricht in Deutschland (Hrsg. F. Klein) Band III, Heft
9. B. G. Teubner, Berlin 1916

P. Stäckel: Die mathematische Ausbildung der Architekten, Chemiker
und Ingenieure an den deutschen Technischen Hochschulen. In: Abhandlungen über den mathematischen Unterricht in Deutschland
(Hrsg. F. Klein) Band IV, Heft 9. B. G. Teubner 1915

Universitäten und Hochschulen in Deutschland, Österreich und der
Schweiz. Hermes Handlexikon. Hrsg. L. Boehm u. R. A. Müller. Econ
Verlag, Düsseldorf, Wien 1983

Verzeichnis der Mitglieder der Deutschen Mathematiker-Vereinigung. In
Jahresber. der DMV, insbesondere Bände 34 (1926), 37 (1928), 45
(1935), 59 (1957)

Namenverzeichnis